中文版

# After Effects

## 影视后期特效设计实战案例解析

孙桂萍 ———— 编著

清华大学出版社
北 京

## 内 容 简 介

本书全面、系统地剖析了After Effects软件在自媒体、广告设计、电子相册、短视频制作、影视特效制作、影视栏目包装、宣传视频、Vlog、UI动效行业中的实际应用，注重实践与理论相结合。全书共设置27个精美实用案例，每个案例均以“设计思路”+“配色方案”+“版面构图”+“操作思路”+“操作步骤”的方式组织，可以方便零基础的读者由浅入深地学习，从而循序渐进地提升After Effects软件的操作技能及富有创意的设计能力。

本书共设置9个章节，根据热门行业进行章节类别划分，内容分别为自媒体设计、广告设计、电子相册设计、短视频制作、影视特效设计、影视栏目包装设计、宣传视频设计、Vlog设计、UI动效设计。

本书不仅适合作为视频处理、广告设计人员的参考书籍，也可作为大中专院校和培训机构自媒体设计、数字艺术设计、影视设计、广告设计、动画设计、微电影设计等相关专业的教材，还可供视频爱好者学习使用。

**本书封面贴有清华大学出版社防伪标签，无标签者不得销售。**

**版权所有，侵权必究。举报：010-62782989，beiqinquan@tup.tsinghua.edu.cn。**

**图书在版编目(CIP)数据**

中文版After Effects影视后期特效设计实战案例解析 / 孙桂萍编著 . —北京：清华大学出版社，2023.3

ISBN 978-7-302-62545-2

Ⅰ.①中…　Ⅱ.①孙…　Ⅲ.①图像处理软件　Ⅳ.① TP391.413

中国国家版本馆CIP数据核字(2023)第022760号

**责任编辑：**韩宜波
**封面设计：**杨玉兰
**版式设计：**方加青
**责任校对：**徐彩虹
**责任印制：**沈　露

**出版发行：**清华大学出版社
**网　　址：**http://www.tup.com.cn，http://www.wqbook.com
**地　　址：**北京清华大学学研大厦A座　　**邮　　编：**100084
**社 总 机：**010-83470000　　**邮　　购：**010-62786544
**投稿与读者服务：**010-62776969，c-service@tup.tsinghua.edu.cn
**质 量 反 馈：**010-62772015，zhiliang@tup.tsinghua.edu.cn
**印 装 者：**涿州汇美亿浓印刷有限公司
**经　　销：**全国新华书店
**开　　本：**185mm×260mm　　**印　　张：**15.25　　**字　　数：**363千字
**版　　次：**2023年3月第1版　　**印　　次：**2023年3月第1次印刷
**定　　价：**79.80元

---

产品编号：093170-01

Preface

# 前言

Adobe After Effects是Adobe公司推出的视频特效软件，广泛应用于自媒体、广告设计、电子相册、短视频制作、影视特效制作、影视栏目包装、宣传视频、Vlog、UI动效等行业。基于Adobe After Effects在影视后期特效设计的应用度之高，我们编写了本书。本书选择了视频制作中最为实用的27个综合案例，基本涵盖了应用该软件的主流行业。

与同类书籍大量介绍软件操作的编写方式相比，本书最大的特点在于其更加侧重以行业常用案例为核心，以理论分析为依据，使读者既能掌握案例的制作流程和方法，又能了解行业理论知识和案例设计思路。

## 本书内容

第1章　自媒体设计，包括自媒体概述、自媒体设计实战。

第2章　广告设计，包括广告设计概述、广告设计实战。

第3章　电子相册设计，包括电子相册设计概述、电子相册设计实战。

第4章　短视频制作，包括短视频制作概述、短视频制作实战。

第5章　影视特效设计，包括影视特效概述、影视特效实战。

第6章　影视栏目包装设计，包括影视栏目包装概述、影视栏目包装设计实战。

第7章　宣传视频设计，包括宣传视频概述、宣传视频实战。

第8章　Vlog设计，包括Vlog概述、Vlog设计实战。

第9章　UI动效设计，包括UI动效概述、UI动效实战。

## 本书特色

◎ 涵盖行业多。本书涵盖了自媒体、广告设计、电子相册、短视频制作、影视特效制作、影视栏目包装、宣传视频、Vlog、UI动效9大主流应用行业，一书在手，数技在身。

◎ 学习易上手。本书案例虽然为中大型实用案例，但写作方式是由浅入深，而且步骤详细，即使是零基础的读者，也能轻松学会，从而达到从入门到精通。

◎ 理论结合实际。本书每章安排了行业的基础理论概述，每个案例均配有“设计思路”“配色方案”“版面构图”等板块，让读者不仅能够学会软件操作，而且还能懂得设计思路，从而融会贯通，更快提高设计能力。

本书由孙桂萍编写，其他参与本书内容编写和整理的工作人员还有王萍、李芳、孙晓军、杨宗香等。

本书提供了案例的素材文件、效果文件以及视频文件，扫一扫右侧的二维码，推送到自己的邮箱后下载获取。

由于作者水平有限，书中难免存在疏漏和不妥之处，敬请广大读者批评和指正。

编者

Contents
# 目录

SUN
SUNFLOWER
W

SUN
SUNFLOWER
W

SUN
SUNFLOWER
W



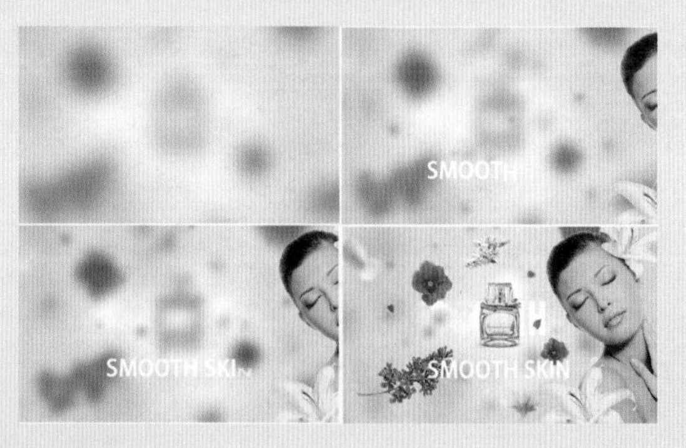
SMOOTH
SMOOTH SKIN
SMOOTH SKIN

## 第4章 短视频制作

## 第5章 影视特效设计

## 第6章 影视栏目包装设计

## 第7章 宣传视频设计

## 第8章 Vlog设计

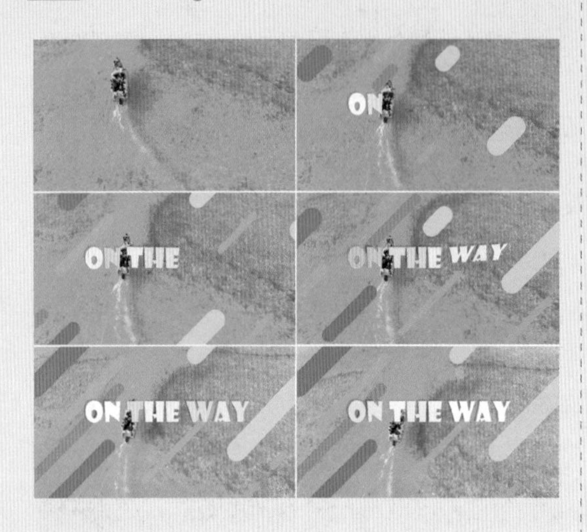
ON THE WAY

June
7
June
7
8
June
8

第1章

# 自媒体设计

## · 本章概述 ·

通常自媒体是指普通大众通过互联网等传播途径向外发布的视频记录与事件，以及新闻内容的一种传播方式，即指个人发声的媒体，也称为个人媒体。自媒体是私人化、普泛化、自主化的传播者，是通过现代电子技术手段，向大众或特定个人传递规范性或非规范性信息的新媒体的总称。本章主要从自媒体的定义、自媒体的常见分类、自媒体的特征以及自媒体运营的重要原则等方面来学习自媒体的相关知识。

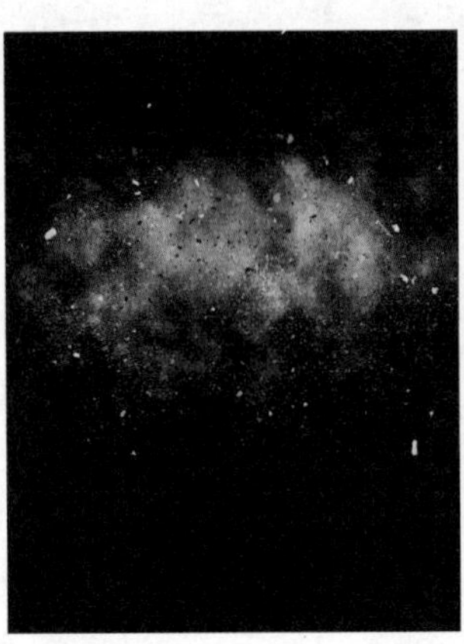

# 1.1 自媒体概述

自媒体是个人发声的平台，其传播的内容不是由某个企业或单位统一对外发布，而是由个体发表的。自媒体具有大众化、个性化、低门槛、易操作、交互性强、传播迅速等优势。一个高热度的自媒体平台所发布的内容可以迅速为人所知，有效地传播信息，从而达到超乎想象的传播效果。

## 1.1.1 自媒体的定义

自媒体根据其定义，可以分为狭义自媒体与广义自媒体两个概念。狭义上的自媒体是指以单独的个体作为新闻制造者进行内容传播、拥有独立用户号的媒体；广义上的自媒体则是指区别于传统媒体信息传播的渠道、受众、反馈渠道等，包括个人创作、群体创造以及企业号等。自媒体内容的表现形式有文字、图片以及视频等，呈现出丰富、多样的特点，如图1-1所示。

图1-1

## 1.1.2 自媒体的常见分类

自媒体平台发展迅速，自媒体的类型十分丰富，大致来讲，可以根据以下4种类型进行延伸。

### 1. 图文自媒体

图文自媒体，即以文字形式进行内容的展现。继续细分，可划分为文章、图集、头条、问答等，这些都是图文自媒体的范畴。文章类是通过文章进行展示，继而获得用户关注，从而增加收益；图集类是图片多于文字的类型；而问答类则是通过回答问题增加曝光量与关注度。

原创文章类自媒体，通过情感、故事、有趣内容的分享，增加阅读量，获得粉丝关注，从而实现流量变现，获得长期收益，如图1-2和图1-3所示。

问答类自媒体，通过回答问题增加浏览量，获得收益，与原创文章的内容相比，问答内容的领域划分较为详细，如图1-4所示。

图1-2

图1-3

图1-4

图集自媒体以图片为主，利用图片的视觉吸引力获得更好的传播效果。通常包括旅行摄影、个人写真、城市风光、街拍集锦等类型，如图1-5所示。

图1-5

头条互动类自媒体，通过发布短内容进行互动交流，获得粉丝关注。头条内容可以是专业领域的知识分享、也可以是热门话题、经验分享等，如图1-6所示。

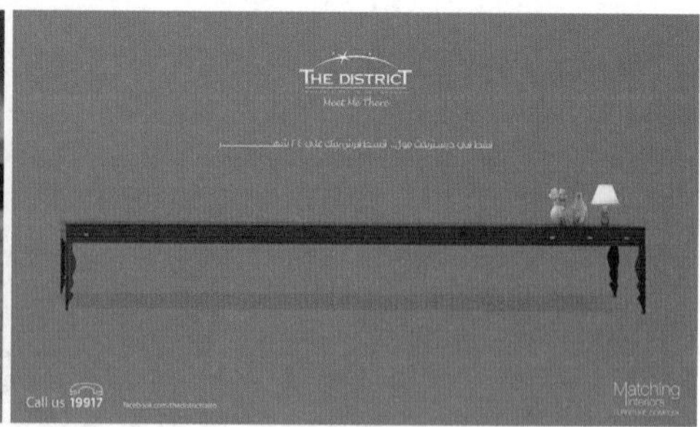


图1-6

产品推文，通过文字内容吸引读者阅读，激发读者的好奇心，并在文章中含蓄地介绍产品或活动，使读者产生兴趣，激发消费欲望，如图1-7所示。

图1-7

## 2. 视频自媒体

视频自媒体的内容较为广泛，包括长视频、短视频、微视频等，并且还可根据不同领域进行划分。长视频是指时长在30分钟以上的内容，大多由专业团队制作，实现类似于影视剧、网剧的效果，不适合个人制作；短视频是指长度在1分钟到10分钟的视频；微视频则是指时长在15秒到60秒之间的内容，这类视频适合利用碎片化时间进行观看。

知识科普类视频通过不同角度引发观众的兴趣后，进行产品或知识的宣传，使观众在不知不觉间接受信息，继而促进信息的传播或是产品的消费，如图1-8所示。

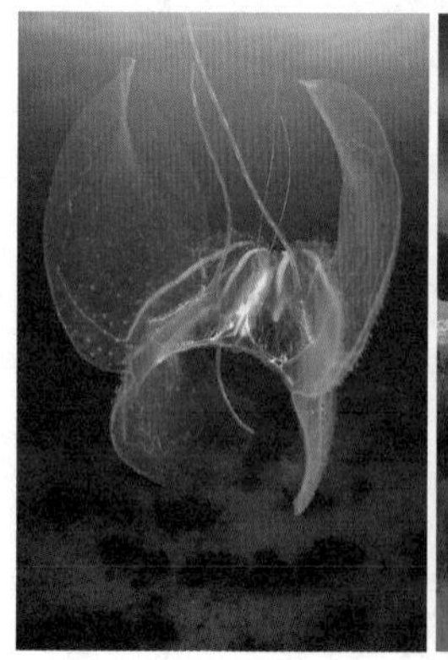

图1-8

热点事件类视频要注意贴合热点内容，一方面热点事件的发布会受到平台的加持，另一方面由于大众的关注，可以保证一定频次的浏览量与搜索量，从而有益于流量的提升，如图1-9所示。

图1-9

搞笑类视频的受众较多，不受年龄的限制，只要能保证视频内容的趣味性，就会获得很高的流量，如图1-10所示。

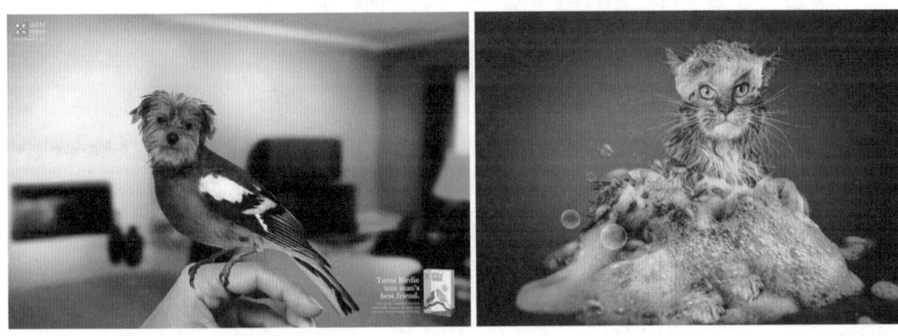


图1-10

剧情转折类视频需要注重内容的质量，要具有反转的效果，对于脚本策划者与拍摄团队而言，需要精心制作。

技能讲解类视频是将美妆、美食、健身、手工以及各种生活方面的技巧传递给观众，其多以短视频为主，具有较高的阅读量与播放量，并吸引观众进行尝试，如图1-11所示。

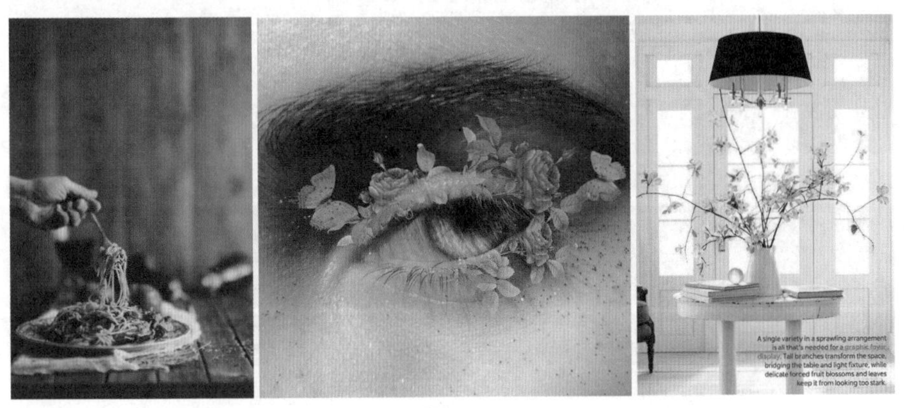


图1-11

微电影类视频具有文艺片与剧情的性质，通过简单、清新的画面与精简的剧情吸引受众，如图1-12所示。

图1-12

### 3. 音频自媒体

音频自媒体是通过声音进行内容的展现，通过分享付费或者免费音频的形式获得收益及吸引用户。

### 4. 直播自媒体

随着直播平台的不断增加，直播自媒体人的数量也在不断上升，其通过直播舞蹈、美食、健身、游戏等不同内容获得收益及吸引观众。

## 1.1.3 自媒体的特征

自媒体的呈现形式多种多样，与传统媒体相比更加自由、大众、普遍化。自媒体可以在自己的平台上与用户分享、探讨、交流与互动，并满足各种用户的需求，如图1-13所示。因此呈现出以下几个特征。

图1-13

**个性化：**有趣的、好玩的、罕见的、唯一的，都是观众喜欢看的，也是自媒体快速传播的内核动力之一。

**自由性：**相较于专业、严谨的传统媒体，自媒体平台发布的主题与内容更为通俗化，缺点是缺乏严格的审核标准，易造成歧义与问题。

**碎片化：**观众日益接受并习惯于简短、直观的信息，创作者需要跟随这种发展趋势传播内容。

**交互性：**交互性是自媒体的根本属性之一。用户使用自媒体的目的是为了沟通与交流，因此自媒体平台需要满足用户分享、交流、讨论、互动的需求。

**多媒体：**创作者不能仅拘泥于一种形式，应采用图片、文字、视频、动画等多种传播方式进行信息的传播。

**群体性：**自媒体的受众群体往往以某类群体进行传播，如音乐爱好者、汽车发烧友等。

**传播性：**创作者运营平台时，需要注意为使用者提供充足的传播手段和推广渠道，实现信息的有效与迅速传播。

### 1.1.4 自媒体运营的重要原则

自媒体运营原则是指根据自媒体的本质、特征、目的所提出的根本性和指导性的准则，主要包括多样性原则、真实性原则、趣味性原则、持续性原则，如图1-14所示。

**多样性原则：**由于自媒体平台不断增多且类型多样，呈现出多样化的发展趋势，所以面对迅速发展的自媒体平台，需要保持对新媒体的敏感度，勇于探索尝试，积极参与其中。

**真实性原则：**通过自媒体发布信息时要力求准确、真实、客观，与大众分享时要保持实事求是的态度，保证内容的真实性。

**趣味性原则：**保证内容真实的同时，也要力求发布内容的趣味感，一个平淡无奇的视频或图文内容是无法打动观者的，只有运用一定的艺术手法渲染和叙述内容，才能在市场中脱颖而出。

**持续性原则：**从本质上讲，自媒体也是媒体的一种，需要不断积累受众。只有高质量、蕴含情感，并且可以做到持续更新的内容，依靠创意性的表达，才能保证用户量的稳定增长，最终促进自媒体影响力的提升。

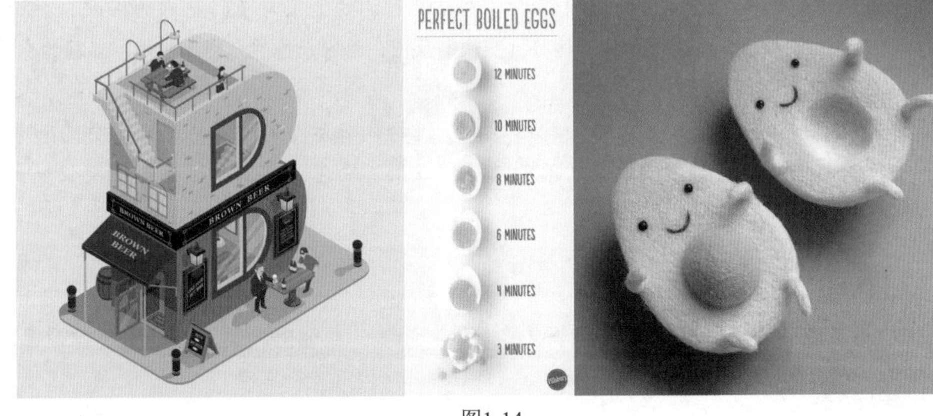


图1-14

# 1.2 自媒体设计实战

## 1.2.1 实例：唯美文艺风格自媒体视频

### 设计思路

案例类型：

本案例是具有唯美文艺风格的自媒体视频作品，如图1-15所示。

图1-15

项目诉求：

本案例制作一个唯美文艺风格的视频作品，通过浅色调的使用与多种花卉的搭配，打造出温馨、浪漫、舒适的画面效果，营造出治愈、幸福、明快的氛围，给人以悠然自得、明媚、温暖的感觉。

设计定位：

本案例采用以图像为主、文字为辅的构图方式。选择向日葵与其他花卉的照片作为背景，搭配温柔、雅致的奶白色调，呈现出温和、治愈的视觉效果。白色文字位于画面的中央位置，既与整体风格相协调，又不失醒目性。

### 配色方案

淡黄色与浅灰色的使用使整体画面色彩更加柔和、细腻，展现出温柔、优雅的视觉效果，给人以文艺、唯美、温馨的印象，如图1-16所示。

图1-16

主色：

亮灰色的明度较为适中，作为照片背景色，在黄色调边框的衬托下呈现出含蓄、安静的效果，打造出安静、温馨的气氛。

辅助色：

用低纯度的奶黄色作为辅助色，搭配恬淡、内敛的亮灰色，使整体氛围更加治愈、温馨、柔和，给人以温柔、明快、惬意的印象。

点缀色：

金黄色、棕黄色与苹果绿作为点缀色，赋予画面鲜活的气息，鲜艳、浓郁的色彩展现出花朵的生命力，给人以生机盎然的感觉，增添清新、文艺、空灵的气息。

## 版面构图

本案例采用平衡式的构图方式，文字内容位于画面中央偏右的位置，与左侧占据面积较大的向日葵图案形成相对均衡的状态，给人以平衡、稳定、端庄的感觉。整个画面以灰色调为背景主色，打造出安宁、平和的氛围。同时在无彩色的衬托下，使向日葵等花卉更具生命力，充满鲜活、蓬勃的生命气息，增添清新、文艺、浪漫的格调。文字底层的圆形图形使文字与背景形成层次分明的效果，提升了文字的可阅读性，便于观者了解文字内容，如图1-17和图1-18所示。

图1-17　　　　图1-18

## 操作思路

本案例通过对素材的“位置”“不透明度”“缩放”属性设置关键帧动画，并为素材开启“3D图层”功能，制作出空间方向的变化。

## 操作步骤

1 将“背景.png”素材导入“时间轴”面板中，如图1-19所示。

2 此时背景效果如图1-20所示。

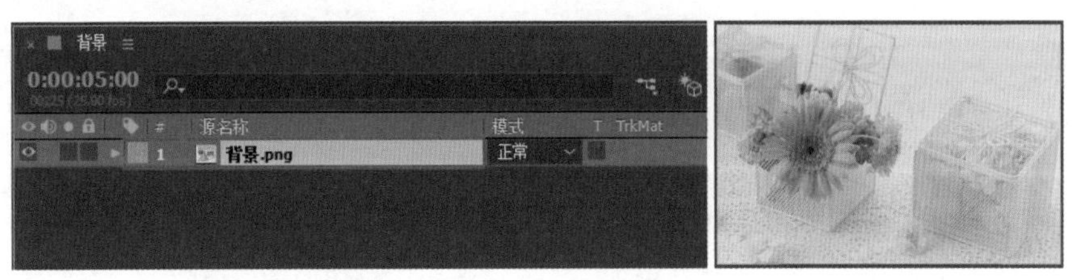


图1-19　　　　图1-20

❸ 将“01.png”“02.png”“03.png”“04.png”“05.png”“06.png”素材导入“时间轴”面板中，如图1-21所示。

❹ 此时的合成效果如图1-22所示。

图1-21

图1-22

❺ 将时间线拖动到第0秒，单击“06.png”“05.png”“03.png”素材中“位置”前面的按钮，分别设置这3组参数为（-100,270）、（815,270）、（909,270），如图1-23所示。

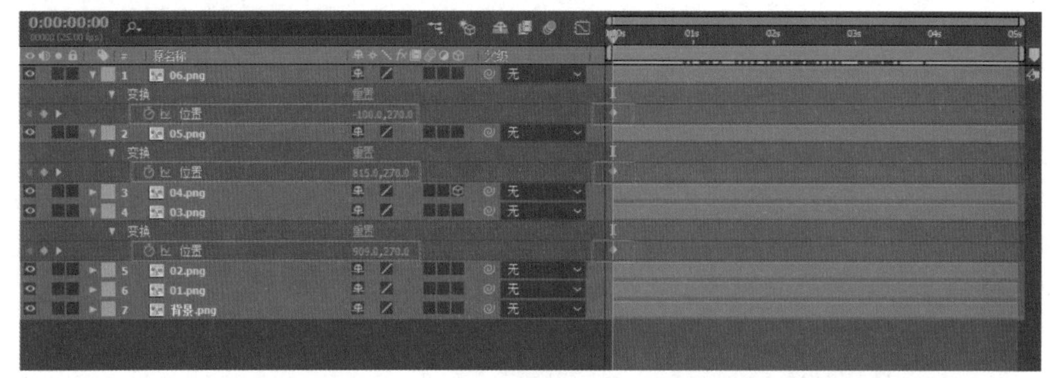

图1-23

❻ 将时间线拖动到第4秒，设置“06.png”“05.png”“03.png”素材中的“位置”分别为（399,270）、（399,270）、（399,270），如图1-24所示。

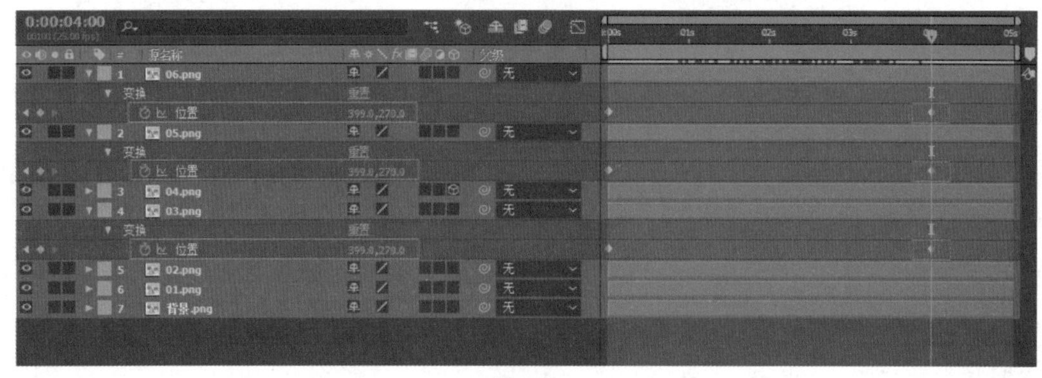

图1-24

❼ 拖动时间线，查看此时的动画效果，如图1-25所示。

❽ 将时间线拖动到第0秒，单击“01.png”素材中“不透明度”前面的按钮，设置数值为0%，如图1-26所示。

❾ 将时间线拖动到第4秒，设置“01.png”素材中的“不透明度”为100%，如图1-27所示。

图1-25

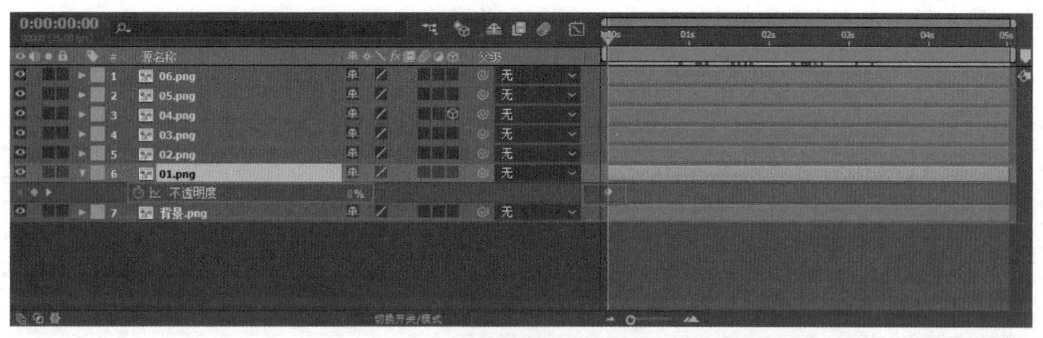


图1-26

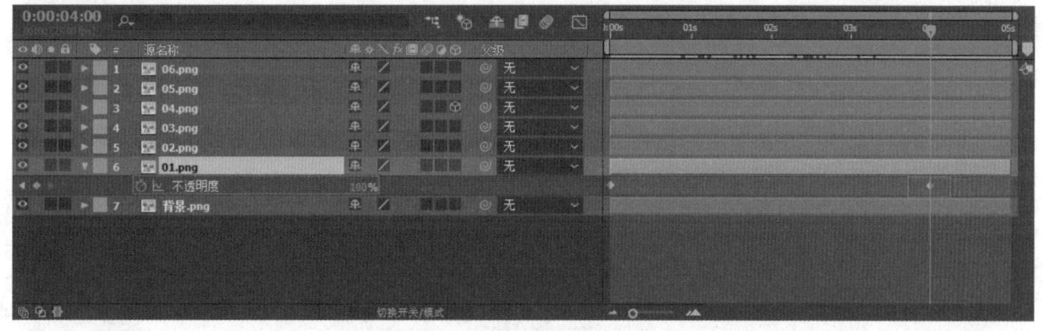


图1-27

⑩ 将时间线拖动到第0秒，单击“02.png”素材中“缩放”前面的■按钮，设置数值为（0,0%），如图1-28所示。

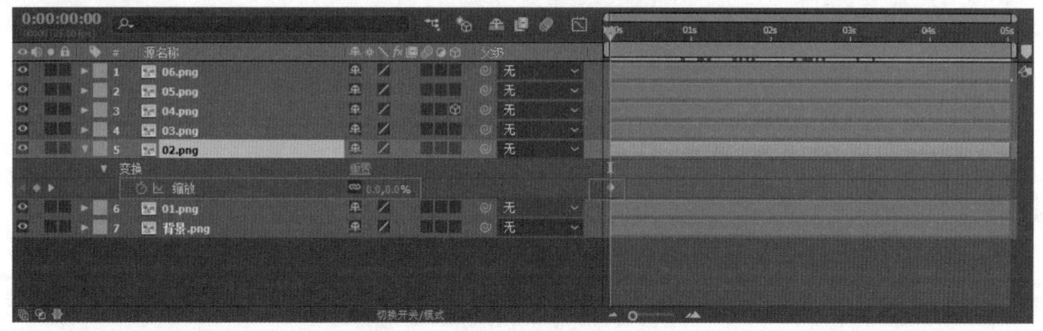


图1-28

⑪ 将时间线拖动到第4秒，设置“02.png”素材中的“缩放”为（0.0,0.0%），如图1-29所示。

⑫ 单击“04.png”素材的■（3D图层）按钮。将时间线拖动到第0秒，单击“04.png”素材中“方向”前面的■按钮，设置数值为（0°,90°,0°），如图1-30所示。

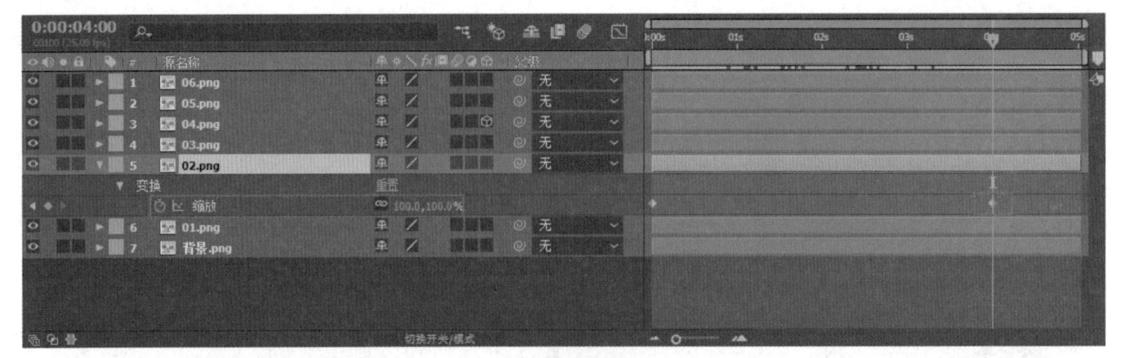


图1-29

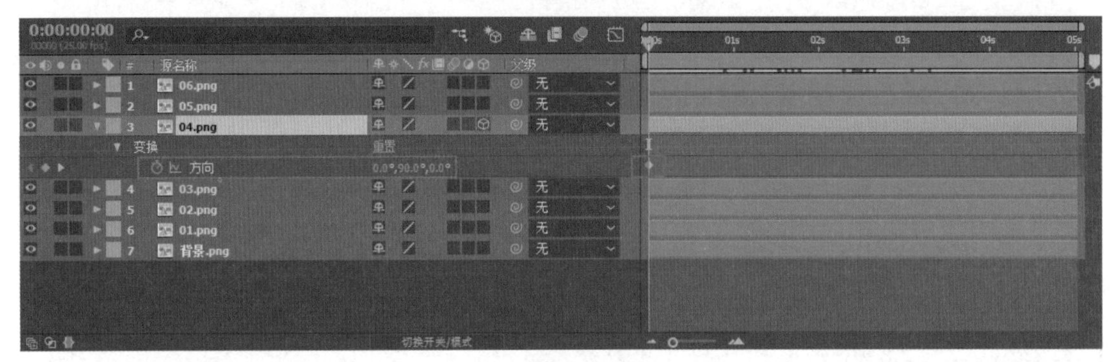


图1-30

⑬ 将时间线拖动到第4秒，设置“04.png”素材中的“方向”为（0°,0°,0°），如图1-31所示。

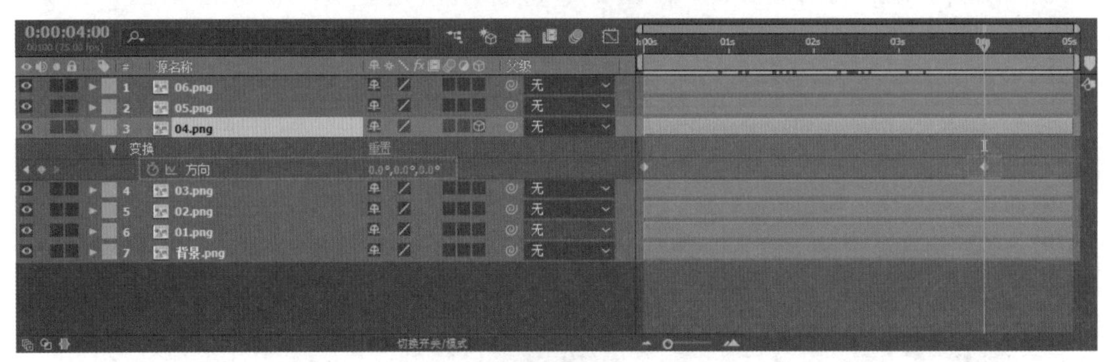


图1-31

⑭ 拖动时间线，查看最终动画效果，如图1-32所示。

图1-32

## 1.2.2 实例：冬季恋歌

### 设计思路

**案例类型：**

本案例是一个设计冬季雪景为主题的自媒体视频作品，如图1-33所示。

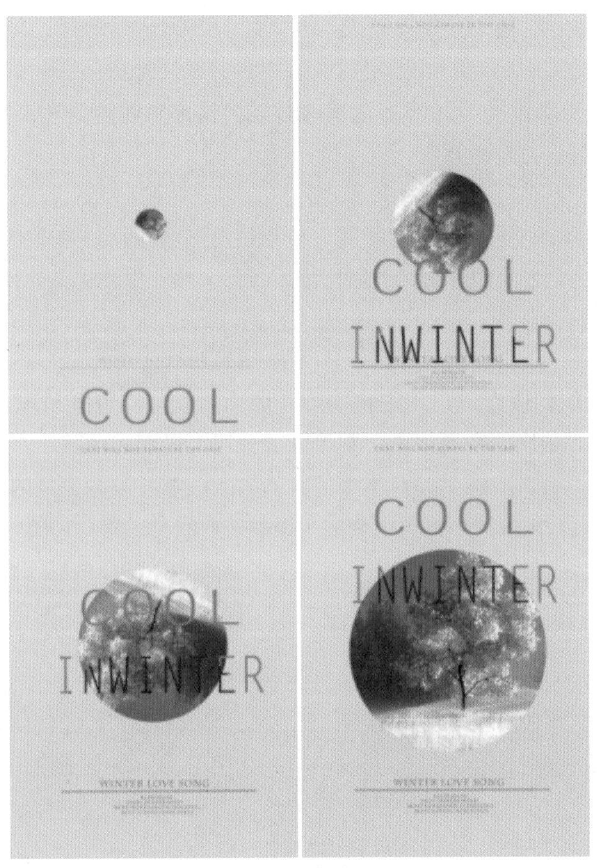


图1-33

**项目诉求：**

本案例制作一个以“冬季恋歌”为主题的自媒体短视频，随着形似播放器的圆形框架逐渐变大，将唯美的雪景展现在观者面前，给人以空灵、出尘、梦幻的视觉印象。同时文字不断上升的变化，使标题文字与内容文字层次分明，便于清晰地传递作品信息。

**设计定位：**

本案例采用以文字为主、图像为辅的构图方式。选择美丽、梦幻的雪景作为背景，展现出浪漫、雅致的作品风格，激发观者的阅读兴趣，提升作品的视觉吸引力。标题文字的字号较大，与内容文字形成鲜明的层级对比，便于观者阅读了解作品信息。

### 配色方案

淡蓝色与深蓝色形成鲜明的层次对比关系，同时赋予整体冷色调的气息，营造出唯美、浪漫、空灵的视觉效果，打造出别具一格的唯美作品，如图1-34所示。

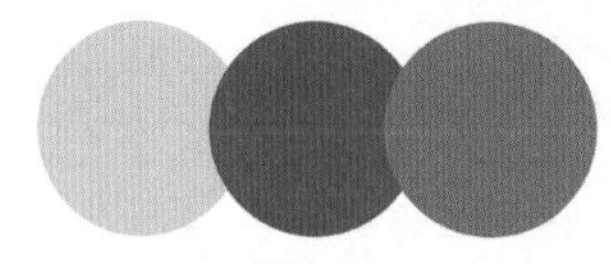

图1-34

主色：

淡蓝色作为作品背景，占据画面较大面积，色彩纯度适中，给人以舒适、平和、安静的感觉，同时冷色调赋予画面以端庄、清凉的气息。

辅助色：

使用深蓝色作为画面辅助色，与淡蓝色形成鲜明的纯度与明度对比，打造出清冷、梦幻的雪景，增强了画面的视觉吸引力与感染力。

点缀色：

深豆沙粉色与蓝色调的画面对比较为鲜明，粉色调的文字与画面形成冷暖对比，提升了画面的视觉吸引力，同时使文字内容更加鲜明、清晰，给人一目了然、规整端正的视觉印象。

## 版面构图

本案例采用对称型的构图方式，将主体内容在画面视觉焦点位置呈现，具有较强的视觉冲击力，给人以稳定、平衡、端庄的视觉印象。整个画面使用大面积的淡蓝色，营造出静谧、文艺、淡雅的风格，给人以唯美、清新的感觉。在中央位置的雪景图像与不同字号的文字具有较强的视觉吸引力，既点明了作品主题，同时清晰直观地传达了作品的内涵与主题，如图1-35和图1-36所示。

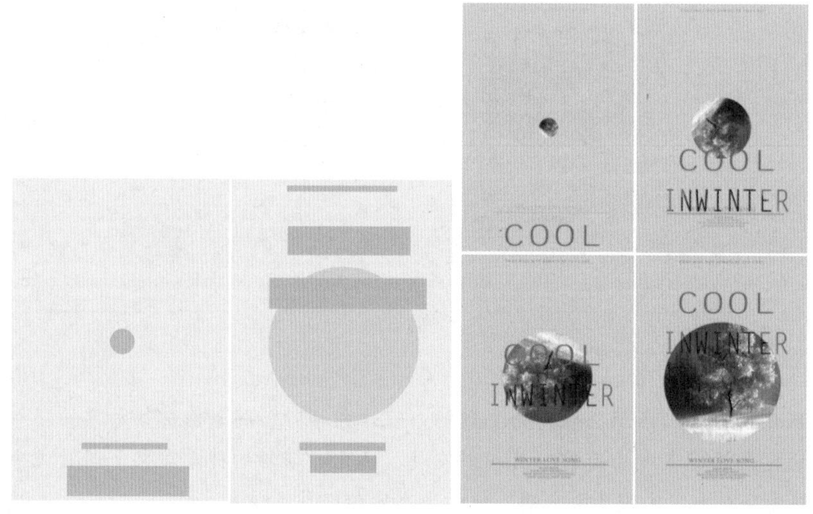


图1-35　　图1-36

## 操作思路

本案例通过对素材的“不透明度”“位置”“旋转”属性设置关键帧，从而制作冬季恋歌动画效果。

## 操作步骤

1 将“背景.jpg”素材导入“时间轴”面板中，设置“缩放”为（127.7,127.7%），如图1-37所示。

❷ 此时背景效果如图1-38所示。

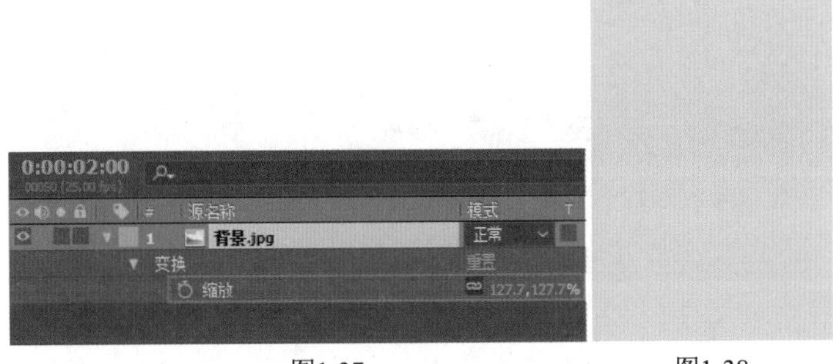


图1-37　　　　图1-38

❸ 将“03.png”“04.png”“05.png”“06.png”素材导入“时间轴”面板中。将时间线拖动到第0秒，单击“03.png”“04.png”“05.png”“06.png”素材“不透明度”前面的◙按钮，设置数值为0%，如图1-39所示。

图1-39

❹ 将时间线拖动到第2秒，设置“03.png”“04.png”“05.png”“06.png”素材的“不透明度”为100%，如图1-40所示。

图1-40

❺ 拖动时间线，查看此时的动画效果，如图1-41所示。

❻ 将“02.png”“01.png”素材导入“时间轴”面板中。将时间线拖动到第0秒，单击“02.png”素材的“位置”前面的◙按钮，设置数值为（328.5,1289.5），如图1-42所示。

图1-41

图1-42

7 将时间线拖动到第3秒，设置“02.png”素材的“位置”为（328.5,465.5）。设置“01.png”的“缩放”为（100,100%），“旋转”为（0x-90°），如图1-43所示。

图1-43

8 将时间线拖动到第4秒，设置“01.png”素材的“旋转”为（0x+0°），如图1-44所示。

图1-44

9 拖动时间线，查看此时动画效果，如图1-45所示。

图1-45

## 1.2.3 实例：短视频片头文字

### 设计思路

案例类型：

本案例是一个设计个人生活记录类的短视频片头，如图1-46所示。

图1-46

项目诉求：

本案例制作一个展示个人形象的短视频片头，从开头的黑场到影像逐渐清晰的过程，给人以简单、明朗的感觉。本案例利用人像提升作品的亲和力，使观者能够更快地接收信息。

设计定位：

本案例采用以图像为主、文字为辅的构图方式。选择人像作为背景，能够快速吸引观者注意，给人以亲切、温馨的感觉。透明且不断清晰的片头文字字号较大，可以迅速地吸引观者目光，传递作品主题。

### 配色方案

暖灰色风景给人以简约、富含生活气息的感觉，画面充满温暖、安定的气息，使作品整体更具亲和感，提升了作品的吸引力，如图1-47所示。

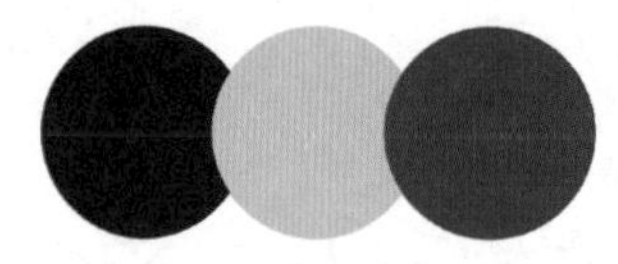

图1-47

主色：

使用黑色作为开场出现，占据大面积画面的黑色具有较强的视觉重量感，给人以稳定、隆重的感觉，使作品具有较强的视觉冲击力。

辅助色：

使用暖色调的灰色作为画面辅助色，与黑色形成鲜明的明度对比，营造出温暖、温馨、惬意的画面氛围。

点缀色：

人物服饰的浓酒红色作为画面中的一抹亮色，色彩较为饱满，具有较强的视觉吸引力，增添了鲜活的气息，体现出人物自由、惬意的心情，使画面更具视觉感染力与表现力。

## 版面构图

本案例采用三分法的构图方式，通过黑色场景的变化将画面进行分割，在不同的时间段呈现不同的画面大小，赋予作品以节奏感与韵律感，给人以个性、活跃的视觉感受。同时人像照片在黑色色块的衬托下明亮、醒目，具有较强的视觉吸引力，营造出自由、惬意、舒适的气氛，令人感同身受，具有极强的感染力与亲和力。片头文字的逐渐显现，使观者目光逐渐向其移动，最终使信息可以得到有效传达，如图1-48和图1-49所示。

图1-48　　图1-49

## 操作思路

本案例应用蒙版关键帧制作动态效果，使用文字工具创建文字，并使用“轨道遮罩”制作文字遮罩效果。

## 操作步骤

01 右击“项目”面板空白位置处，在弹出的快捷菜单中选择“新建合成”命令，在弹出的“合成设置”窗口中，设置“合成名称”为1、“预设”为“自定义”、“宽度”为1920 px、“高度”为1080 px、“像素长宽比”为“方形像素”、“帧速率”为23.976帧/秒、“持续时间”为7秒18帧，单击“确定”按钮；接着执行“文件”|“导入”|“文件”命令，导入全部素材文件，如图1-50所示。

图1-50

❷ 在“项目”面板中将“1.mp4”素材文件拖曳到“时间轴”面板中，如图1-51所示。

图1-51

❸ 此时画面效果如图1-52所示。

图1-52

❹ 在“时间轴”面板中右击空白位置处，在弹出的快捷菜单中执行“新建”|“纯色”命令，如图1-53所示。

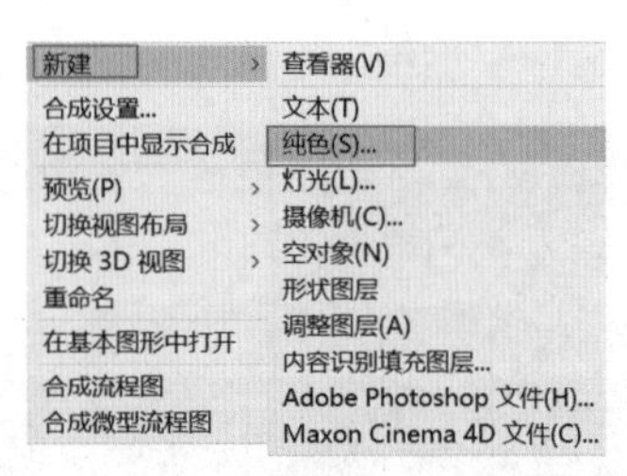


图1-53

❺ 在弹出的“纯色设置”对话框中设置“颜色”为黑色，接着单击“确定”按钮，如图1-54所示。

❻ 在“时间轴”面板中单击“黑色 纯色1”图层，在工具栏中单击■（矩形工具），在“合成”面板画面的顶部绘制一个矩形蒙版，如图1-55所示。

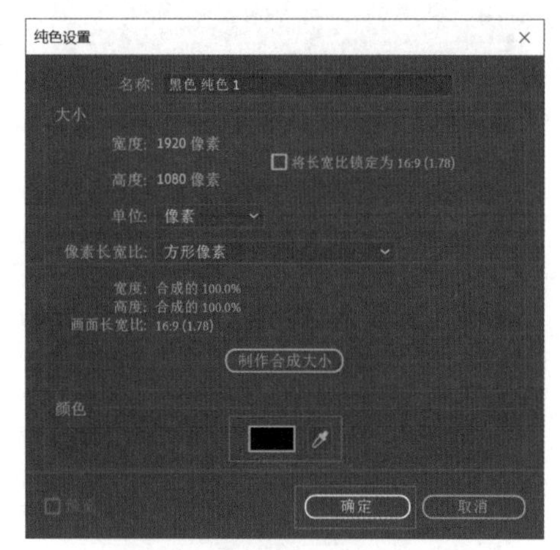


图1-54

图1-55

❼ 在“时间轴”面板中单击“黑色 纯色1”图层，再次在工具栏中单击■（矩形工具），在“合成”面板画面的底部绘制一个矩形蒙版，如图1-56所示。

图1-56

❽ 将时间线拖动到起始时间位置处，单击展开“黑色 纯色 1”图层，接着分别展开“蒙版 1”与“蒙版 2”。单击“蒙版路径”前面的■（时间变换秒表）按钮，如图1-57所示。

❾ 将时间线拖动至第2秒20帧位置处，在“合成”面板中将蒙版移动至画面外部，如图1-58所示。

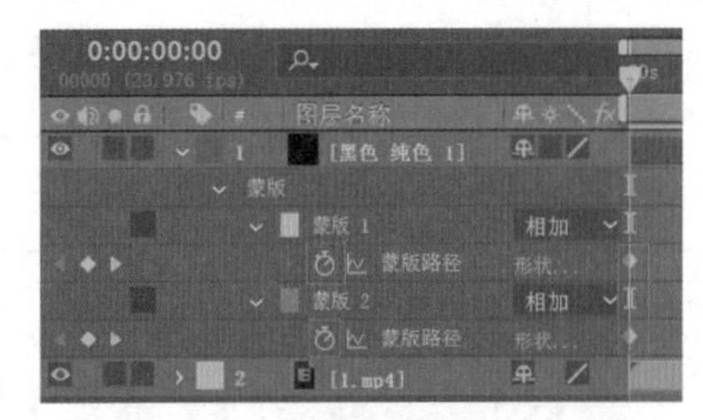


图1-57

图1-58

⑩ 将时间线拖动至第6秒位置处，在“合成”面板中将蒙版分别移动至画面的顶部和底部位置，如图1-59所示。

图1-59

⑪ 拖动时间线查看此时的画面效果，如图1-60所示。

图1-60

⑫ 在不选择任何图层的情况下，在工具栏中单击T（横排文字工具），在“合成”面板人像的顶部单击并输入合适的文字，设置合适的“字体系列”和“字体样式”，设置“文字颜色”为白色、“字体大小”为270像素、“垂直缩放”为100%、“水平缩放”为100%，并单击T（仿粗体）按钮与TT（全部大写）按钮，如图1-61所示。

图1-61

⑬ 在“时间轴”面板中设置文字图层的起始时间为第4秒，如图1-62所示。

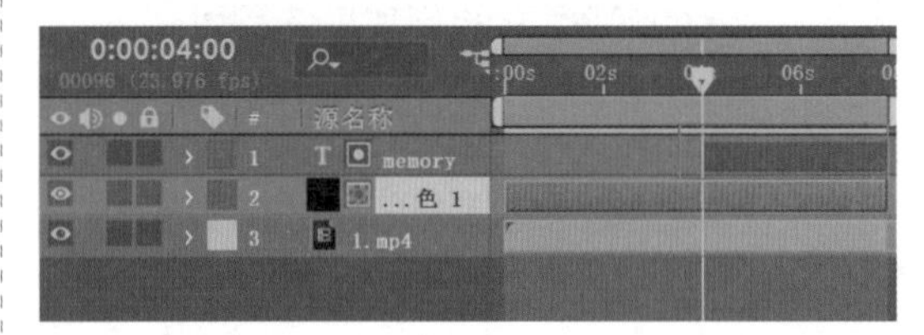


图1-62

⑭ 在“时间轴”面板中单击“黑色 纯色1”图层，设置“轨道遮罩”为“Alpha 反转遮罩”，如图1-63所示。

图1-63

⑮ 至此本案例制作完成，拖动时间线查看画面效果，如图1-64所示。

图1-64

第2章

# 广告设计

## ·本章概述·

通过广告，我们可以传递、表述、推广信息。生活中处处都有广告的痕迹，其类型和数量也在日益增加。随着数量的增多，对广告设计的要求也越来越高，要想成功地吸引消费者的眼球也不再是一件易事，因此我们在进行广告设计时必须了解和学习广告设计的相关知识。本章主要从广告设计的定义、广告设计的种类、广告设计的排版方式、广告设计的原则及广告设计的要素等方面来学习广告设计。

# 2.1 广告设计概述

广告设计作为一种现代艺术设计手段，在视觉传达设计中占据重要地位。现代的广告设计不再只是静态的平面广告，而是已经发展为动态的广告，并以多种多样的形式融入我们的生活中，吸引我们的眼球。一个好的广告设计可以有效地传播信息，从而达到超乎想象的传播效果。

## 2.1.1 广告设计的定义

广告，简而言之，即广而告之。广告设计是在计算机平面设计技术应用的基础上，通过对图像、文字、色彩、版面、图形图案等视觉元素进行艺术创意而实现广告目的和意图的一种设计活动和过程。在现代商业社会中，广告是用来宣传企业形象、销售产品和服务以及传播信息的，通过广告的宣传可以促进产品的消费，从而产生一定的经济效益和社会效益，如图2-1所示。

图2-1

## 2.1.2 广告设计的种类

如何使自己的产品从众多同类商品中脱颖而出一直是商家的难题，而利用广告进行宣传就是一个很好的途径。这也使广告业得以迅速发展，广告的类型也趋向多样化。常见的广告类型主要有以下几种。

### 1. 平面广告

平面广告以静态的形态呈现，主要包括图形、文字、色彩等多种要素，其表现形式多种多样。平面广告从空间概念的角度来看，是以二维平面形态进行视觉信息传播的，其刊载的信息有限，但具有随意性，可进行大批量的生产，亦可作为视频开屏广告出现或是以植入的形式出现在视频的下方。具体来说，平面广告包含报纸杂志广告、招贴广告等类型。

报纸杂志广告通常占据其载体的一小部分，与报纸杂志一同销售。这种类型的广告一般适用于展销、展览、劳务、庆祝、航运、通知、招聘等，其内容广泛而精简，广告费用较为实惠，具有一定的经济性、可持续性，如图2-2和图2-3所示。

图2-2

图2-3

招贴广告是一种集艺术与设计为一体的广告形式，其表现形式更富有创意和审美性。它所带来的不仅是经济效益，对消费者精神文化方面也有一定的影响，如图2-4所示。

图2-4

## 2. 电商广告

电商广告主要出现在浏览量较大的网页中。在浏览购物平台网页时，弹出的各式电商广告在不知不觉中占据大众视线，新颖生动的动态影像与产品具有较强的吸引力，如图2-5所示。

图2-5

### 3. 户外广告

户外广告主要投放在交通流量较大的公共的室外场地。具体来说，户外广告包含灯箱广告、路牌广告、霓虹灯广告、场地广告、车身广告等类型。

灯箱广告主要用于企业宣传，一般放在建筑物的外墙、楼顶、裙楼等位置。白天为彩色广告牌，晚上亮灯则成为内打灯，向外发光，经过照明后，广告的视觉效果更加强烈，如图2-6所示。

图2-6

路牌广告主要放置于公路或交通要道两侧，形式多样，立体感较强，画面十分醒目，能够更快地吸引人们的眼球，如图2-7所示。

图2-7

霓虹灯广告是通过利用不同颜色的霓虹管制成文字或图案，夜间呈现出一种闪动灯光模式，动感而耀眼，如图2-8所示。

图2-8

场地广告是指放置于地铁、火车站、机场等地点范围内的各种广告，如在扶梯、通道、车厢等位置，如图2-9所示。

图2-9

车身广告是一种放置于公交车或专用汽车车厢两侧的广告形式，其传播方式具有一定的流动性，传播区域较广，如图2-10所示。

图2-10

#### 4.影视广告

影视广告是一种以叙事来宣传广告的形式，吸收了绘画、装潢、音乐、舞蹈、电影、文学等诸多领域的艺术特点。影视广告可以分为电影广告、电视广告、动画广告、特效合成广告、广告歌曲MV等类型，如图2-11所示。

图2-11

#### 5.媒体广告

媒体广告是以传统四大媒体（电视、广播、报纸、杂志）与移动设备作为传播渠道所发布的广告。随着现代网络技术的发展，使互联网广告逐渐占据更大的媒体广告市场，如图2-12所示。

图2-12

电视广告是一种以电视为媒介传播信息的形式，其时间长短依内容而定，具有一定的独占性和广泛性，如图2-13所示。

图2-13

## 2.1.3 广告设计的排版方式

广告的版面设计就是将图形、文字、色彩等各种要素和谐地安排在同一版面上，组成一个完整的画面，并将内容传达给受众。不同的诉求效果需要不同的构图方式，以下是一些常见的广告排版方式。

满版型：自上而下或自左而右进行内容的排布，整体画面饱满丰富，如图2-14所示。

图2-14

**重心型：**视觉焦点汇聚在画面的中心，是一种稳定的编排方式，如图2-15所示。

图2-15

**分割型：**分割型分为左右分割和上下分割、对称分割和非对称分割，如图2-16所示。

图2-16

**倾斜型：**插图或文字倾斜编排，使画面更具有动感，充满活力与视觉冲击力，营造出一种活泼、欢快的氛围，如图2-17所示。

图2-17

## 2.1.4 广告设计的原则

广告设计的原则是根据广告的内涵、定义、目的所提出的根本性准则和观点，主要包括以下4种原则。

**可读性原则：** 广告的目的是使受众了解广告表现的内涵。因此，广告必须具有普遍的可读性，能准确传达信息，才能投放市场、投向公众。

**形象性原则：** 一则平淡无奇的广告是无法打动消费者的，只有运用一定的艺术手法渲染和塑造产品形象，才能使产品在众多的广告中脱颖而出，如图2-18所示。

**真实性原则：** 真实性是广告最基本的原则。只有真实地表现出产品或服务特质才能吸引消费者，其中不仅要保证宣传内容的真实性，还要避免广告的艺术表现形式给消费者带来误导。

**关联性原则：** 不同的商品适用于不同的受众，因此必须在确定和了解受众的审美情趣基础上，进行相关的广告设计。

图2-18

## 2.1.5 广告设计的要素

广告设计的要素包括主题、图形图案、文字、色彩及版式等。不同的主题及文字的安排可以使广告作品呈现出不同的效果。

不同的主题会影响广告的色彩、构图以及风格。例如，公益主题的广告与商业主题的海报色彩调性截然不同，公益广告通常色彩深沉，色调统一，具有沉重、严肃的风格。

图形图案是吸引观者目光的重要因素，一幅色彩丰富、生动形象的图形可以迅速吸引观者的注意力，实现非凡的传播效果。

构图即文字与图案等元素的版面编排方式，不同的构图会呈现出不同的效果。如重心型与满版型构图多给人以稳定、均衡的视觉感受。

文字是传递信息的重要途径，清晰简洁的文字可以使观者快速了解广告传递的信息，从而达成广告的宣传目的。

色彩是视觉传达中的一个重要元素，通过不同的色彩，既可以提升作品的视觉表现力，又能表现出不同的情绪。

# 2.2 广告设计实战

## 2.2.1 实例：香水广告合成效果

### 设计思路

案例类型：

本案例是香水合成广告设计项目，如图2-19所示。

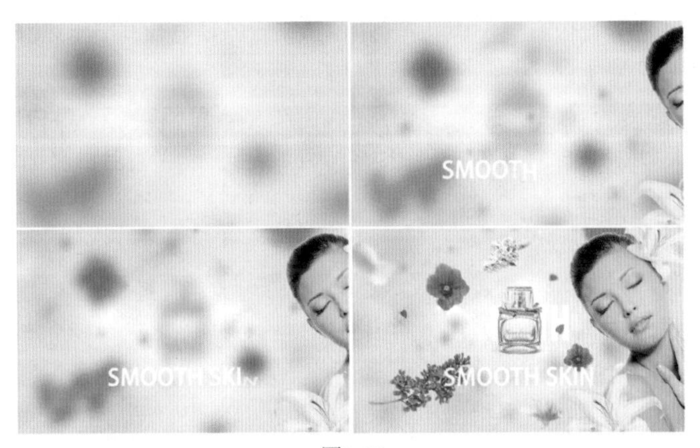


图2-19

项目诉求：

本案例制作一款花香型香水合成广告，围绕模特的多种花朵体现出该产品从天然植物中进行萃取，形成与众不同的产品卖点。人物陶醉的神态与抚摸肌肤的动作切合“SMOOTH SKIN”的主题，展现出馥郁、优雅的风格。

设计定位：

本案例采用图像为主、文字为辅的方式进行设计。模糊的背景在不断清晰的变化中呈现出递进的效果，让人眼前一亮，同时人像由右及左进入画面中，与背景形成层次感，使观者视线向其聚拢，呼应主题。

### 配色方案

淡紫色与肤色两种色彩具有较高的明度，可形成较强的对比效果，同时用大面积的浅色打造出明快、清新、纯净的风格，如图2-20所示。

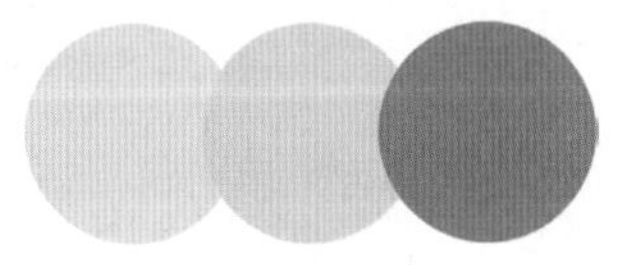

图2-20

主色：

淡紫色色彩浅淡、明亮，作为广告的主色调，展现出优雅、自然、恬静的主题调性，为观者带来舒适、惬意的视觉体验。

辅助色：

暖色调的肤色作为广告的辅助色，与画面主色调形成鲜明的对比，两者冷暖层次鲜明，同时肤色的纯度较高，视觉重量感更强，更易吸引观者目光。

点缀色：

淡紫色与肤色的搭配较为单调，玫紫色作为辅助色则丰富了画面的色彩层次，既与背景形成纯度对比，同时高纯度的玫紫色色彩鲜艳、饱满，富含生机，提升了产品的说服力。

## 版面构图

本案例采用了相对对称的构图方式，以位于中心的香水产品为轴，左侧的花朵元素与右侧的人像形成相对均衡的形式，整体给人以平衡、饱满的感觉。方正规整的文字居中摆放，呈现出清晰、直观的效果，使文字内容一目了然，如图2-21和图2-22所示。

图2-21

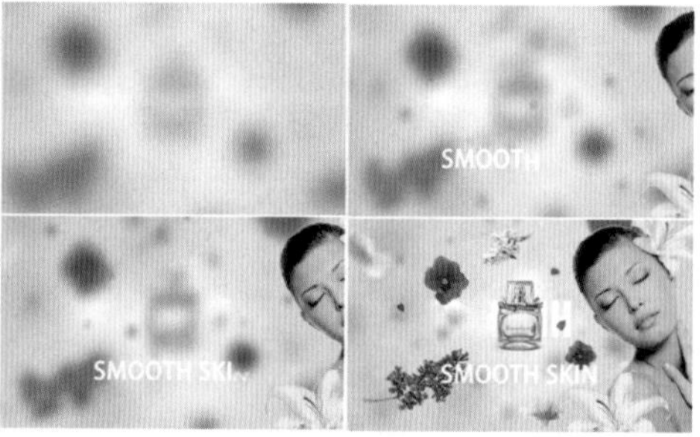


图2-22

## 操作思路

本案例通过为素材添加“高斯模糊”效果制作模糊动画，添加CC Particle World效果制作粒子动画。通过为素材添加Keylight（1.2）效果将人物背景抠取，同时应用“横排文字工具”创建文字，使用“动画预设”制作文字动画。

## 操作步骤

❶ 执行“文件”|“导入”|“文件”命令，导入全部素材文件，如图2-23所示。

❷ 在“项目”面板中将“01.jpg”素材文件拖曳到“时间轴”面板上，此时在“项目”面板中自动生成一个与“01.jpg”素材文件等大的合成，如图2-24所示。

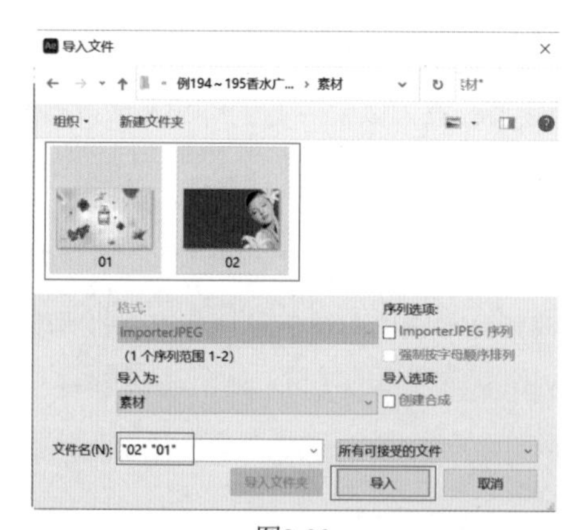


图2-23

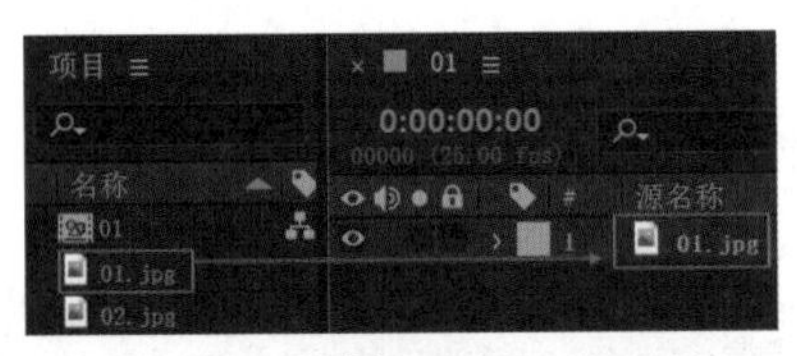

图2-24

❸ 查看此时的画面效果，如图2-25所示。

图2-25

❹ 在“时间轴”面板中选择“01.jpg”素材，将时间线拖动到第0帧，展开“变换”选项组，单击“缩放”前面的◙（时间变换秒表）按钮，并设置“缩放”为（130.0,130.0%），如图2-26所示。然后将时间线拖动至第4秒位置处，设置“缩放”为（100.0,100.0%）。

图2-26

❺ 在“效果和预设”面板中搜索“高斯模糊”效果，接着将该效果拖曳至“时间轴”面板中“01.jpg”素材文件上，如图2-27所示。

图2-27

❻ 在“时间轴”面板中选择“01.jpg”素材文件，将时间线拖动到第0帧，展开“效果”|“高斯模糊”，接着单击“模糊度”前面的◙（时间变换秒表）按钮，设置“模糊度”为100.0，如图2-28所示。将时间线拖动到第4秒，设置“模糊度”为0.0。

❼ 滑动时间线，此时画面效果如图2-29所示。

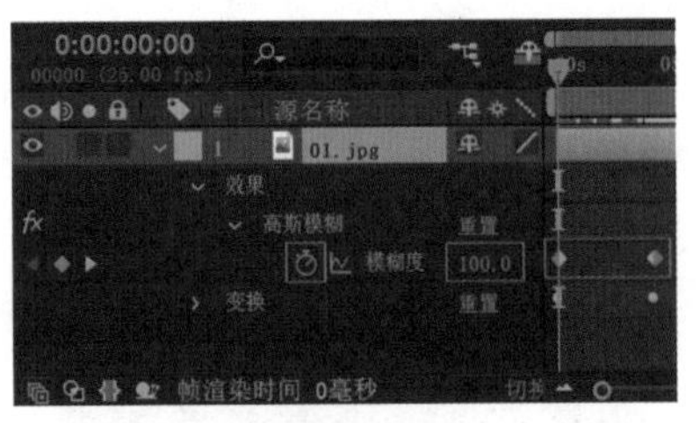

图2-28

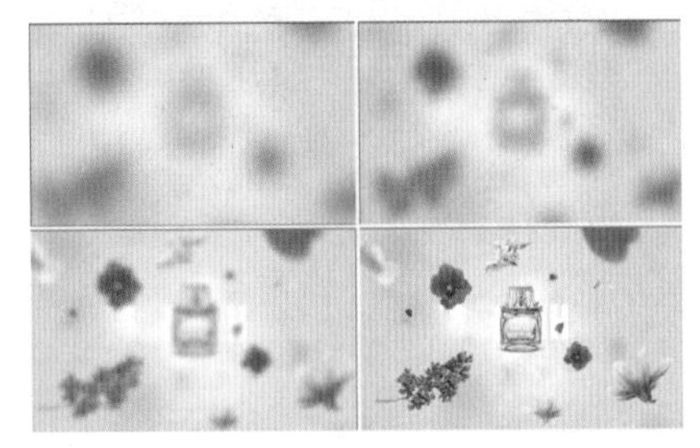

图2-29

❽ 在“时间轴”面板中右击，在弹出的快捷菜单中执行“新建”|“纯色”命令，如图2-30所示，在弹出的“纯色设置”对话框中设置一个黑色纯色。此时，在“时间轴”面板中新建了一个“黑色纯色1”图层，如图2-31所示。

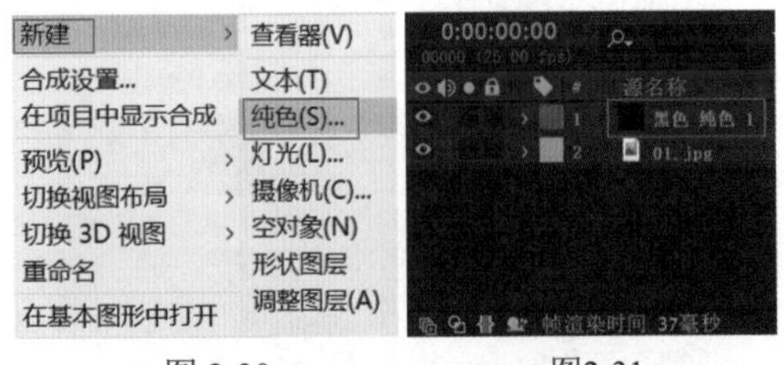


图 2-30　图2-31

❾ 在“效果和预设”面板中搜索CC Particle World效果，接着将该效果拖曳到“时间轴”面板中“黑色 纯色 1”图层上，如图2-32所示。

图2-32

❿ 在“时间轴”面板中单击“黑色 纯色 1”图层，在“效果控件”面板中，设置Birth Rate为1.7、Longevity（sec）为8.00、Velocity为11.21、Gravity为-1.630、Particle Type为Faded Sphere、Birth Size为2.000、Death Size为25.000、Max Opacity为

50.0%、Birth Color为粉色，如图2-33所示。

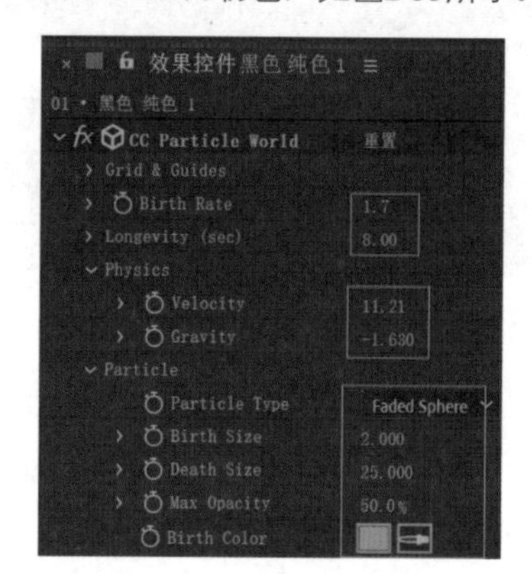


图2-33

⑪ 在“项目”面板中将“02.jpg”素材文件拖曳到“时间轴”面板上，如图2-34所示。此时可以看到人像的背景是蓝色的，如图2-35所示。因此需要为其抠像。

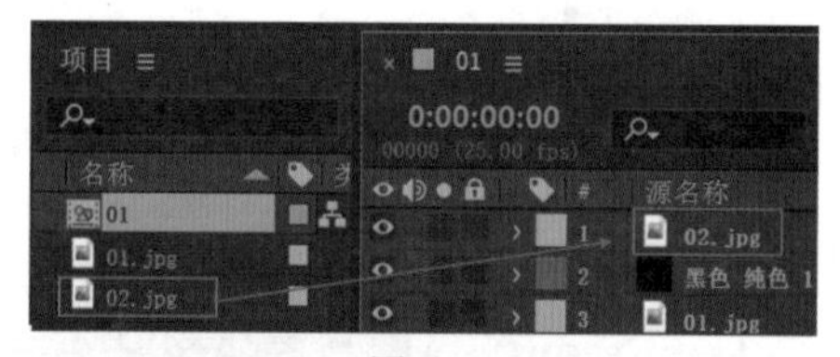


图2-34

图2-35

⑫ 制作人物动画。在“时间轴”面板中选择“02.jpg”素材文件，展开“变换”选项组，将时间线拖动到第0帧，单击“位置”前面的▣（时间变换秒表）按钮，并设置“位置”为（1000.0,335.0），如图2-36所示。将时间线拖动到第3秒，设置“位置”为（554.5,335.0）。

⑬ 在“效果和预设”面板中搜索Keylight（1.2）效果，接着将该效果拖曳到“时间轴”面板中“02.jpg”素材文件上，如图2-37所示。

⑭ 在“时间轴”面板中单击“02.jpg”素材文件，在“效果控件”面板中展开Keylight（1.2），单击Screen Colour右侧的吸管图标，吸取素材上的蓝色，并设置Screen Balance为95.0，如图2-38所示。

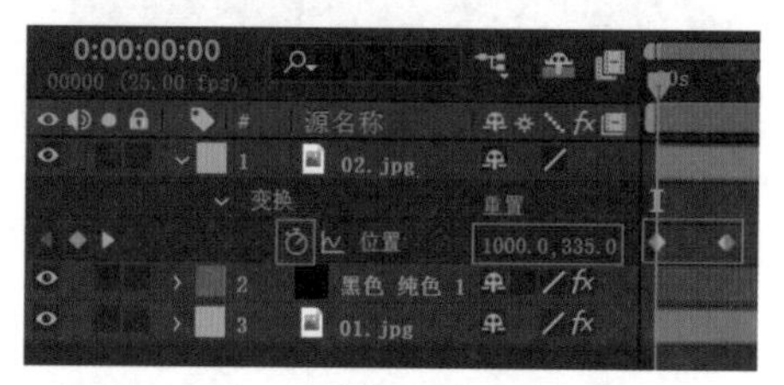


图2-36

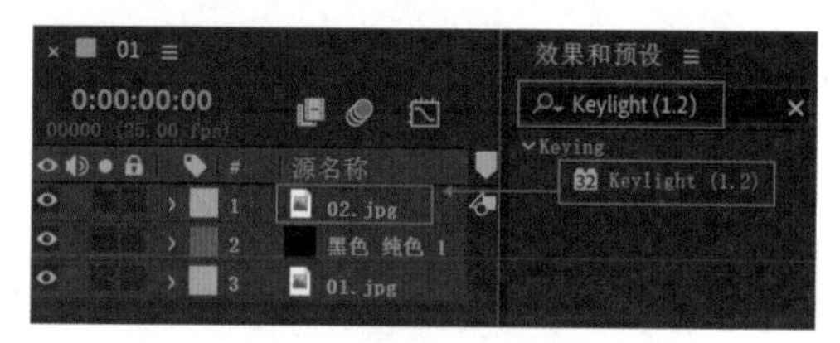


图2-37

图2-38

⑮ 此时人像的背景被扣除了，如图2-39所示。

图2-39

⑯ 拖动时间线查看动画效果，如图2-40所示。

⑰ 在不选择任何图层的情况下，单击工具栏中的▣（横排文字工具），在“合成”面板中输入合适的文字，如图2-41所示。

⑱ 在“字符”面板中设置相应的字体类型，设置“字体大小”为75像素，然后设置颜色为白色，单击图标▣（仿粗体）按钮和▣（全部大写）按钮，如图2-42所示。

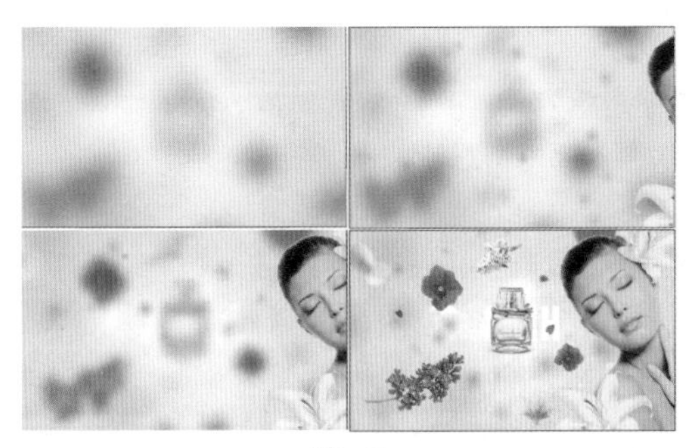

图2-40

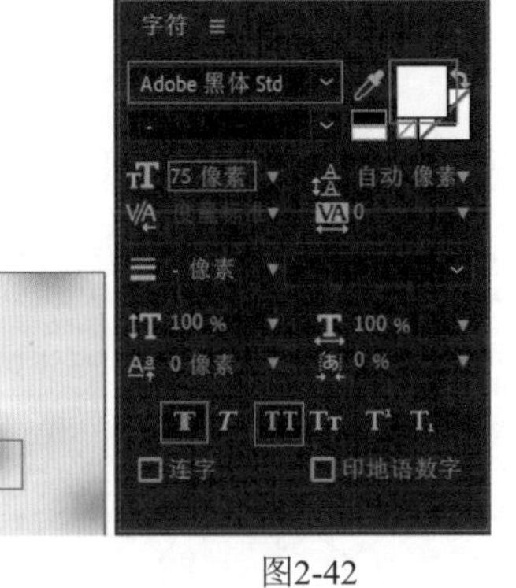


图2-41 图2-42

⑲ 在“效果和预设”面板中搜索“3D 翻转进入旋转 X”效果，接着将该效果拖曳到“时间轴”面板中的文字图层上，如图2-43所示。

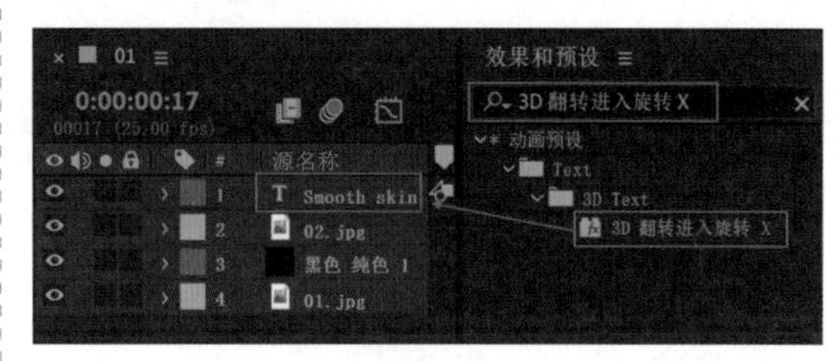


图2-43

⑳ 至此本案例制作完成，拖动时间线查看此时的画面效果，如图2-44所示。

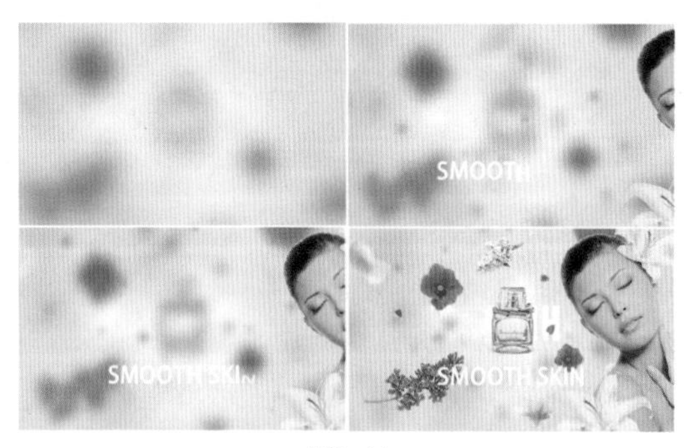


图2-44

## 2.2.2 实例：横幅广告

### 设计思路

**案例类型：**

本案例是活动宣传海报设计项目，如图2-45所示。

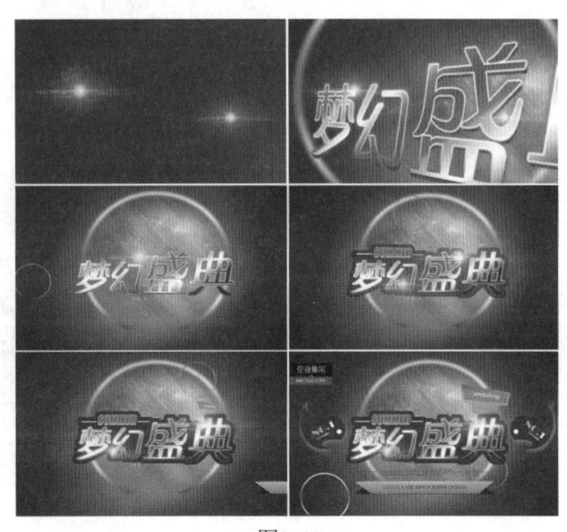


图2-45

项目诉求：

本案例将制作一个有关活动盛典的宣传广告，要求具有绚丽、唯美的视觉效果，梦幻的星空背景与色彩凸显时尚、浪漫气质，意在展现活动的高端，以此吸引观者的注意。

设计定位：

本案例采用文字为主、图像为辅的方式设计。流星划过后载入画面的“梦幻盛典”等文字展现出轻盈、浪漫的效果，搭配闪烁的星空背景，给人华丽、典雅的视觉印象，同时使主体文字极为突出，能够快速吸引观者目光。

## 配色方案

蓝紫色与淡紫色两者搭配，既可以产生富有层次感的邻近色对比效果，同时又使整体萦绕着神秘、浪漫的气息，如图2-46所示。

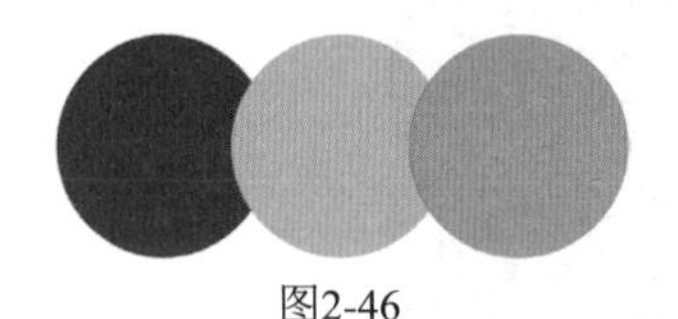

图2-46

主色：

蓝紫色色彩饱满、浓郁，作为广告主色，可以极大地展现出活动的高端、富丽感，由内至外的渐变过渡，使画面更具空间感与通透感，产生一种光芒绽放的视觉效果。

辅助色：

本案例使用淡紫色作为辅助色，色彩明度较高，与蓝紫色形成鲜明的明度对比，赋予画面以淡雅、空灵的气息，使整体更显清新。

点缀色：

橙黄色作为画面的点睛之笔，与整体的蓝紫色调形成强烈的冷暖对比，在空灵、清凉的画面中增添了几分温暖、明媚的气息，增强了广告的视觉冲击力。

## 版面构图

本案例采用重心型构图方式，主体文字位于画面中央，使文字信息能够更为快速地进行传递。画面以淡紫色星空作为背景，文字位于其前方，尽显浪漫与梦幻。作为视觉焦点所在，文字使用宝石红、白色、深紫色等多种色彩进行渐变过渡，呈现出光彩流转的视觉效果，使信息有效传递的同时富含视觉美感，如图2-47和图2-48所示。

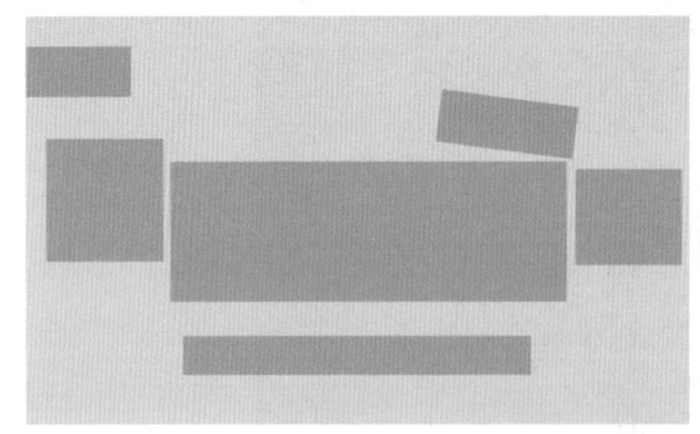

图2-47

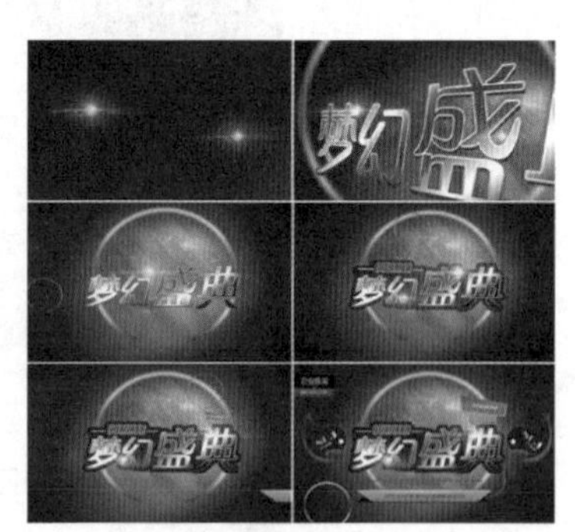


图2-48

## 操作思路

本案例通过为素材设置关键帧动画制作“位置”“缩放”“不透明度”属性的动画，为素材添加“径向擦除”效果制作具有擦除效果的动画，应用“3D图层”、CC Light Sweep效果制作文字扫光动画。

## 操作步骤

❶ 执行“文件”|“导入”|“文件”命令，导入全部素材文件，如图2-49所示。

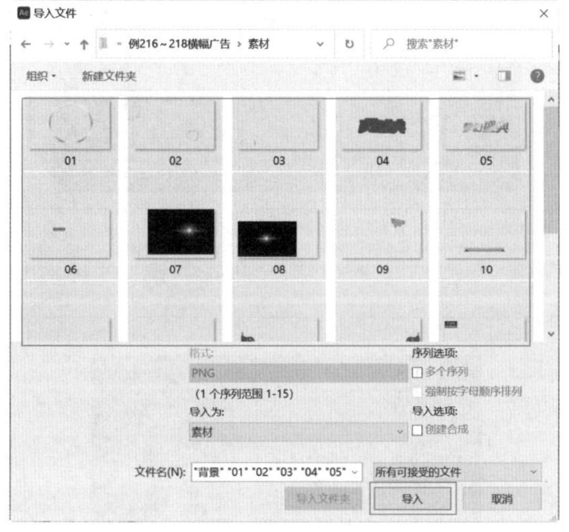


图2-49

❷ 在“项目”面板中将“背景.jpg”素材文件拖曳到“时间轴”面板上，此时在“项目”面板中自动生成一个与“背景.jpg”素材文件等大的合成，如图2-50所示。

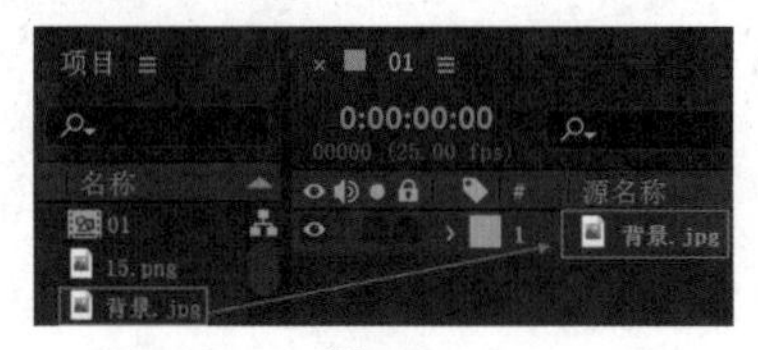


图2-50

❸ 查看此时画面效果，如图2-51所示。

❹ 在“时间轴”面板中选择“背景.jpg”素材文件，展开“变换”选项组，将时间线拖动到起始时间，单击“位置”和“缩放”前面的■（时间变换秒表）按钮，并设置“位置”为（2006.5,1194.0），“缩放”为（400.0,400.0%）。将时间线拖动至第1秒位置，设置“位置”为（503.5,300.0），“缩放”为（100.0,100.0%），如图2-52所示。

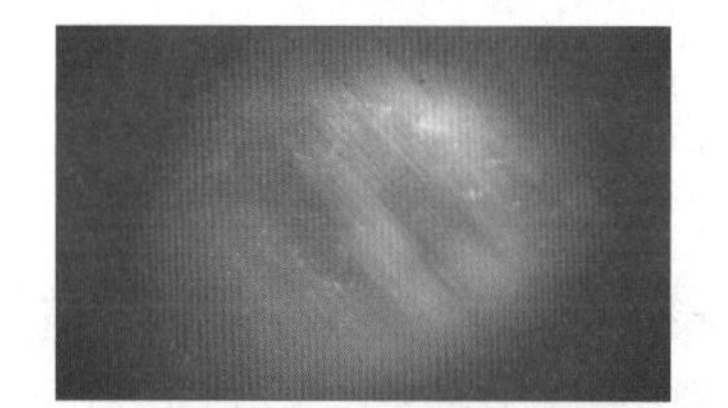

图 2-51

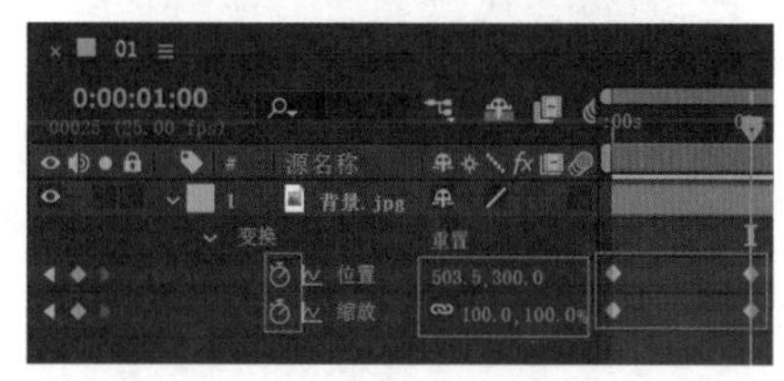


图2-52

❺ 在“项目”面板中将“01.png”素材文件拖曳到“时间轴”面板中，如图2-53所示。

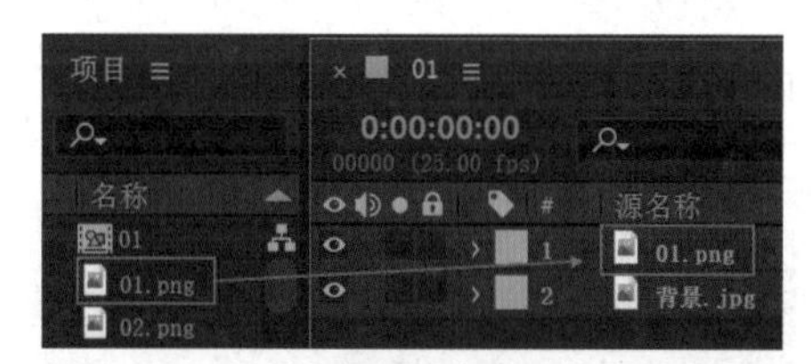


图2-53

❻ 在“时间轴”面板中选择“01.png”素材文件，展开“变换”选项组，将时间线拖动到起始时间，接着单击“缩放”前面的■（时间变换秒表）按钮，设置“缩放”为（260.0,260.0%），如图2-54所示。将时间线拖动至第2秒位置，设置“缩放”为（100.0,100.0%）。

图2-54

❼ 拖动时间线查看此时的动画效果，如图2-55所示。

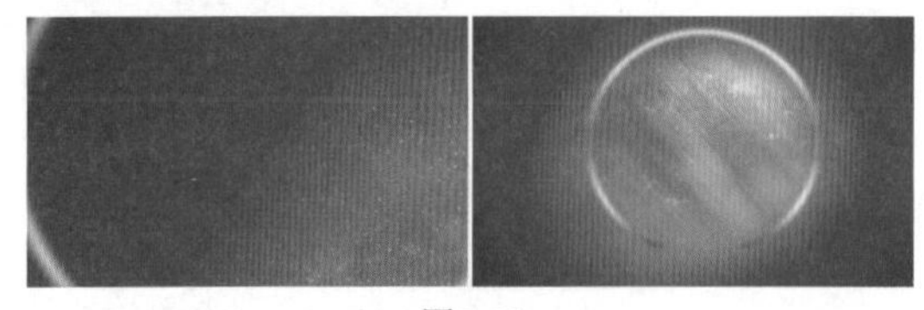

图2-55

❽ 在“项目”面板中将“02.png”素材文件拖曳到“时间轴”面板上，如图2-56所示。

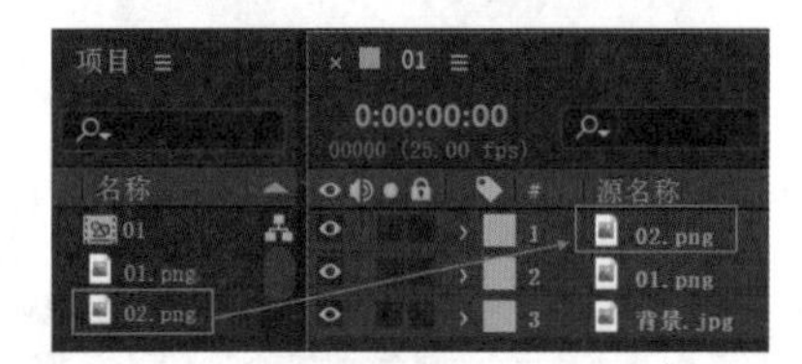


图2-56

❾ 在“时间轴”面板中选择“02.png”素材文件，展开“变换”选项组，将时间线拖动到第1秒位置处，接着单击“位置”前面的（时间变换秒表）按钮，设置“位置”为（6.5,532.0），如图2-57所示。将时间线拖动至第2秒位置，设置“位置”为（-172.5,199.0），将时间线拖动至第3秒位置处，设置“位置”为（382.5,-69.0），将时间线拖动至第4秒位置处，设置“位置”为（503.5,300.0）。

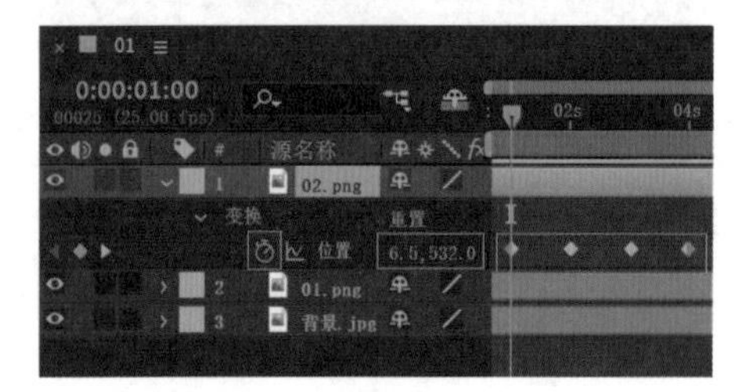


图2-57

❿ 在“项目”面板中将“09.png”素材文件拖曳到“时间轴”面板上，如图2-58所示。

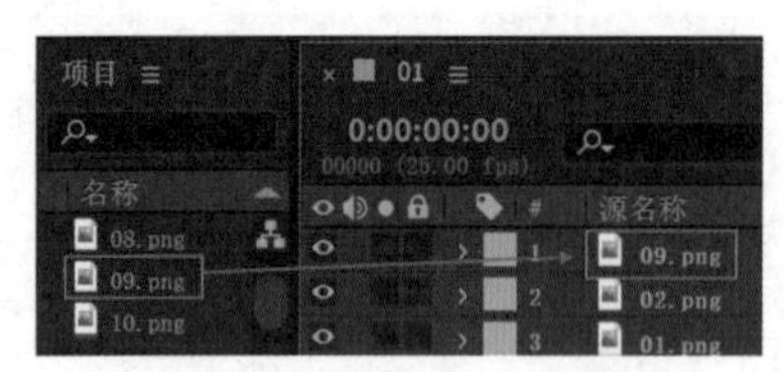


图2-58

⓫ 在“时间轴”面板中选择“09.png”素材文件，展开“变换”选项组，设置“锚点”为（694.5,225.0），“位置”为（708.5,234.0），将时间线拖动到第3秒位置处，接着单击“缩放”前面的（时间变换秒表）按钮，设置“缩放”为（0.0,0.0%），如图2-59所示。将时间线拖动至第3秒11帧位置，设置“缩放”为（130.0,130.0%），将时间线拖动至第3秒18帧位置，设置“缩放”为（90.0,90.0%），将时间线拖动至第4秒位置，设置“缩放”为（100.0,100.0%）。

图2-59

⓬ 在“项目”面板中将“03.png”素材文件拖曳到“时间轴”面板上，如图2-60所示。

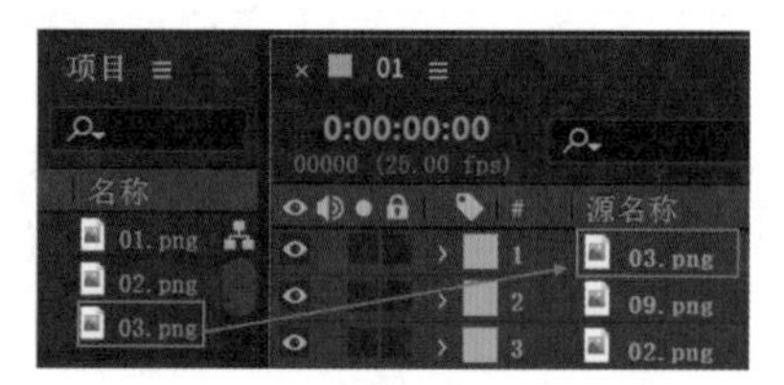


图2-60

⓭ 在“效果和预设”面板中搜索“径向擦除”效果，接着将该效果拖曳到“03.png”素材文件上，如图2-61所示。

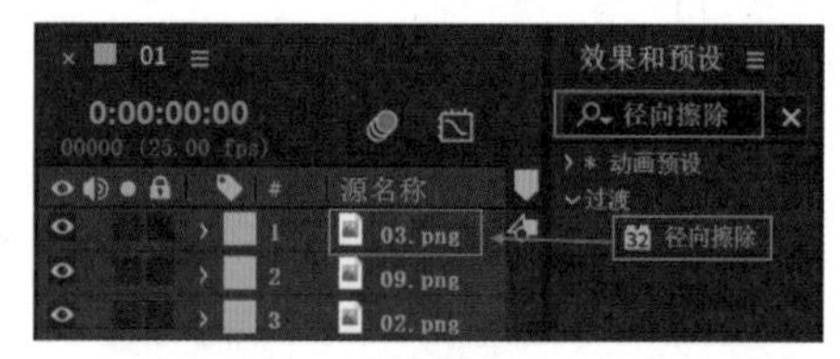


图2-61

⓮ 在“时间轴”面板中单击“03.png”素材文件，接着展开“效果”|“径向擦除”选项，设置“羽化”为20.0。将时间线拖动到第3秒位置，单击“过渡完成”前面的（时间变换秒表）按钮，并设置“过渡完成”为100%，如图2-62所示。将时间线拖动到第4秒位置，设置“过渡完成”为0%。

⓯ 拖动时间线查看此时的动画效果，如图2-63所示。

图2-62

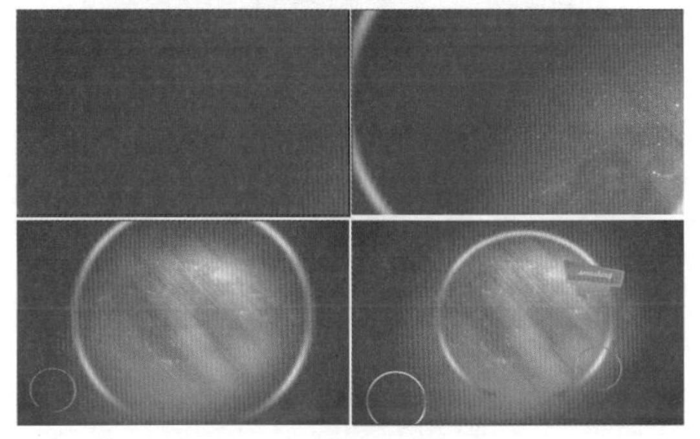
图2-63

16 在“项目”面板中将“04.png”素材文件拖曳到“时间轴”面板上，如图2-64所示。

图2-64

17 在“时间轴”面板中单击“04.png”素材文件，接着展开“变换”选项组。将时间线拖动到第2秒位置，单击“不透明度”前面的（时间变换秒表）按钮，设置“不透明度”为0%，如图2-65所示。将时间线拖动到第3秒位置，设置“过渡完成”为100%。

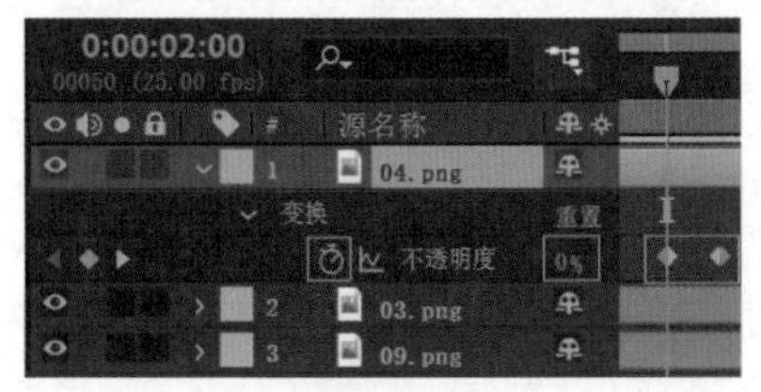

图2-65

18 在“项目”面板中将“05.png”素材文件拖曳到“时间轴”面板上，如图2-66所示。

19 在“时间轴”面板中单击“05.png”素材文件，单击开启（3D图层）按钮。接着展开“变换”选项组，将时间线拖动到起始时间，单击“位置”和“方向”前面的（时间变换秒表）按钮，设置“位置”为（503.5,300.0,-1625.0），“方向”为（0.0°,78.0°,0.0°），如图2-67所示。将时间线拖动到第2秒位置，设置“位置”为（503.5,300.0,0.0），“方向”为（0.0°,0.0°,0.0°）。

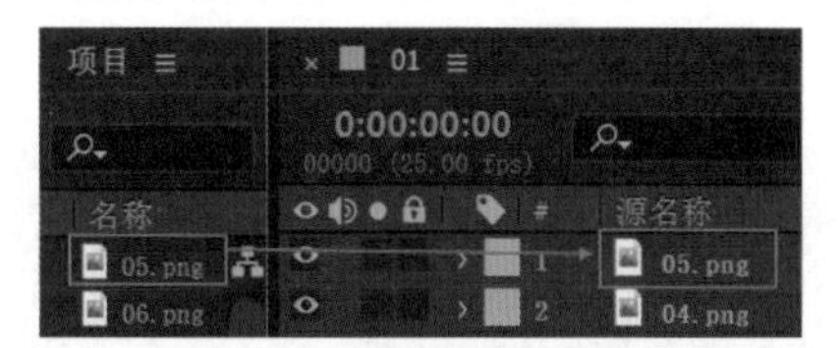

图2-66

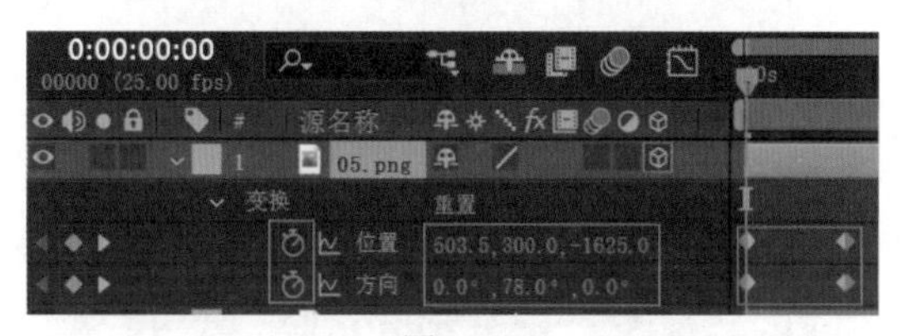

图2-67

20 在“效果和预设”面板中搜索CC Light Sweep效果，接着将该效果拖曳到“05.png”素材文件上，如图2-68所示。

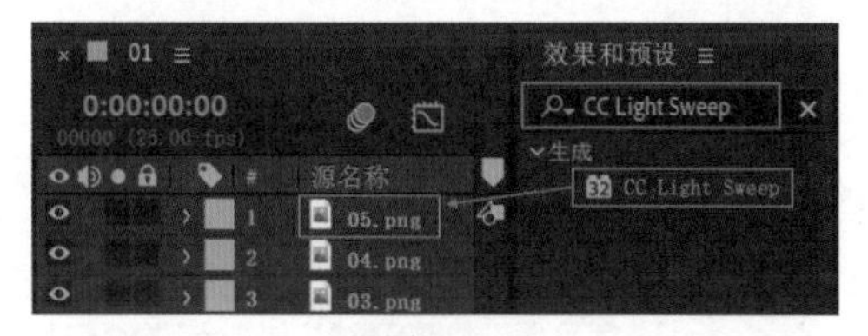

图2-68

21 在“时间轴”面板中单击“05.png”素材文件，接着展开“效果”|CC Light Sweep选项，设置Sweep Intensity为50.0。将时间线拖动到第1秒位置，单击Center前面的（时间变换秒表）按钮，并设置Center为（704.5,150.0），如图2-69所示。将时间线拖动到第2秒位置，设置Center为（160.0,150.0）。

22 在“项目”面板中将“06.png”素材文件拖曳到“时间轴”面板上，如图2-70所示。

23 在“时间轴”面板中单击“06.png”素材文件，单击开启（3D图层）按钮。接着展开“变换”选项组，将时间线拖动到起始时间，单击“方向”前面的（时间变换秒表）按钮，设置

“方向”为（0.0°,270.0°,0.0°），如图2-71所示。将时间线拖动到第3秒位置，设置“方向”为（0.0°,0.0°,0.0°）。

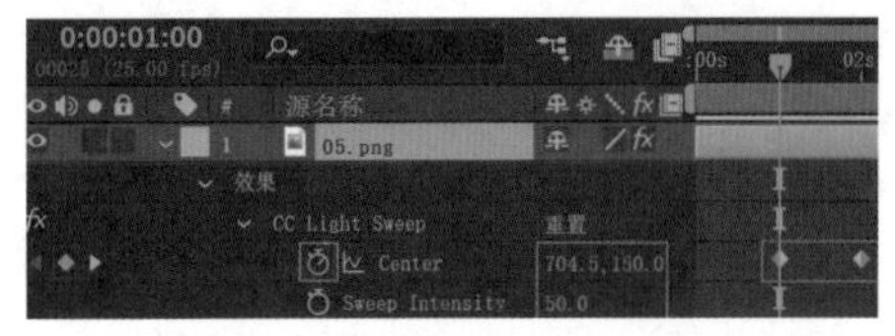


图2-69

图2-70

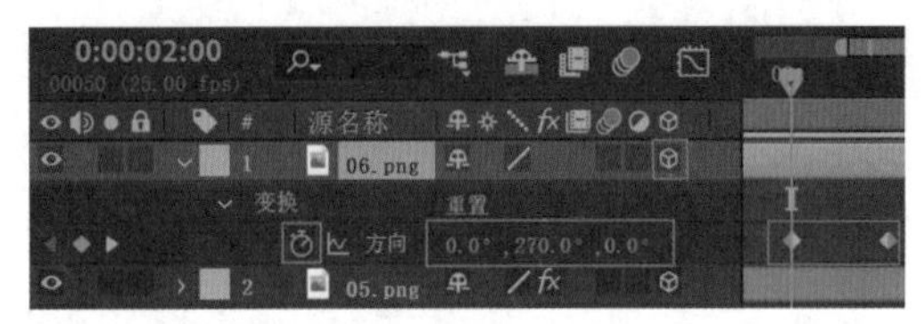


图2-71

㉔ 拖动时间线查看此时的画面效果，如图2-72所示。

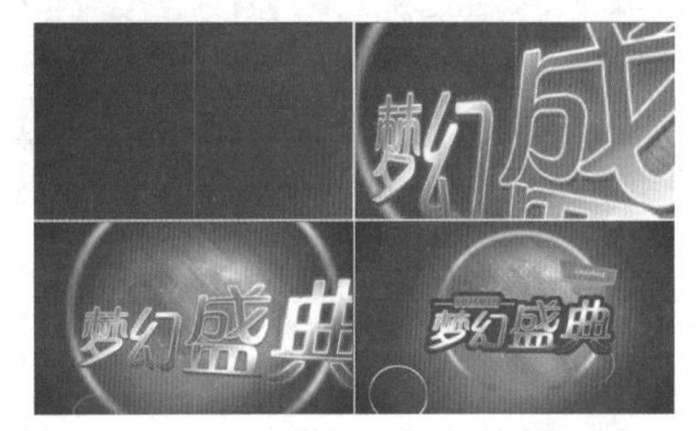


图2-72

㉕ 使用同样的方法制作画面效果并拖动时间线观看，如图2-73所示。

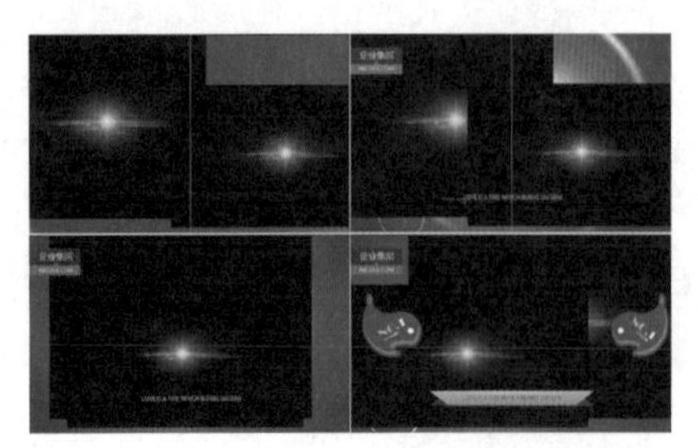

图2-73

㉖ 分别设置“时间轴”面板中“15.png”“11.png”“12.png”素材文件的起始时间为第4秒，如图2-74所示。

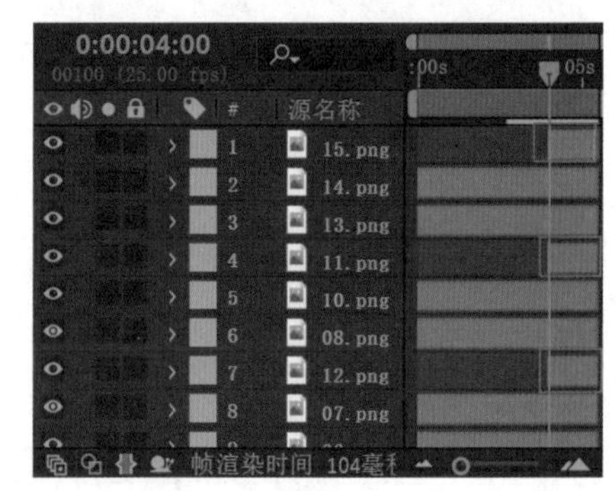


图2-74

㉗ 在“时间轴”面板中设置“07.png”“08.png”素材文件的混合模式为“屏幕”，如图2-75所示。

图2-75

㉘ 至此本案例制作完成，拖动时间线查看动画效果如图2-76所示。

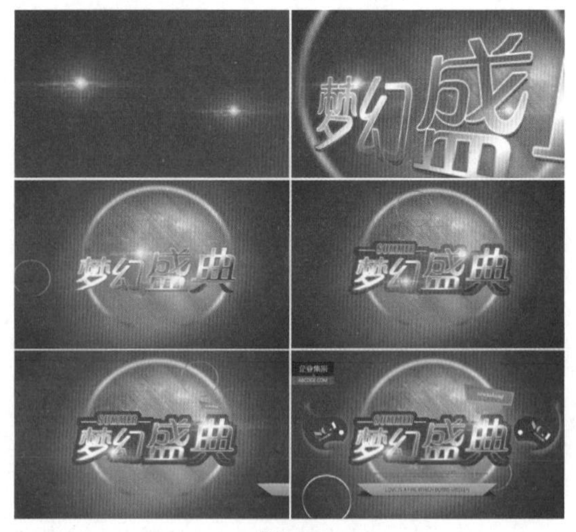


图2-76

## 2.2.3 实例：趣味立体卡片

### 设计思路

**案例类型：**

本案例是一款趣味性立体卡片设计作品，如图2-77所示。

图2-77

**项目诉求：**

本案例制作的立体卡片以校园为主题，具有年轻、鲜活的特点。首先映入眼帘的校园背景与逐渐前行的人物，令人联想到无忧无虑的校园生活。同时展开的书籍与校园的场景相呼应，为观者带来轻松、愉快的视觉体验。

**设计定位：**

本案例使用了大量的图形元素，简单、可爱的卡通图形（如云朵、建筑、树木以及年轻的人物形象）使整体氛围更显活泼、轻松。同时逐渐进入画面的汽车图形极为生动，符合设计作品的整体风格。

### 配色方案

棕黄色与无彩色的白色进行搭配，和谐、自然，整体营造出温馨、惬意、轻松的氛围，为观者带来视觉与心理的双重享受，如图2-78所示。

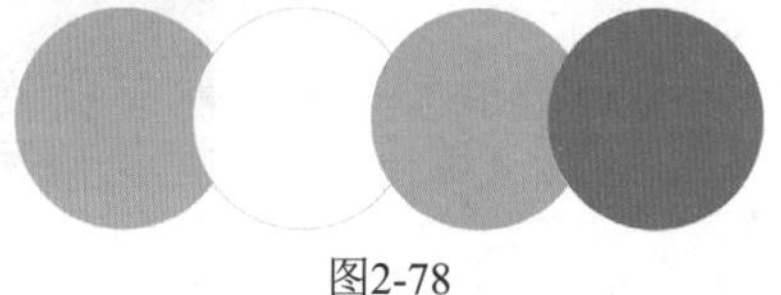

图2-78

**主色：**

暖色调的棕黄色具有温暖、沉稳、厚重的视觉效果，通常产生一种温馨、幸福的家庭氛围，可以极大地展现出作品的风格与内涵。同时以具有表面质感的木纹作为背景，为作品增加了层次感，使色彩更加鲜活、生动。

**辅助色：**

高明度的白色与贝壳粉色作为辅助色，在棕黄色的衬托下极为突出，丰富了作品的色彩层次，并且提升了画面的空间感，具有较强的视觉吸引力。

点缀色：

棕黄色与白色两种色彩的搭配极为舒适、自然，但未免过于单调。本案例使用红色与绿松石色作为点缀，色彩鲜艳、浓郁饱满，同时可形成强烈的对比色，具有较强的视觉冲击力。两种鲜艳的色彩展现出校园生活无忧无虑的氛围，使观者更易接受。

## 版面构图

本案例采用重心型的构图方式，将主体的校园图像与书籍放置在画面正中央，具有稳定、均衡的视觉效果。整个画面以木纹肌理对背景进行装饰，增添温馨、治愈、温暖的气息。逐渐出现在画面中的女孩、树木等元素丰富了画面，呈现出饱满、生动的效果。平摊的书本使整个场景更加生动，给人以娓娓道来的印象，提升了作品的视觉感染力，如图2-79和图2-80所示。

图2-79　　图2-80

## 操作思路

本案例通过对素材的“位置”属性创建关键帧动画，制作趣味立体卡片中的背景动画部分；使用“3D图层”制作立体卡片弹动效果。

## 操作步骤

1 新建项目、序列并导入文件。执行“文件”|“新建”|“项目”命令，新建一个项目。执行“文件”|“新建”|“序列”命令。接着执行“文件”|“导入”|“文件”命令，导入全部素材文件，如图2-81所示。

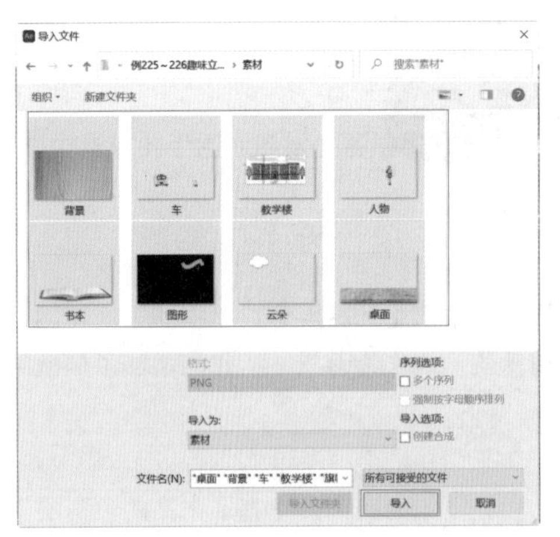


图2-81

2 在“项目”面板中将“背景.png”素材文件拖曳到“时间轴”面板中，此时在“项目”面板中自动生成一个与“背景.png”素材文件等大的合成，如图2-82所示。

图2-82

3 查看此时的画面效果，如图2-83所示。

图2-83

4 在“项目”面板中，将“桌面.png”素材文件拖曳到“时间轴”面板中，如图2-84所示。

图2-84

5 在“项目”面板中，将“教学楼.png”素材文件拖曳到“时间轴”面板中，如图2-85所示。

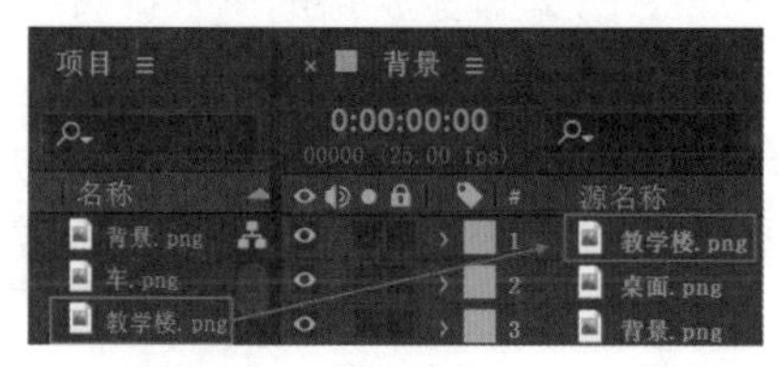


图2-85

6 在“时间轴”面板中单击“教学楼.png”素材文件。接着展开“变换”选项组，将时间线拖动到起始时间，单击“位置”前面的 （时间变换秒表）按钮，设置“位置”为（-600.0,469.0），如图2-86所示。将时间线拖动到第1秒位置，设置“位置”为（750.0,469.0）。

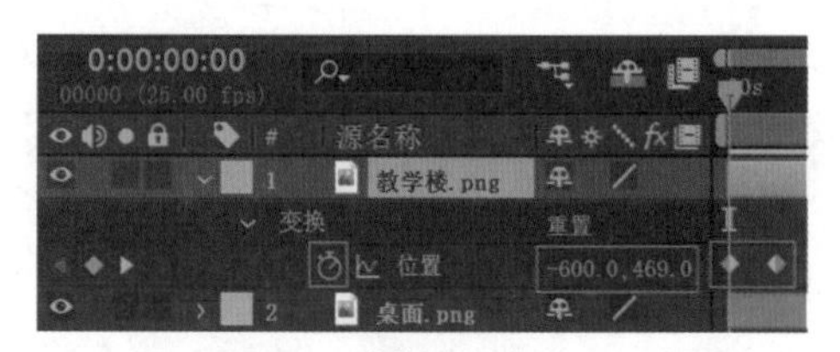


图2-86

7 在“项目”面板中，将“书本.png”素材文件拖曳到“时间轴”面板中，如图2-87所示。

图2-87

8 在“时间轴”面板中单击“书本.png”素材文件，单击开启 （3D图层）按钮。接着展开“变换”选项组，将时间线拖动到第1秒位置处，单击“位置”前面的 （时间变换秒表）按钮，设置“位置”为（750.0,469.0,-1450.0），如图2-88所示。将时间线拖动到第2秒位置，设置“位置”为（750.0,469.0,0.0）。

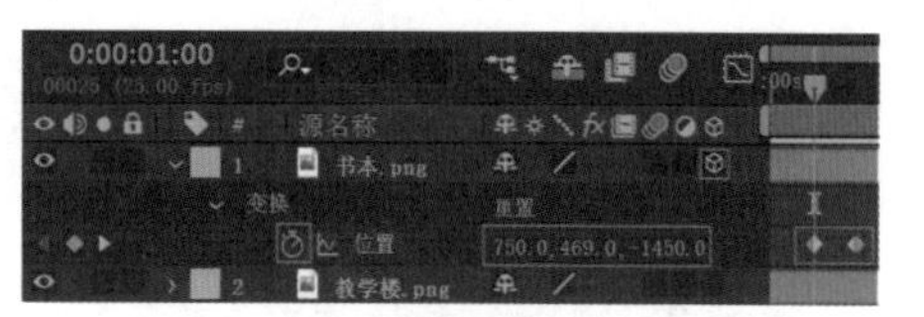


图2-88

9 拖动时间线查看此时的画面效果，如图2-89所示。

图2-89

10 在“项目”面板中，将“车.png”素材文件拖曳到“时间轴”面板中，如图2-90所示。

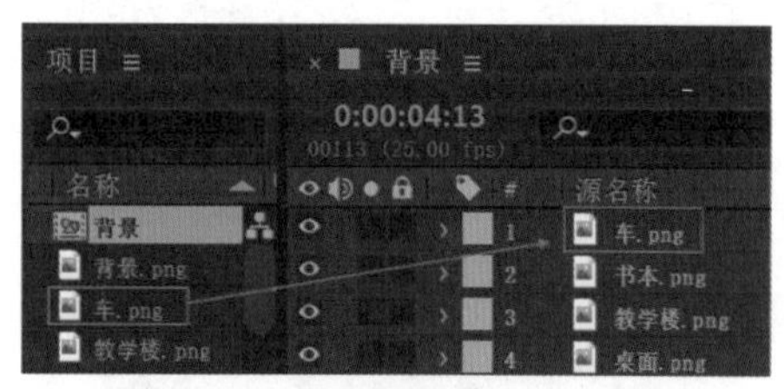


图2-90

11 在“时间轴”面板中单击“车.png”素材文件，单击开启 （3D图层）按钮。接着展开“变换”选项组，设置“锚点”为（750.0,682.0,0.0），“位置”为（750.0,608.0,-202.0）。将时间线拖动到第2秒11帧位置处，单击“方向”前面的 （时间变换秒表）按钮，设置“方向”为（266.0°, 0.0°, 0.0°），如图2-91所示。将时间线拖动到第3秒03帧位置处，设置“方向”为（0.0°, 0.0°, 0.0°）。

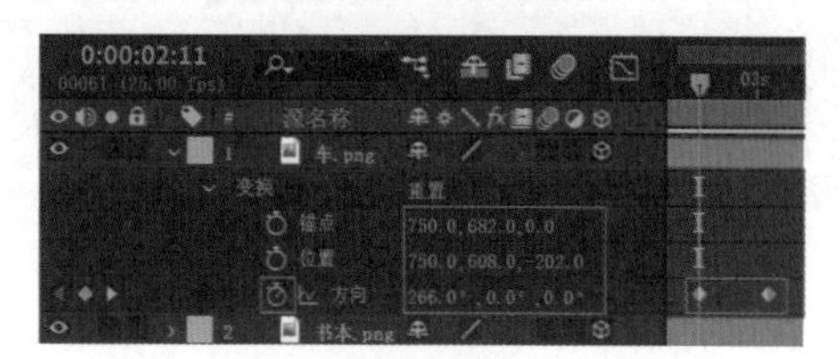


图2-91

⑫ 在“项目”面板中，将“人物.png”素材文件拖曳到“时间轴”面板中，如图2-92所示。

图2-92

⑬ 在“时间轴”面板中单击“人物.png”素材文件，单击开启（3D图层）按钮。接着展开“变换”选项组，设置“锚点”为（750.0,682.0,0.0），“位置”为（750.0,608.0,-202.0）。将时间线拖动到第2秒位置处，单击“方向”前面的（时间变换秒表）按钮，设置“方向”为（266.0°, 0.0°, 0.0°）。将时间线拖动到第3秒位置处，设置“方向”为（0.0°, 0.0°, 0.0°），如图2-93所示。

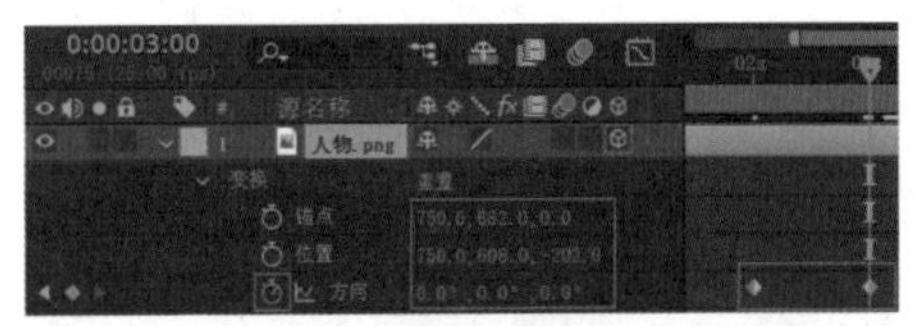

图2-93

⑭ 在“项目”面板中将“图形.png”素材文件拖曳到“时间轴”面板中，如图2-94所示。

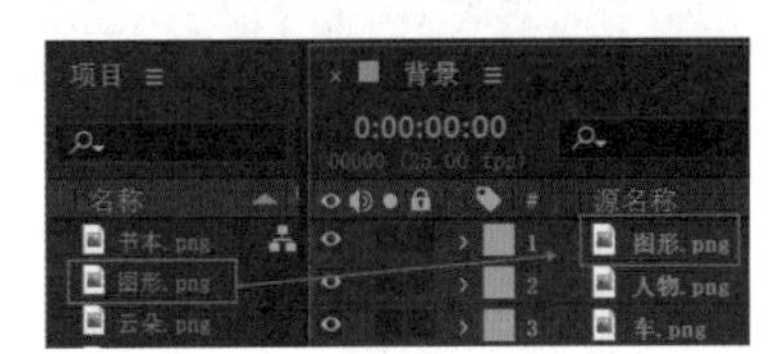

图2-94

⑮ 在“时间轴”面板中单击“图形.png”素材文件，接着展开“变换”选项组，设置“位置”为（772.8,397.0），并设置起始时间为第4秒，如图2-95所示。

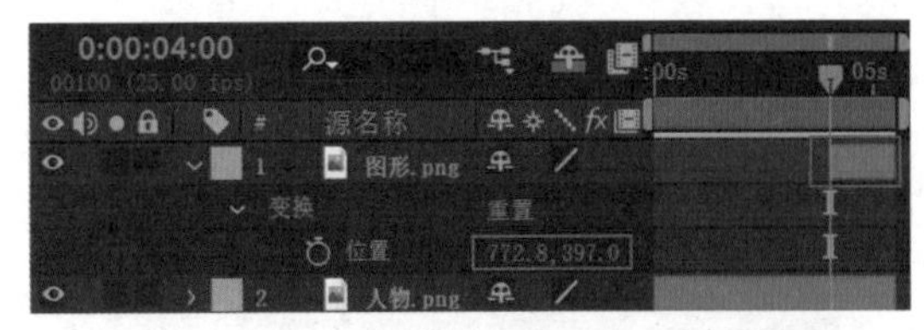

图2-95

⑯ 在“项目”面板中将“云朵.png”素材文件拖曳到“时间轴”面板中，如图2-96所示。

图2-96

⑰ 在“时间轴”面板中单击“云朵.png”素材文件，接着展开“变换”选项组，将时间线拖动到第19帧位置处，单击“位置”前面的（时间变换秒表）按钮，设置“位置”为（117.7.0,469.0），如图2-97所示。将时间线拖动到第1秒24帧位置处，设置“位置”为（728.9,469.0）。

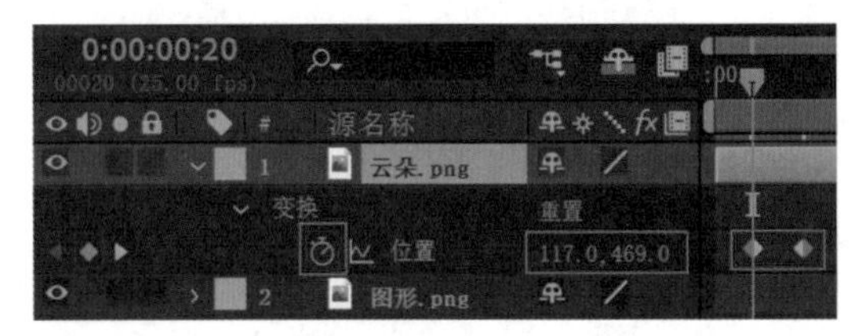

图2-97

⑱ 至此本案例制作完成，拖动时间线查看动画效果，如图2-98所示。

图2-98

# 电子相册设计

## · 本章概述 ·

电子相册是指可以在计算机上观赏的，由静止图片制作而成的特殊文档；相册内容可以是摄影照片，也可以是多种不同的艺术创作图片。婚纱影像、个人写真、家庭相册等都可以制作成电子相册。本章主要从电子相册的定义、电子相册的常见分类、电子相册的影像过渡方式等方面来学习电子相册的制作方法。

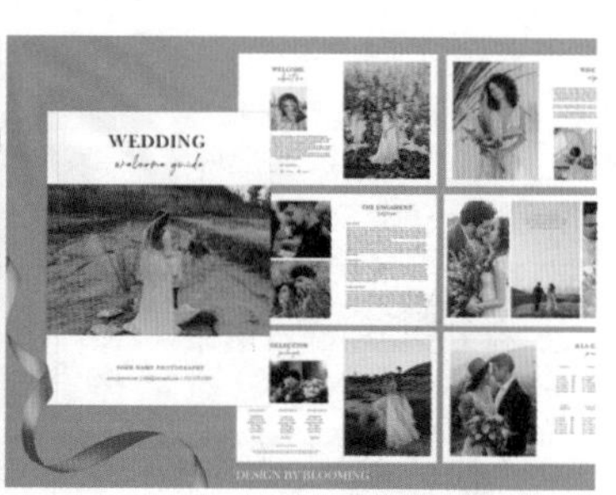

# 3.1 电子相册设计概述

电子相册是通过计算机合成的，例如使用Premiere软件，导入素材后，配合音频、背景影像、字幕，以及一些特殊的特技变换、转场效果、叠加效果，或是添加讲解后将影片合成输出。

## 3.1.1 电子相册的定义

电子相册是集数码转场效果、音乐、字幕特效、影视特效于一体，为大众带来多重视觉以及听觉的享受，符合现代人个性化追求的动态文档。其具有传统相册无法比拟的优越性。电子相册拥有图、文、声、像并茂的表现方式，随意编辑的功能，快速的检索方式，永不褪色的恒久保存特性，以及廉价复制分享的优越手段，如图3-1和图3-2所示。

图3-1 图3-2

## 3.1.2 电子相册的常见分类

电子相册的常见分类主要有以下几种：儿童电子相册、婚纱电子相册、产品广告展示电子相册、日常照片电子相册等，如图3-3~图3-6所示。

### 1. 儿童电子相册

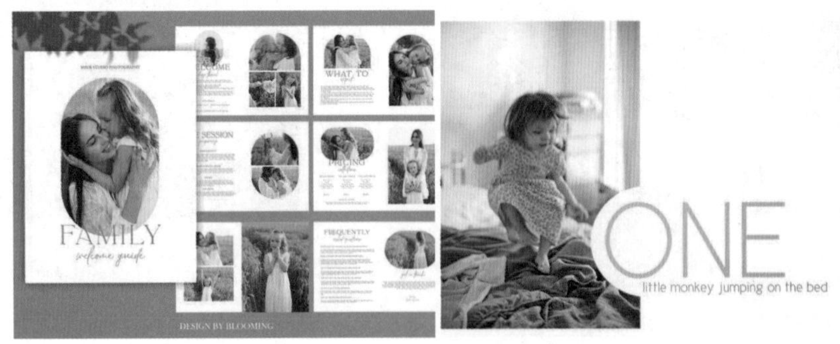


图3-3

**2. 婚纱电子相册**

图3-4

**3. 产品广告展示电子相册**

图3-5

**4. 日常照片电子相册**

图3-6

## 3.1.3 电子相册的影像过渡方式

与平面设计作品不同，电子相册是将平面化的图片进行动态化处理，就是将字幕、照片、图像、色彩等各种要素组织在一起，形成一个完整的影像并将内容传达给受众。不同的诉求需要采用不同的过渡方式，以下是一些常见的电子相册过渡方式。

**交叉溶解、叠加溶解：**前一个画面逐渐溶解于下一个画面中，如图3-7所示。

图3-7

**白场、黑场过渡：**照片或影像由暗转亮或由亮变暗，如图3-8所示。

图3-8

**划出：**从上、下、左、右四个方向滑动观看相册，如图3-9所示。

图3-9

**交叉缩放：**两个画面形成直入直出式的过渡，如图3-10所示。

图3-10

## 3.1.4 电子相册的优点

通过各种软件制作的各种电子相册，可以便捷地用于电脑浏览、传输发送、网络共享、电脑屏保，以及各种硬件播放，如图3-11所示。电子相册有以下几方面的优点。

### 1. 信息量大，可读性强

电子相册可以将多张图片放置在一个页面中，并配上优美的音乐，使观者可以得到双重的视听享受。

### 2. 易于保存，便于欣赏

传统的相册在人多时只能轮流传阅，而电子相册不需要冲洗、打印，与传统相册相比，具有永不褪色，可以长久保存的优点。

### 3. 交互性强，播放方式多

通过电子相册的制作，可以将记录的照片保存在光盘中，并以动态的形式进行在电脑、手机、LED屏幕、影碟机等媒介上进行观看。

图3-11

通过电子相册制作软件，可以使照片更有动感、更加多彩地展现；电子相册经打包后，可以以整体的形式分享给他人，或者刻录在光盘上保存，在影碟机上播放。

### 3.1.5 电子相册的功能

电子相册具有保存、编辑、管理照片等功能，可以将生活中的某一场景记录下来，如图3-12所示。电子相册的功能包括以下几种。

#### 1. 管理图片

存储照片，添加时间与说明，设置封面，分组展示播放。

#### 2. 编辑图片

添加音乐、调整播放间隔时间、设置翻页效果与动画展示方式等。

图3-12

制作好的电子相册可以通过电脑、各类影碟机、手机等媒介进行播放，并且可以长期保存在硬盘上，便于随时欣赏，如图3-13所示。

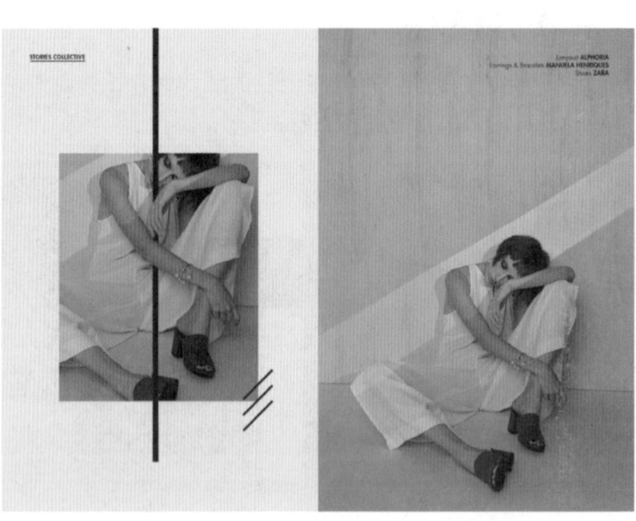

图3-13

# 3.2 电子相册设计实战

## 3.2.1 实例：风景滚动展示

### 设计思路

**案例类型：**

本案例是风景滚动展示宣传设计项目，如图3-14所示。

图3-14

**项目诉求：**

本案例将制作关于风景展示主题的电子相册。左右滚动的图片过渡方式为观者带来视觉享受的同时操作也极为便利，滑动时模糊效果的添加更易使观者目光集中于中心照片，有利于突出主体。该设计可以直接展示不同风景，具有较强的视觉感染力。

**设计定位：**

本案例全部使用图片作为作品素材，借由图像的直观冲击力吸引观者目光，给人清晰、鲜明的印象。海天一色、壮阔海岸使画面映染着清凉、惬意的气息。模糊特效的使用使主体图像更加鲜明、清晰、醒目，有利于聚集观者目光。

## 配色方案

蓝色作为冷色调的经典色彩，具有广阔、梦幻、清冷的视觉效果，更易于打造唯美、浪漫的主题，如图3-15所示。

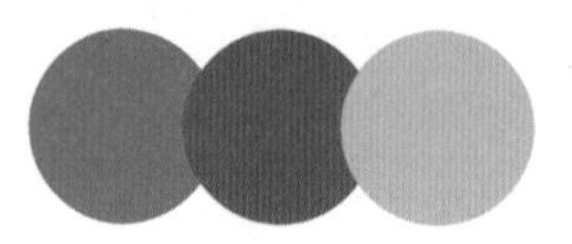

图3-15

主色：

蓝色营造清凉、悠远、宁静的气氛，将蓝色作为作品主色调，使风景更具感染力，可以打造出浪漫、梦幻的场景，令人憧憬。同时蓝色作为冷色调色彩，可以带给人平静、清凉的感受，可以很好地安抚情绪，给人放松、舒适的感觉。

辅助色：

使用明度较低、纯度较高的红棕色作为辅助色，与主色调的蓝色形成鲜明的冷暖对比，既强化了画面的视觉冲击力，同时饱满的红棕色与轻盈的蓝色可以呈现出不同的视觉重量感，提升了画面的表现力。

点缀色：

红棕色与蓝色两者的冷暖对比具有较强的视觉冲击力，但两者的冲撞感过强，因此使用淡粉色作为过渡色彩，既活跃了画面氛围，同时缓和了画面的冲击性，使画面视觉效果更加柔和、细腻，带来更加舒适的视觉体验。

## 版面构图

本案例中，风景图片采用引导线式构图，将观者视线通过无形的线条进行延伸，使画面产生纵深感，提升整体的空间感与层次感，使其视觉效果更加真实、广阔、生动，如图3-16和图3-17所示。

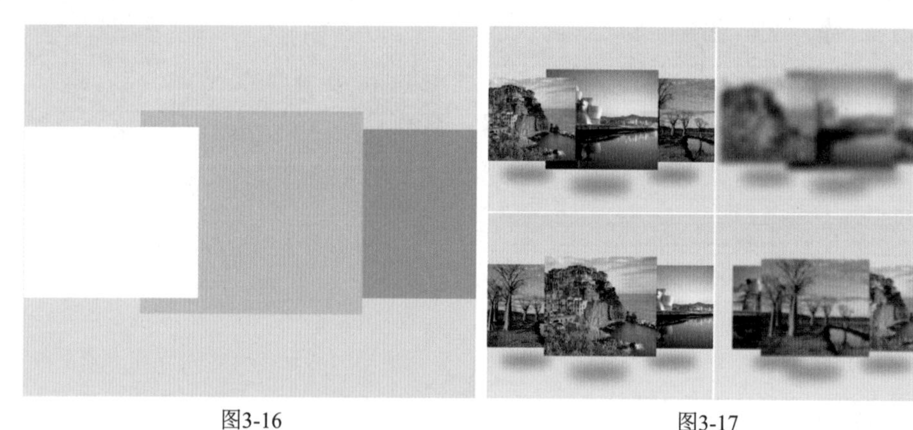

图3-16　　图3-17

### 操作思路

本案例使用关键帧动画制作滚动动画，使用“高斯模糊（旧版）”效果制作素材模糊变换，使用“梯度渐变”效果制作渐变背景。

## 操作步骤

❶ 右击“项目”面板空白位置处，在弹出的快捷菜单中执行“新建合成”命令，在弹出的“合成设置”窗口中，设置“合成名称”为Comp 1，设置“预设”为“自定义”，设置“宽度”为720px、“高度”为576px、“像素长宽比”为D1/DV PAL（1.09）、“帧速率”为29.91帧/秒，然后单击“确定”按钮。执行“文件”|“导入”|“文件”命令，导入全部素材文件，如图3-18所示。

图3-18

❷ 在“项目”面板中将“1.jpg”素材文件拖曳到“时间轴”面板上，如图3-19所示。

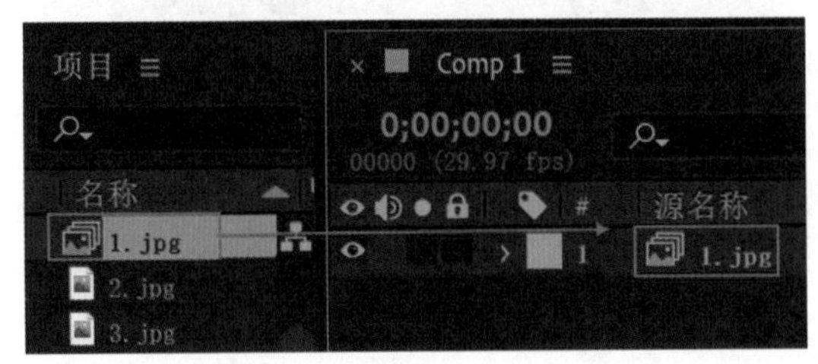


图3-19

❸ 查看此时的画面效果，如图3-20所示。

❹ 在“时间轴”面板中选择“1.jpg”素材文件，展开“变换”选项组，设置“缩放”为（45.0,45.0%），如图3-21所示。

❺ 右击“时间轴”面板的空白位置，在弹出的快捷菜单中执行“新建”|“纯色”命令，如图3-22所示。

图3-20

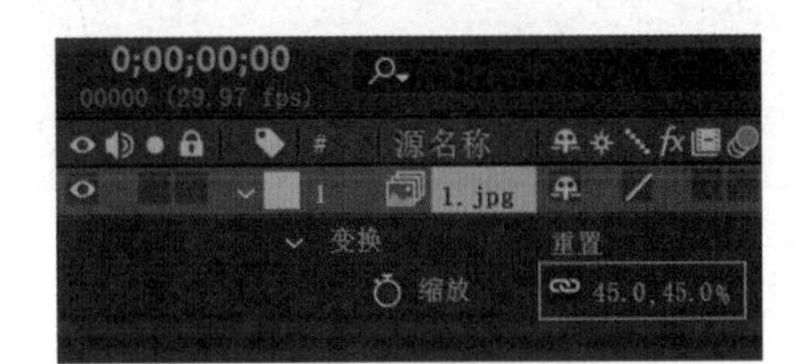


图3-21

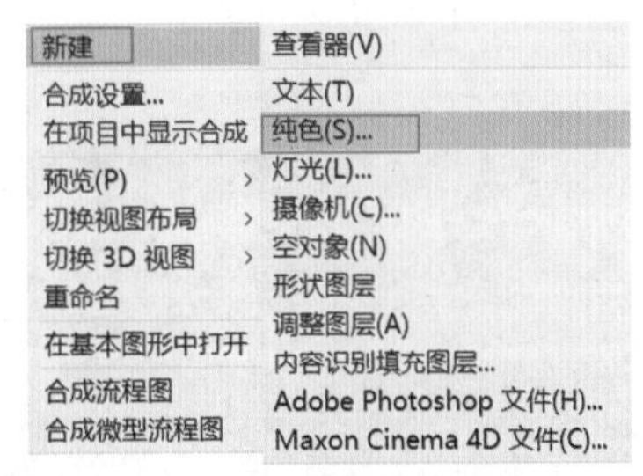


图3-22

❻ 在弹出的“纯色设置”对话框中设置“名称”为“阴影”，设置颜色为蓝灰色，接着单击“确定”按钮，如图3-23所示。

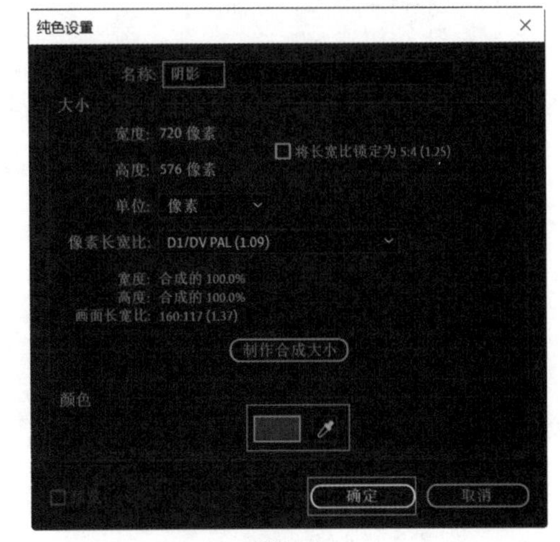


图3-23

⑦ 在"时间轴"面板中将"阴影"图层拖曳到"1.jpg"图层的下方，单击选择"阴影"图层，并在工具栏中单击■（椭圆工具），在"合成"面板中绘制一个椭圆，如图3-24所示。

图3-24

⑧ 在"时间轴"面板中，单击选择"阴影"图层，接着展开"蒙版"|Mask 1，设置"蒙版羽化"为（40.0,40.0像素），设置"蒙版不透明度"为57%，如图3-25所示。

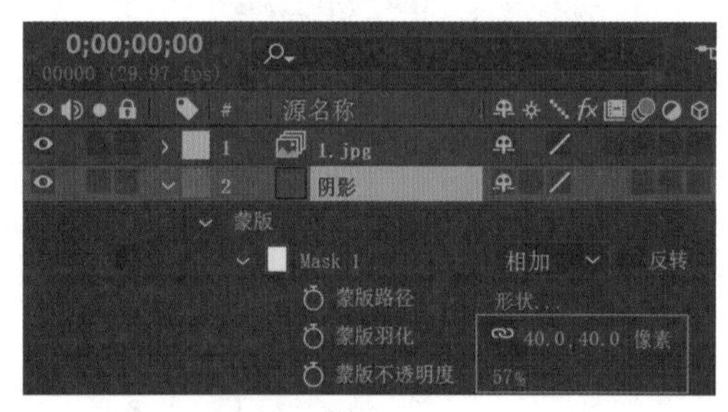


图3-25

⑨ 在"时间轴"面板中框选所有素材文件并右击，在弹出的快捷菜单中执行"预合成"命令，如图3-26所示。

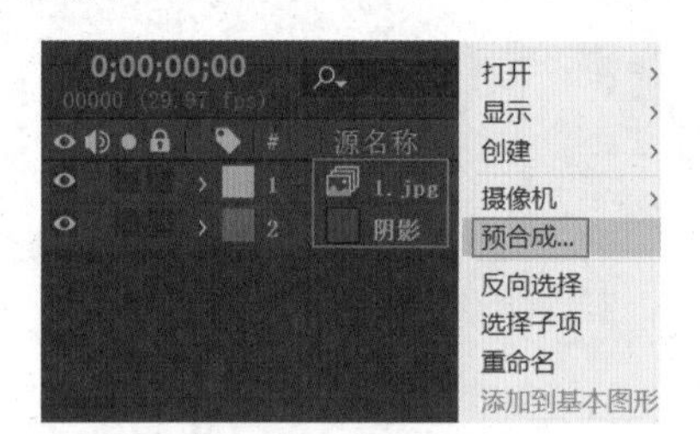


图3-26

⑩ 在弹出的"预合成"对话框中设置"新合成名称"为1，接着单击"确定"按钮，如图3-27所示。

⑪ 在"时间轴"面板中设置"1"图层的结束时间为第3秒，如图3-28所示。

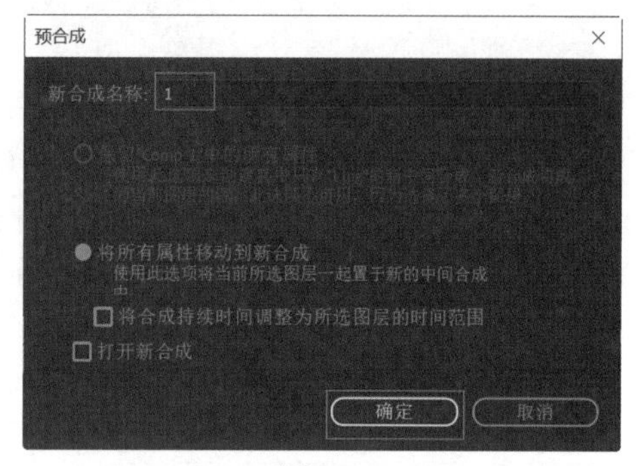


图3-27

图3-28

⑫ 在"时间轴"面板中，单击选择"1"图层，展开"变换"选项组，将时间线拖动到第1秒位置处，单击"位置"前面的■（时间变换秒表）按钮，设置"位置"为（592.0,288.0），如图3-29所示。接着将时间线拖动至第2秒位置处，设置"位置"为（128.0,288.0）。

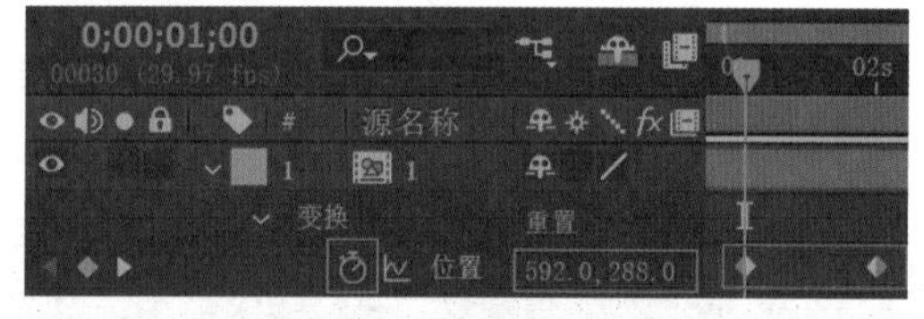


图3-29

⑬ 在"效果和预设"面板中搜索"高斯模糊（旧版）"效果，接着将该效果拖曳至"时间轴"面板中"1"图层上，如图3-30所示。

图3-30

⑭ 在"时间轴"面板中选择"1"图层，展开"效果"|"高斯模糊（旧版）"选项，将时间线拖动到第1帧，单击"模糊度"前面的■（时

间变换秒表）按钮，并设置“模糊度”为25.0。接着将时间线拖动至第2秒位置处，设置“模糊度”为0.0，如图3-31所示。

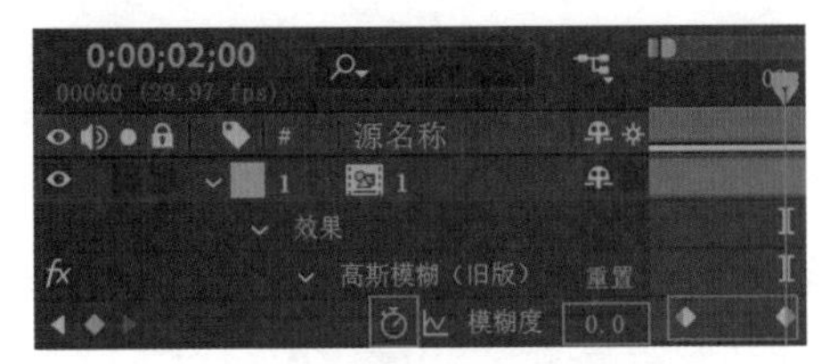

0;00;02;00
00060 (29.97 fps)
源名称
1
效果
高斯模糊（旧版）
重置
模糊度
0.0
图3-31

⑮ 右键单击“时间轴”面板的空白位置处，在弹出的快捷菜单中执行“新建”|“纯色”命令，如图3-32所示。

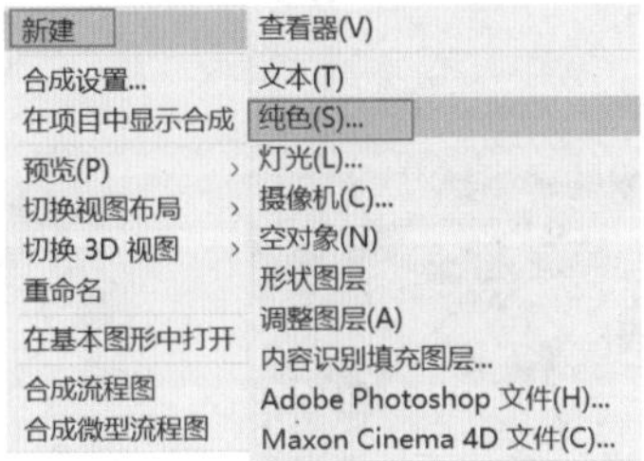

新建
合成设置...
在项目中显示合成
预览(P)
切换视图布局
切换 3D 视图
重命名
在基本图形中打开
合成流程图
合成微型流程图
查看器(V)
文本(T)
纯色(S)...
灯光(L)...
摄像机(C)...
空对象(N)
形状图层
调整图层(A)
内容识别填充图层...
Adobe Photoshop 文件(H)...
Maxon Cinema 4D 文件(C)...
图3-32

⑯ 在弹出的“纯色设置”对话框中设置“名称”为“背景”，设置颜色为黑色，接着单击“确定”按钮，如图3-33所示。

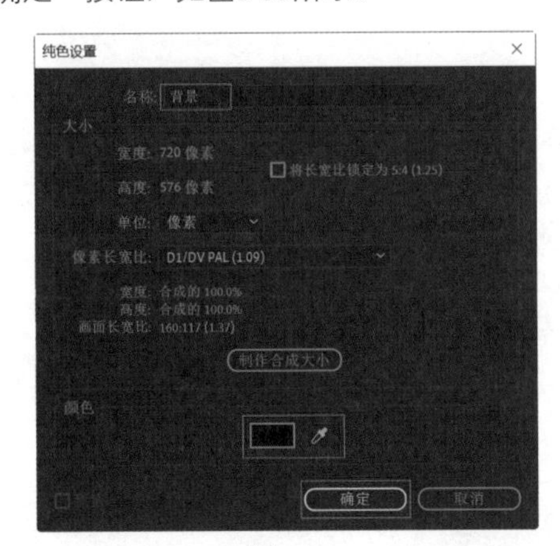

纯色设置
名称: 背景
大小
宽度: 720 像素
高度: 576 像素
单位: 像素
像素长宽比: D1/DV PAL (1.09)
制作合成大小
颜色
确定
取消
图3-33

⑰ 在“效果和预设”面板中搜索“梯度渐变”效果，将该效果拖曳到“时间轴”面板中“背景”图层上，如图3-34所示。

⑱ 在“时间轴”面板中单击“背景”图层，展开“效果”|“梯度渐变”选项，设置“起始颜色”为浅蓝色，“结束颜色”为浅灰色，如图3-35所示。

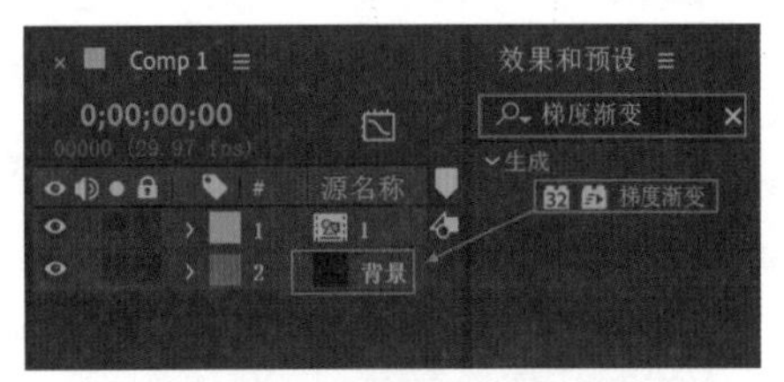

Comp 1
0;00;00;00
效果和预设
梯度渐变
生成
源名称
背景
图3-34

0;00;00;00
00000 (29.97 fps)
源名称
背景
效果
梯度渐变
重置
起始颜色
结束颜色
图3-35

⑲ 拖动时间线，查看此时画面效果，如图3-36所示。

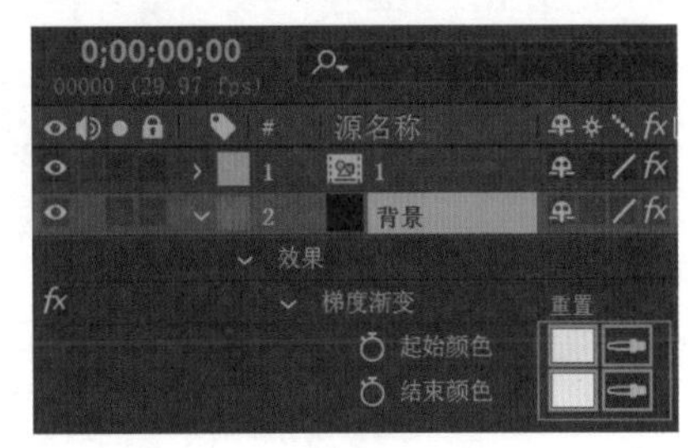

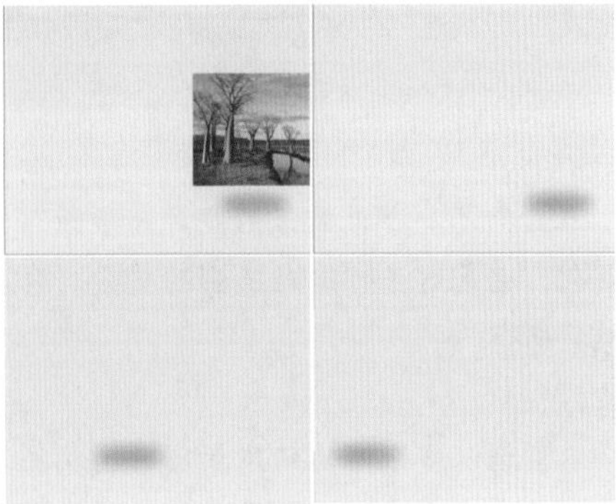

图3-36

⑳ 使用同样的方法制作出其他图层。至此本案例制作完成，拖动时间线查看动画效果，如图3-37所示。

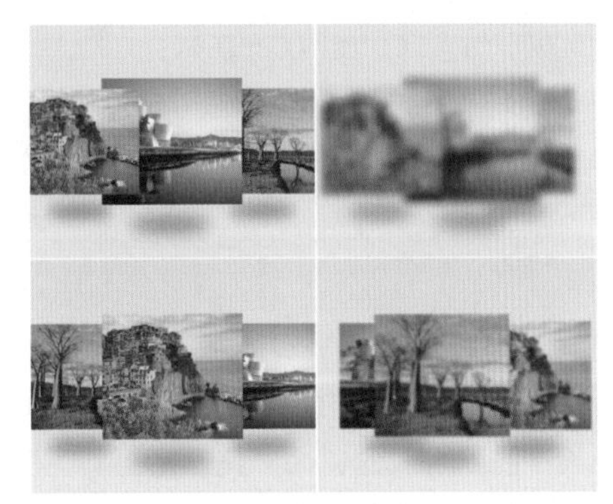

图3-37

## 3.2.2 实例：散落的照片

### 设计思路

案例类型：

本案例是个人摄影相册集主题的作品设计，如图3-38所示。

图3-38

项目诉求：

本案例是一个以散落的照片为展示形式的电子相册作品。通过不同的风景图片，展现出美丽的景色，也表达了作者对摄影的热爱。作品直观地展现出优美的风景，可以给人带来惊叹、唯美的视觉感受。

设计定位：

本案例以多张不同的风景图片为构图元素，画面重心集中在版面右下方。选择方框图形进行锁状连接作为背景，产生繁复、连续的效果，提升了画面元素的韵律感。背景之上的五张风景照片“飞入”画面后错落有致地摆放，使整体电子相册展现出自由、轻松的氛围。

### 配色方案

灰色与深蓝色的搭配，营造出低沉、含蓄、平静的氛围，再用鲜艳色彩作为点缀，使相册整体视觉效果更加生动，如图3-39所示。

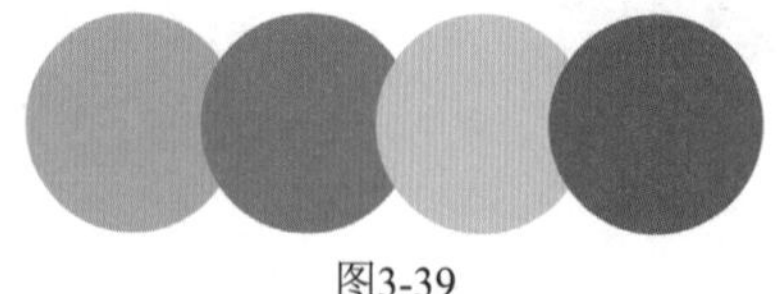

图3-39

主色：

灰色作为电子相册的背景色，在画面中占据较大面积，作为相册的主色调，色彩朴实、含蓄，展现出冷静、内敛的调性，使作品更具说服力，给人以权威、正式的印象，再以白色线条进行装饰，形成统一的视觉效果。

辅助色：

深蓝色作为照片的主色，与无彩色的灰色形成对比，同时冷色调的深蓝色与低饱和度的灰色搭配使画面整体更加含蓄，给人以安静、平稳的印象。

点缀色：

冷色调的深蓝色与灰色的搭配使整体画面极为含蓄、宁静，给人以惬意、舒适的感觉。但这两种色彩搭配又使画面色彩趋于冷漠、无趣、呆板，因此点缀绿色、宝石红、金黄色等植物，可以赋予画面鲜活的生命力，浓郁的色彩与单调的背景形成极大反差，使整体画面更具视觉冲击力。

## 版面构图

本案例将视觉重心放置在画面中心偏右下角的位置，使画面重心向下方偏移，提升了照片的重量感，同时强化了其视觉吸引力。灰色调的锁状背景以无彩色的方式与前方鲜艳色彩的照片形成色彩层次的变化，两者一远一近，一浓一淡，对比极为鲜明。同时逐渐“飞入”的过渡方式，给人以活泼、俏皮、灵动的感觉，具有较强的视觉表现力，如图3-40和图3-41所示。

图3-40

图3-41

### 操作思路

本案例通过使用“3D图层”和“摄像机”功能制作三维空间动画变换，使用“投影”效果制作阴影。

### 操作步骤

1 右键单击“项目”面板空白位置处，在弹出的快捷菜单中选择“新建合成”命令，在弹出的“合成设置”窗口中，设置“合成名称”为Comp 1，设置“预设”为“自定义”，设置“宽度”为2400px、“高度”为1800px、“像素长宽比”为“方形像素”、“帧速率”为29.97帧/秒、“持续时间”为12秒，单击确定按钮。执行“文件”|“导入”|“文件”命令，导入全部素材文件，如图3-42所示。

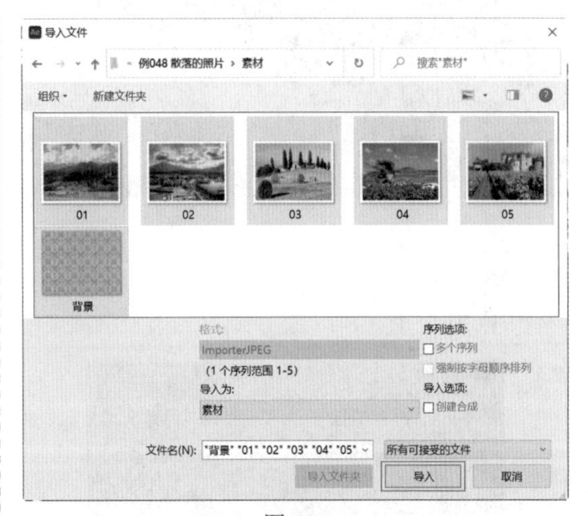


图3-42

2 在“项目”面板中将“背景.jpg”素材文件拖曳到“时间轴”面板中，如图3-43所示。

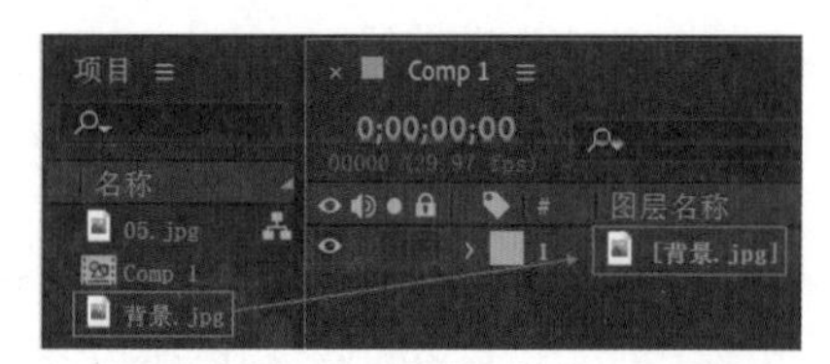


图3-43

❸ 查看此时的画面效果，如图3-44所示。

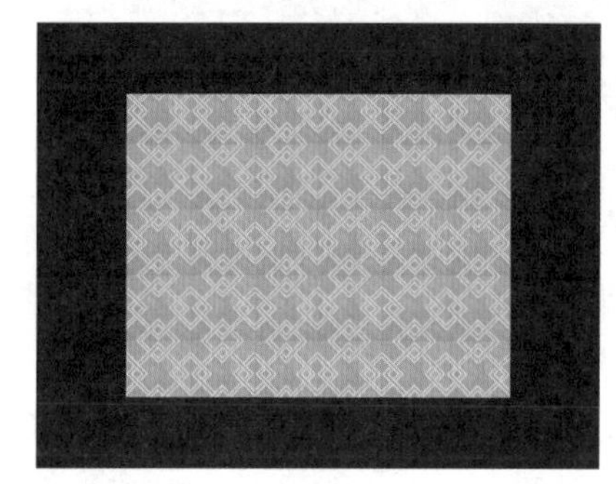

图3-44

❹ 在“时间轴”面板中单击 (3D图层)按钮，展开“变换”选项组，将时间线拖动到起始时间，单击“缩放”前面的 (时间变换秒表)按钮，设置“缩放”为(280.0,280.0,280.0%)，如图3-45所示。接着将时间线拖动至第10秒位置处，设置“缩放”为(200.0,200.0,200.0%)。

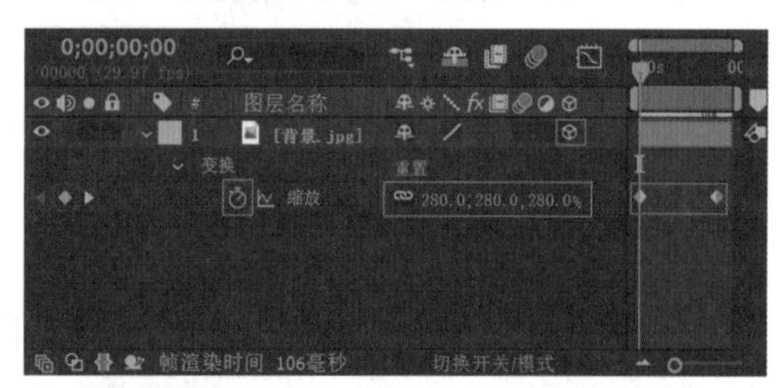


图3-45

❺ 在“项目”面板中将“01.jpg”素材文件拖曳到“时间轴”面板中，如图3-46所示。

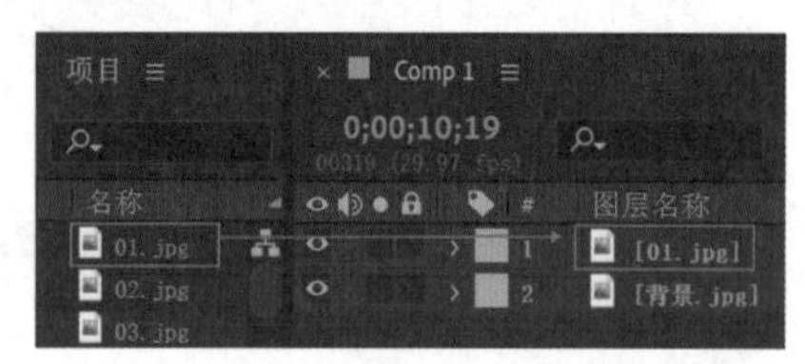


图3-46

❻ 在“时间轴”面板中单击 (3D图层)按钮，展开“变换”选项组，将时间线拖动到起始时间，单击“位置”“X轴旋转”“Y轴旋转”前面的 (时间变换秒表)按钮，设置“位置”为(1200.0,1003.0,-3526.0)，“X轴旋转”为0x+90.0°，“Y轴旋转”为0x+35.0°，如图3-47所示。接着将时间线拖动至第28帧位置处，设置“X轴旋转”为0x+77.0°。将时间线滑动至第1秒27帧设置“位置”为(1116.0,851.0,1641.0)，“X轴旋转”为0x+84.0°，“Y轴旋转”为0x+15.8°。将时间线拖动至第3秒12帧，设置“位置”为(1063.0,608.0,-513.0)，“X轴旋转”为0x+71.8°，“Y轴旋转”为0x+3.7°。将时间线拖动至第4秒，设置“位置”为(1044.0,608.0,0.0)，“X轴旋转”为0x+0.0°，“Y轴旋转”为0x+0.0°。

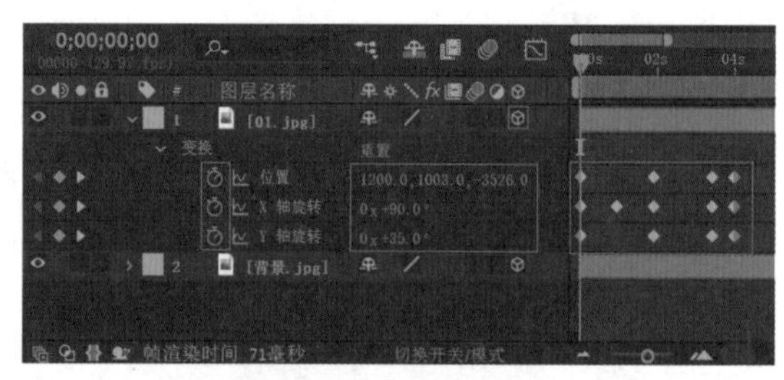


图3-47

❼ 在“效果和预设”面板中搜索“投影”效果，将该效果拖曳到“时间轴”面板中“01.jpg”素材文件上，如图3-48所示。

图3-48

❽ 在“时间轴”面板中展开“效果”|“投影”选项，设置“不透明度”为80%，“柔和度”为60.0，如图3-49所示。

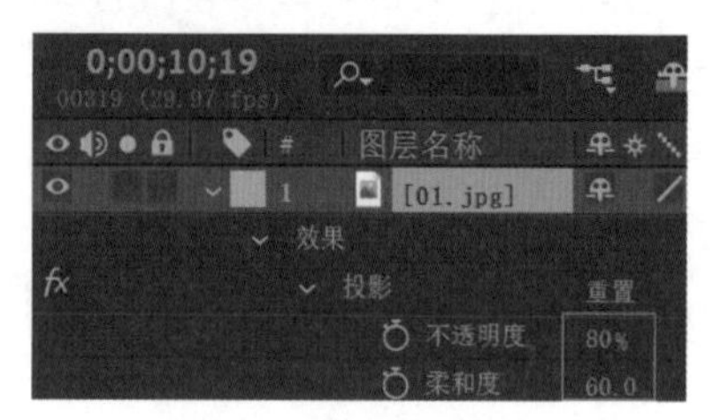


图3-49

09 在“项目”面板中将“02.jpg”素材文件拖曳到“时间轴”面板中，如图3-50所示。

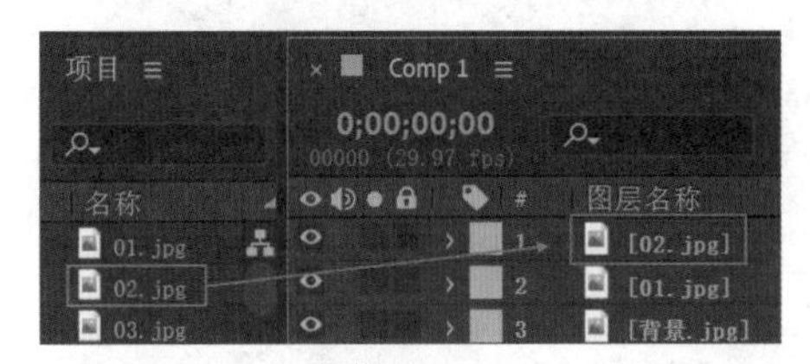


图3-50

10 在“时间轴”面板中单击（3D图层）按钮，展开“变换”选项组，将时间线拖动到第4秒位置处，单击“位置”“X轴旋转”“不透明度”前面的（时间变换秒表）按钮，设置“位置”为（1386.0,1693.0,-642.0），“Z轴旋转”为0x-64.0°，“不透明度”为0%，如图3-51所示。接着将时间线拖动至第4秒04帧位置处，设置“不透明度”为100%。将时间线拖动至第4秒22帧，单击“X轴旋转”和“Y轴旋转”前面的（时间变化秒表）按钮，设置“位置”为（1604.0,1253.0,-316.0），“X轴旋转”为0x-27.0°，“Y轴旋转”为0x-25.0°，“Z轴旋转”为0x+14.0°。将时间线拖动至第5秒，设置“位置”为（181.0,853.0,0.0），“X轴旋转”为0x+0.0°，“Y轴旋转”为0x+0.0°。

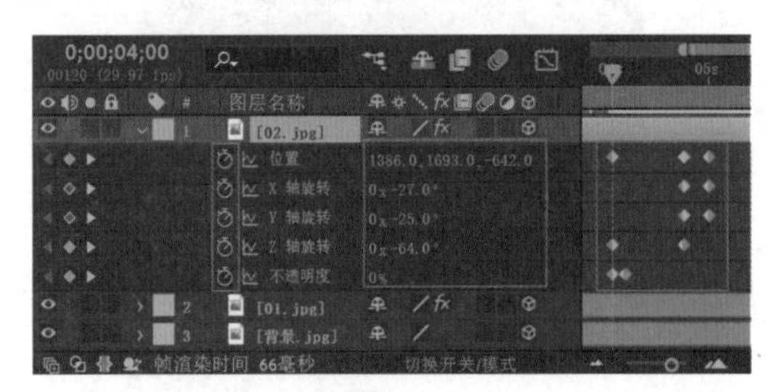


图3-51

11 在“时间轴”面板中设置“02.jpg”素材文件的起始时间为第3秒29帧，如图3-52所示。

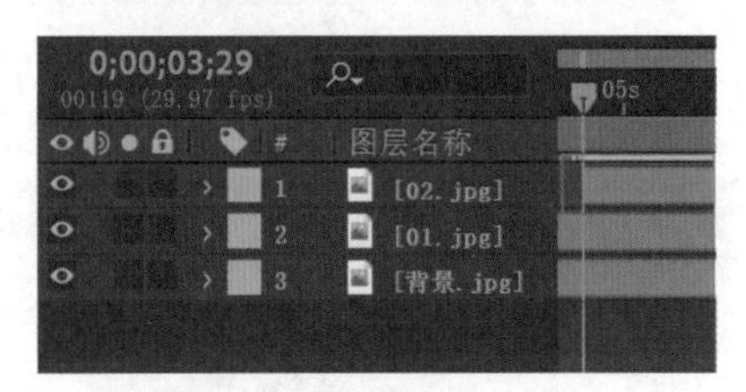


图3-52

12 拖动时间线观看画面效果，如图3-53所示。

图3-53

13 使用同样的方法为“03.jpg”“04.jpg”和“05.jpg”素材文件添加关键帧制作照片散落动画效果，并设置每个图层的起始时间相隔1秒的距离。最后将“01.jpg”图层的“投影”效果分别复制到每个图片图层上。拖动时间线观看画面效果，如图3-54所示。

图3-54

14 在“时间轴”面板中单击鼠标右键，然后在弹出的快捷菜单中执行“新建”|“摄像机”命令，如图3-55所示。

图3-55

15 在弹出的“摄像机设置”对话框中设置“缩放”为674.48毫米，接着单击“确定”按钮，如图3-56所示。

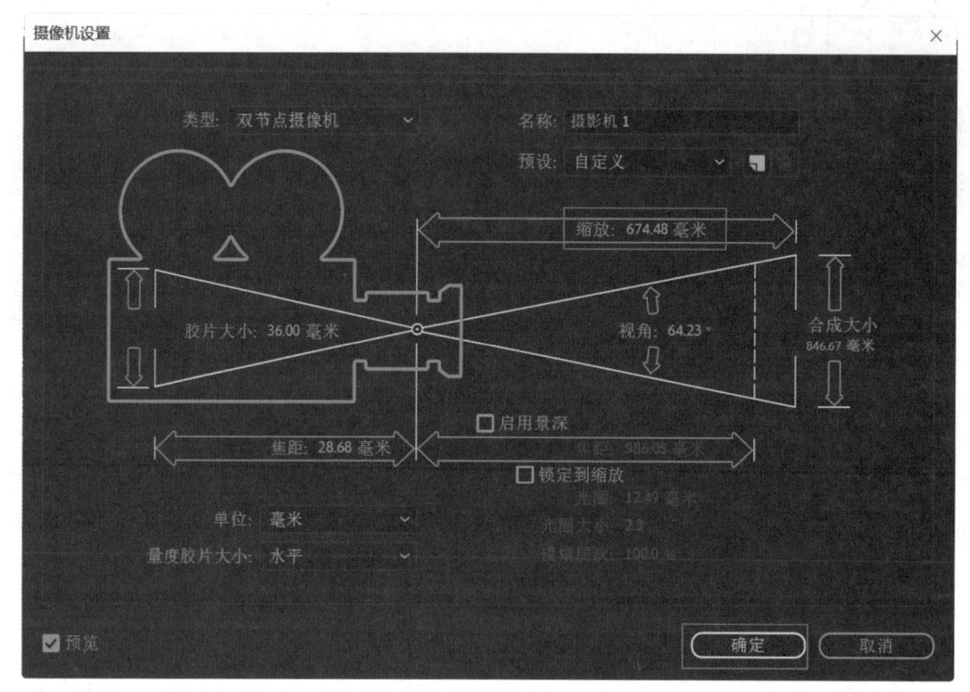


图3-56

⑯ 在“时间轴”面板中展开“摄影机 1”，接着展开“变换”选项组，将时间线拖动到起始时间位置处，单击“位置”“方向”前面的◙（时间变换秒表）按钮，设置“位置”为（1200.0,900.0,-2400.0），“方向”为（0.0°,0.0°,340.0°），如图3-57所示。然后将时间线拖到第2秒的位置，设置“位置”为（1200.0,900.0,-2300.0），“方向”为（0.0°,0.0°,0.0°）。将时间线拖到第6秒的位置，设置“位置”为（1200.0,900.0,-2100.0），“方向”为（0.0°,0.0°,12.0°）。将时间线拖到第10秒的位置，设置“位置”为（1200.0,900.0,-2534.0），“方向”为（0.0°,0.0°,0.0°）。

图3-57

⑰ 展开“摄像机选项”，设置“缩放”为1911.9像素，“焦距”为 2795.1像素，“光圈”为35.4像素，如图3-58所示。

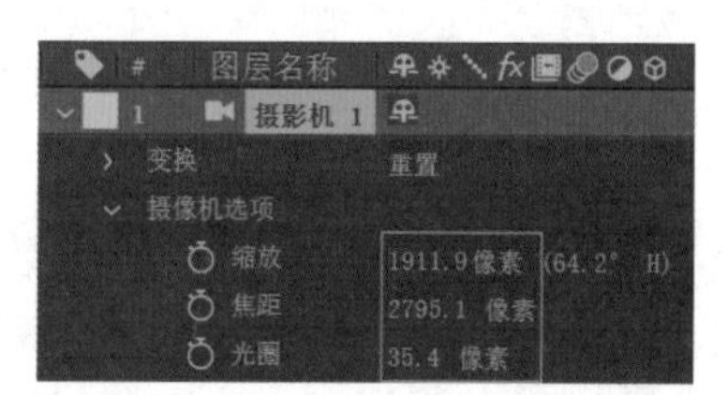


图3-58

⑱ 至此本案例制作完成，拖动时间线查看动画效果，如图3-59所示。

图3-59

# 短视频制作

## ·本章概述·

短视频，从名称上可以看出它是一个内容、时长较为精简的视频。作为互联网一种新型的传播方式，短视频具有生产流程简单、制作成本低廉、参与互动性高等特点。短视频的时长较短，通常在15秒到5分钟以内，可以用碎片化时间观看。由于短视频的制作周期短、内容广泛等特点，对团队以及策划、文案等方面的要求更高。优秀的短视频创作既需要成熟的运营团队，高频稳定的内容输出，还需要不断创新、更新的理念与创意内容。本章主要从短视频的定义、分类、构图、制作原则、作用与意义等方面来学习短视频制作。

# 4.1 短视频制作概述

短视频是指在互联网新媒体平台播放的、用户在处于移动状态或短暂闲暇时可以观看的、高频推送的视频内容，时间由几秒到几分钟不等。随着移动终端的普及与网络提速，大流量传播的短视频逐渐盛行，吸引了大众的注意力，如图4-1所示。

图4-1

## 4.1.1 短视频的定义

短视频相对于传统视频而言，时长更短、内容丰富，适合在闲暇时间观看；同时各类型内容都可以通过播放平台进行展现，视听体验好。由于短视频时长有限，所以需要创作者在视频中投放更多的精彩内容与创意灵感。短视频的发布渠道多样，制作简单，具有强大的传播能力，因此短视频更加便于营销，植入广告或带货视频广泛地出现在大众面前，如图4-2所示。

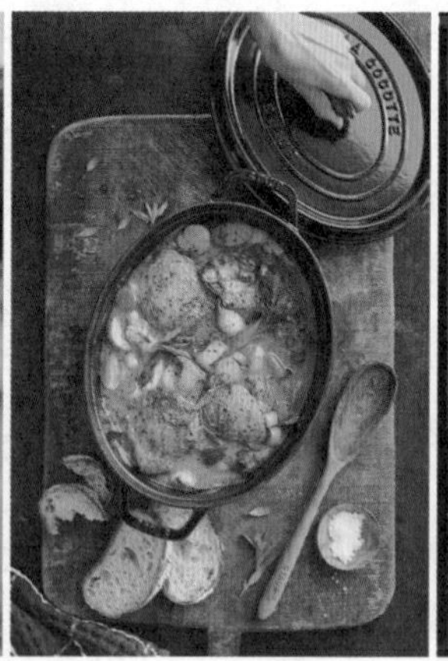

图4-2

## 4.1.2 短视频的常见分类

短视频日益成为众多用户的娱乐方式之一，人们每日都会花费一定时间观看短视频，这也就促使短视频的内容与种类日益增长。短视频的常见分类主要有以下几种。

### 1. 微电影

微电影短视频具有竖屏、个性、反转化的特点，可营造沉浸式的剧情体验，使观众与剧中人物间互性增强；同时快节奏的叙事手法使视频内容更具看点，既可独立成片，也可形成系列短片。微电影的形式满足了人们的“碎片化”时间的需要，使观众在排队、候车等短暂的时间内就可观看一部剧情完整的影片，如图4-3所示。

图4-3

### 2. 生活记录

生活记录类短视频以用户个人视角为主，视频内容贴近真实生活，通过美食、风景、生活经验等内容的分享，使受众具有较好的代入感。该类短视频如图4-4所示。

图4-4

### 3. 技能展示

技能展示类短视频可涵盖美妆教学、测评、护肤、武术、手工、舞蹈等众多领域，将产品与广告自然而然地融入短片中，具有较高的观赏性与趣味性，如图4-5所示。

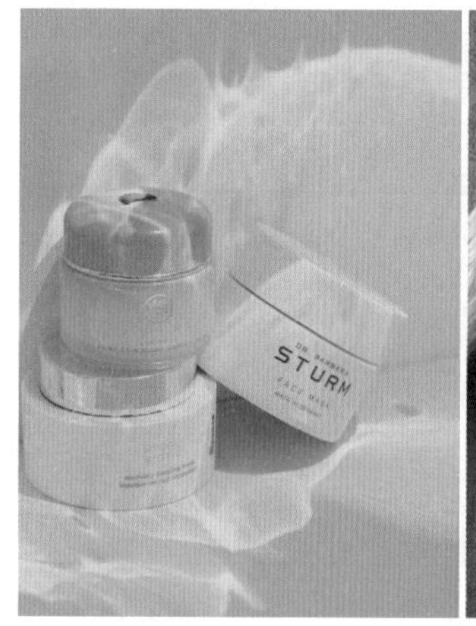


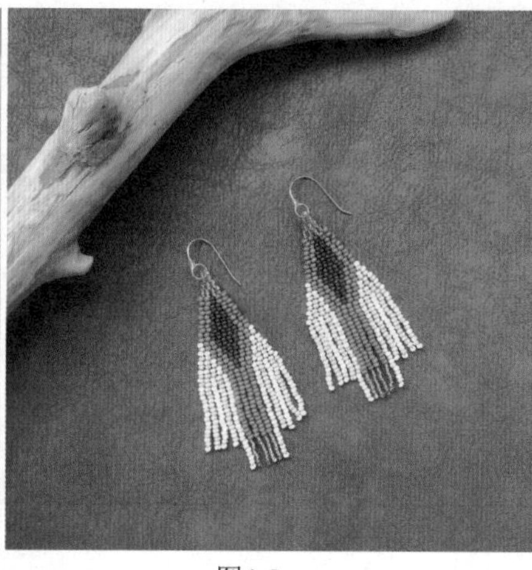

图4-5

### 4.影视剪辑

影视剪辑类短视频主要是利用剪辑技巧和创意，制作出精美震撼、精彩搞笑的创意视频，包括影片剪辑、音乐剪辑、体育剪辑及动漫剪辑等多种剪辑类型，如图4-6和图4-7所示。

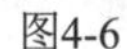

图4-6　　图4-7

### 5.科普视频

科普类短视频涉及文化、科学、人文、历史、自然等不同领域的知识，不同于枯燥的书本、资料，科普类短视频更加立体化、通俗化，便于大众在闲暇时汲取知识，给人们带来更加轻松的学习体验，如图4-8所示。

### 6.婚礼纪实

婚礼纪实类视频包括开场、现场、婚纱展示等不同时间段的展示视频，通过短视频的方式既留下了宝贵的影像，同时对婚纱产品、企业能起到较好的宣传作用，如图4-9所示。

图4-8

图4-9

## 4.1.3 短视频的构图

根据画面的布局与结构，结合有趣的内容策划与情感表现，可以使短视频的主题更加明确，富含表现力与视觉感染力。不同的诉求效果需要不同的构图方式，以下是一些常见的构图方式。

**三分法构图**：这种构图方法是用“井”字直线将画面分割成9个相等大小的方格，这是最常见也是最基本的构图方式，整个画面表现分明、简练，多用于人像或景物的视频拍摄，如图4-10所示。

图4-10

**垂直构图**：垂直构图给人以错落有致、整齐稳定的感觉，在拉伸高度的同时将深度拓展，使画面更具纵深感，如图4-11所示。

图4-11

**对称式构图**：对称式构图具有平衡、稳定的视觉效果，由画面中的人物或环境形成对称主体，营造均衡、和谐的画面美感，如图4-12所示。

图4-12

**引导线式构图**：这种构图方式利用画面中的线条吸引目光，使观众目光汇聚到画面的视觉焦点处，此时人物或表现主体通常位于该中心点，具有强调的作用，同时形成由远及近的效果，增强了画面的纵深感，如图4-13所示。

图4-13

**框架式构图：** 框架式构图是将画面主体用框架围拢，引导观众目光集中，更好地展现视频主题；同时这种收缩的形式可形成镜头感，令人产生窥视、探索的好奇心，提升画面的神秘感，激发用户的兴趣，如图4-14所示。

图4-14

**留白式构图：** 留白的方式可以为观者提供充足的想象空间，自由地进行画面补充与联想，是一种简约且直白的构图方式，如图4-15所示。

图4-15

### 4.1.4 短视频制作的原则

短视频的内容融合了幽默搞怪、情感分享、时尚美妆、社会热点、广告创意、公益教育、知识科普等众多分类。针对短视频的内容进行策划时，可以借鉴以下基本原则，效果如图4-16所示。

**创意性原则：** 创意性是影响用户点击、观看、评论短视频的关键因素，优秀的创意可以使平淡无奇的内容变得更加吸睛。

**幽默猎奇性原则：** 一个平淡无奇的视频是无法打动用户的，只有运用一定的创作手法渲染和塑造视频内容，为用户带来笑声、新奇感，满足人们的好奇心，才能使视频在众多的作品中脱颖而出。

**能量性原则：** 正能量的内容可以更好地激发用户的情感与行为，形成情感共鸣，获得更多用户的好感。

**精简性原则：**短视频由于时长较短，所以节奏要快，表达内容不宜过多，这样才能获得更多的播放量。

**时效性原则：**把握特殊的时间节点与热点事件话题，借助热点可以扩大视频影响力与提高点击量，这是提高视频播放量最直接且有效的方式。

图4-16

## 4.1.5 短视频制作的作用与意义

短视频多用来记录生活、展示个人形象等，将生活中的点点滴滴记录下来并进行分享；在碎片化的时间还可以通过科普、知识类的短视频进行学习、获取知识。短视频的时长适合用碎片化时间观看，因此可以起到较好的传播信息的作用。通过短视频的快速、广泛传播，可以更好地促进销售、指导消费，如图4-17所示。

图4-17

# 4.2 短视频制作实战

## 4.2.1 实例：日常纪实Vlog

设计思路

案例类型：

本案例是关于日常生活纪实的短视频作品，如图4-18所示。

图4-18

项目诉求：

本案例短视频画面以奔跑的女孩背影作为主体，展现出自由自在、无拘无束的悠闲生活。通过盛开的雏菊花海与发光的爱心图形呈现出浪漫、梦幻的视觉效果，呼应唯美、柔和的整体照片风格，向观者传递出人物欢快惬意的感受。

设计定位：

本案例以人物作为视频主体，花卉及爱心元素作为辅助，对整体画面进行构图。背景中的缤纷花海与变幻的爱心图形令人产生闪烁、律动的感觉，营造自然、清新的氛围。人物摆动的手臂也展现出悠然、轻松的心情。

配色方案

青绿色的大量使用赋予画面整体以生命力，营造自然、清新的氛围，展现出蓬勃、自由的气息，如图4-19所示。

图4-19

主色：

青绿色往往令人联想到澄澈通透的湖水或是天空，将青绿色作为视频画面的主色调，展现出清新、唯美的风格。同时人物衣裙与花海采用邻近色的青绿色彩进行搭配，使人物更加突出，起到了强调画面主体的作用，极具层次感。

点缀色：

本案例使用了奶黄色与绯红色作为点缀，与清爽的青绿色形成鲜明的对比，同时活跃了画面气氛，提升了整体画面的视觉温度，营造了温馨、治愈、舒适的氛围。

### 版面构图

本案例采用对称式构图方式，以中央的主体人物为轴，左右两侧的背景形成相对平衡的效果，给人以平衡、稳定的视觉印象。同时低饱和度的花海将人物衬托得更加突出醒目，引导观者视线向人物集中，极具引导性与层次感，使整体画面更具表现力。发光爱心素材位于人物前方，赋予画面俏皮、灵动的气息，如图4-20和图4-21所示。

图4-20

图4-21

### 操作思路

本案例使用混合模式混合图层制作出朦胧感。本案例将素材进行叠加，然后使用【混合模式】更改图层的混合模式，制作出朦胧感。

### 操作步骤

❶ 新建项目、序列。导入文件。执行“文件”|“新建”|“项目”命令，新建一个项目。执行“文件”|“新建”|“序列”命令。接着执行“文件”|“导入”|“文件”命令，导入全部素材文件，如图4-22所示。

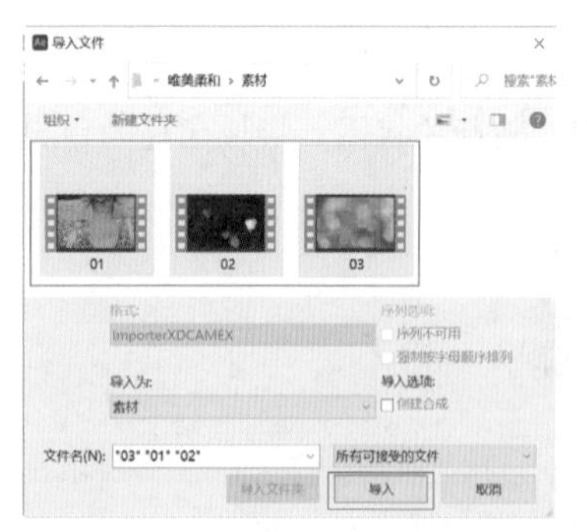


图4-22

❷ 在“项目”面板中将“01.mp4”素材文件拖曳到“时间轴”面板中上，此时在“项目”面板中自动生成一个与“01.mp4”素材文件等大的合成，如图4-23所示。

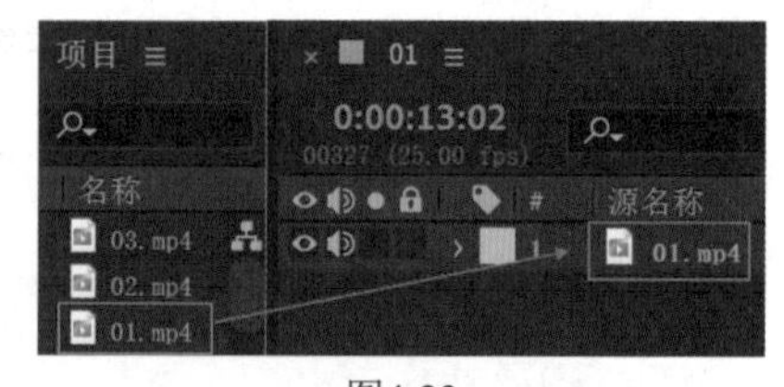


图4-23

❸ 查看此时的画面效果，如图4-24所示。

图4-24

4 在“项目”面板中将“02.mp4”素材文件拖曳到“时间轴”面板中，如图4-25所示。

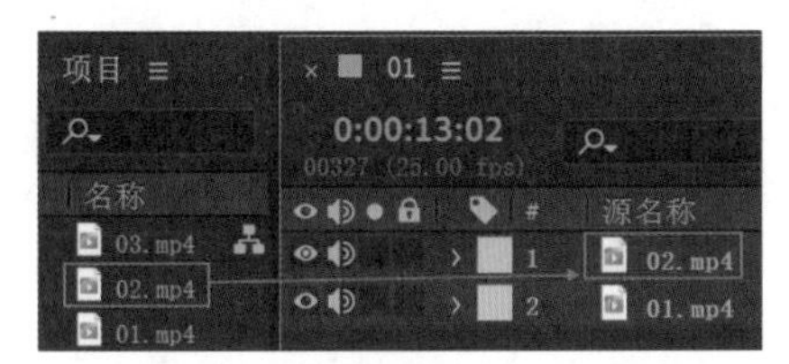


图4-25

5 在“时间轴”面板中选择“02.mp4”素材文件，设置混合模式为“屏幕”，接着展开“变换”选项组，设置“缩放”为（94.0,94.0%），如图4-26所示。

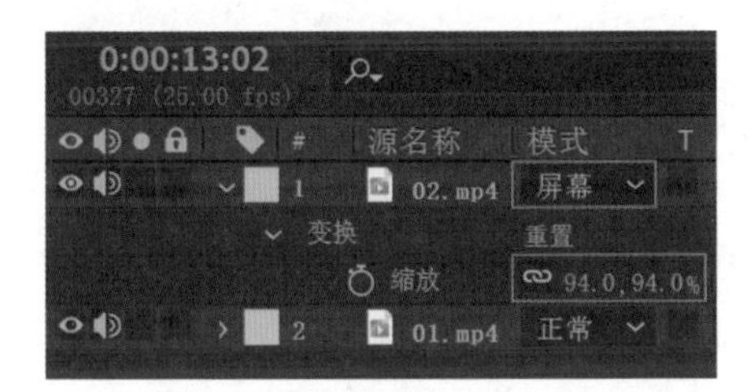


图4-26

6 在“项目”面板中将“03.mp4”素材文件拖曳到“时间轴”面板中，如图4-27所示。

7 在“时间轴”面板中选择“03.mp4”素材文件，设置混合模式为“屏幕”，接着展开“变换”选项组，设置“缩放”为（94.0,94.0%），“不透明度”为70%，如图4-28所示。

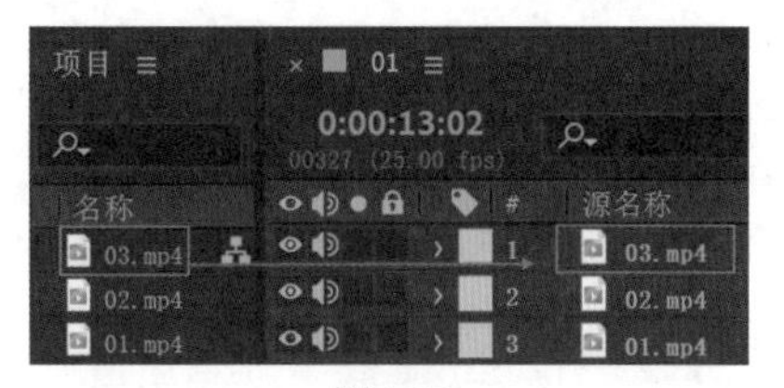


图4-27

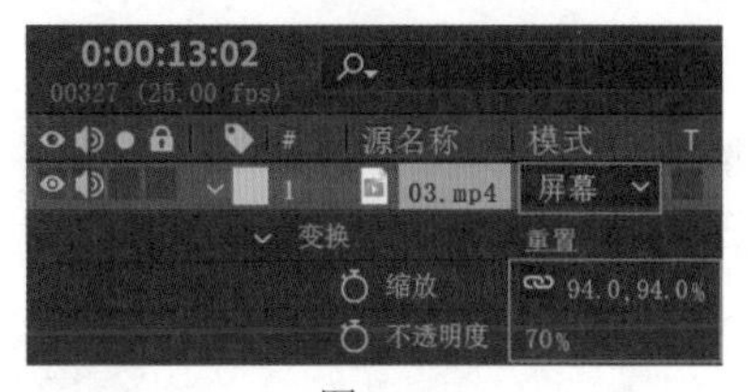


图4-28

8 至此本案例制作完成，拖动时间线查看此时的画面效果，如图4-29所示。

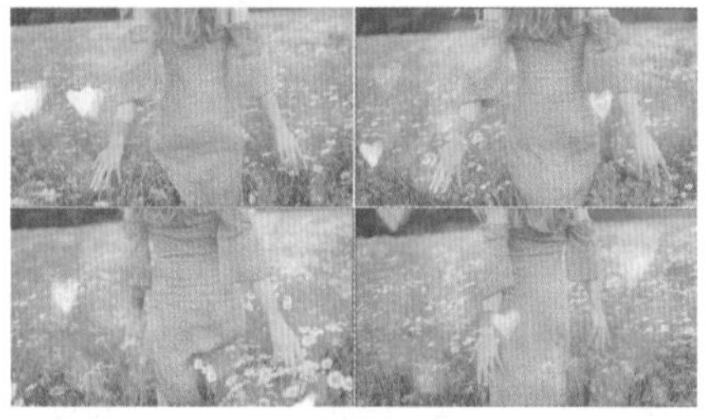

图4-29

## 4.2.2 实例：玩美旅行Vlog

### 设计思路

案例类型：

本案例是旅行主题的Vlog作品，如图4-30所示。

图4-30

项目诉求：

本案例制作一个以“玩美旅行”为主题的Vlog作品，展现唯美且有趣的旅途风景，通过起伏的海浪赋予画面动感，以及广袤的天空给人以悠远、壮观的视觉印象，并通过不断渐显的文字传递出Vlog的主题，吸引观者目光。

设计定位：

本案例采用以图像为主、文字为辅的画面构图方式。海岸风景作为背景，展现出远离喧嚣、怡然自得的内涵。背景之上的文字通过渐显的方式逐渐变得醒目，具有较强的视觉吸引力，同时直观地表现作品主题。

## 配色方案

宝蓝色与无彩色的白色搭配，使整体画面色彩较为统一、深邃，打造出深沉、静谧、广阔的视觉效果。如图4-31所示。

图4-31

主色：

宝蓝色作为冷色调中的代表性色彩，具有深邃、广阔、冷静等特点。将宝蓝色作为主色调，使整个背景呈现出广袤无垠的视觉效果，同时色彩纯度较高，色彩饱满、浓郁，使画面产生纵深感，提升了整体画面的空间感，给人以唯美、悠远的印象。

辅助色：

使用明度较高的白色作为文字色彩进行设计，呈现出清爽、洁净的视觉效果，搭配蓝色的主色，使整体色调更加统一、和谐。

点缀色：

白色与宝蓝色搭配可营造深邃、广袤的视觉效果，但色彩未免有些简单、单调，因此用黄绿色与杏红色对视频画面进行装点，同时与冷色调的宝蓝色形成强烈的冷暖对比，具有较强的视觉吸引力。

## 版面构图

本案例视频画面由开始的三分法构图逐渐变化，主体文字出现并位于画面中央位置，形成均衡的重心型构图。以海滩风景作为背景，逐渐升起的月亮与渐渐消失的沙滩，使画面镜头向天空移动，整体更显广袤、自由。同时文字由左及右逐渐显现的过程中，增加几何图形作为装饰，与倾斜的文字相互照应，给人鲜活、运动、青春的感觉，使“玩”的特性更加鲜明，呼应作品主题，如图4-32和图4-33所示。

图4-32　　图4-33

## 操作思路

本案例使用钢笔工具制作出线条游动片头，并使用“高斯模糊”制作画面模糊效果，使用文字工具创建文字，并使用“缓慢淡化打开”效果制作文字动画。

## 操作步骤

1 右键单击“项目”面板空白位置处，在弹出的快捷菜单中选择“新建合成”命令，在弹出的“合成设置”窗口中，设置“合成名称”为01，设置“预设”为“自定义”，设置“宽度”为3840 px、“高度”为2160 px、“像素长宽比”为方形像素、“帧速率”为30帧/秒、“持续时间”为5秒，单击“确定”按钮。执行“文件”|“导入”|“文件”命令，导入全部素材文件如图4-34所示。

图4-34

2 在“项目”面板中将“大海.mp4”素材文件拖曳到“时间轴”面板中，如图4-35所示。

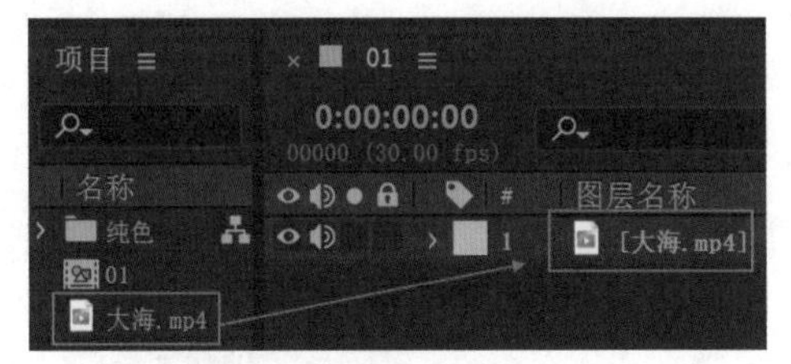


图4-35

3 查看此时的画面效果，如图4-36所示。

4 在“时间轴”面板中选择“大海.mp4”素材文件，接着展开“变换”选项组，设置“缩放”为（301.0,301.0%），如图4-37所示。

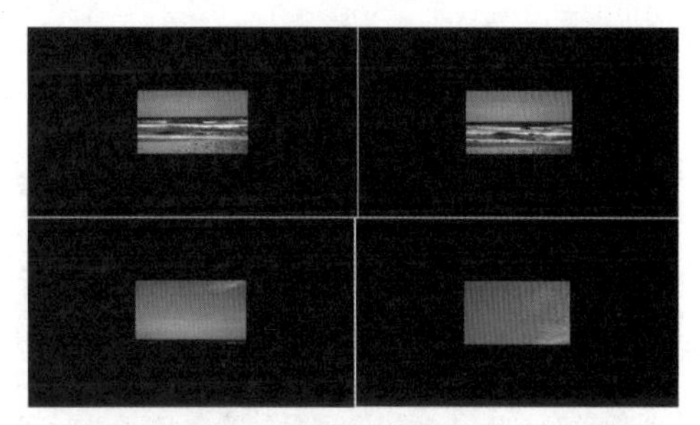

图4-36

图4-37

5 在工具栏中单击（钢笔工具），取消“填充”，设置“描边”为藕粉色，设置“大小”为300像素，并在“合成”面板的左上角绘制一条直线，如图4-38所示。

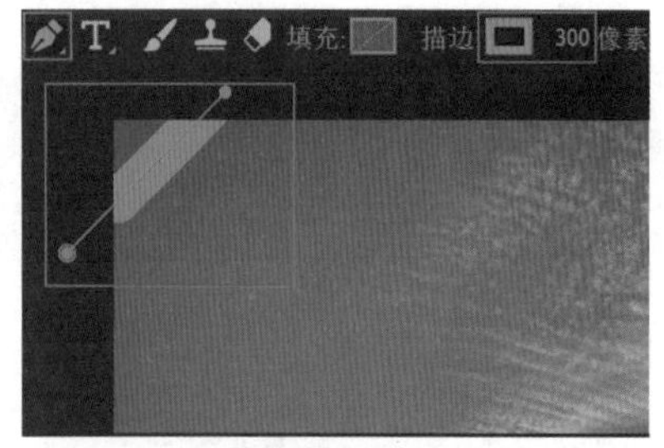


图4-38

6 在“时间轴”面板中选择“形状图层 1”图层，接着展开“内容”|“形状1”|“描边1”，设置“线段端点”为“圆头端点”，如图4-39所示。

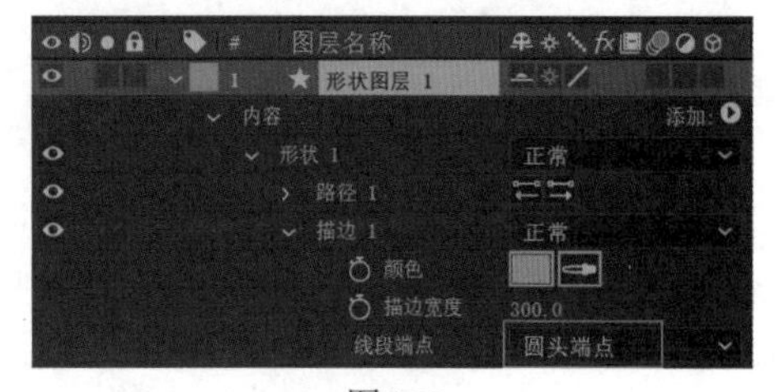


图4-39

7 展开“修剪路径 1”，将时间线拖动到第27帧位置处，单击“结束”“偏移”前面的 （时间变换秒表）按钮，设置“结束”为0.0%、“偏移”为0x+0.0°，如图4-40所示。接着将时间线拖动至第4秒29帧位置处，设置“结束”为60.0%、“偏移”为1x+115.0°。

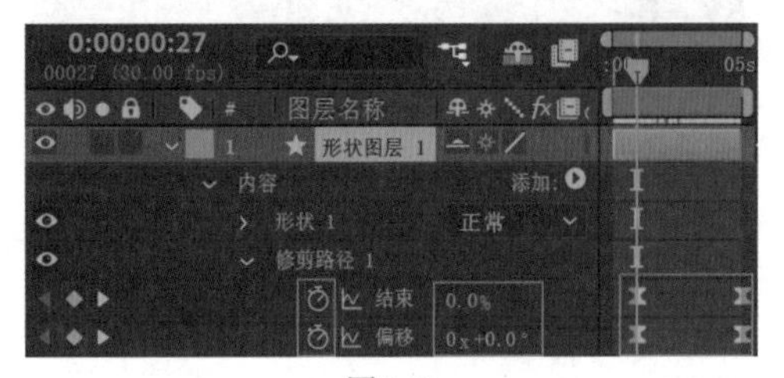


图4-40

8 在“时间轴”面板中设置“调整图层 1”图层的起始时间为第27帧，并单击消隐效果，如图4-41所示。

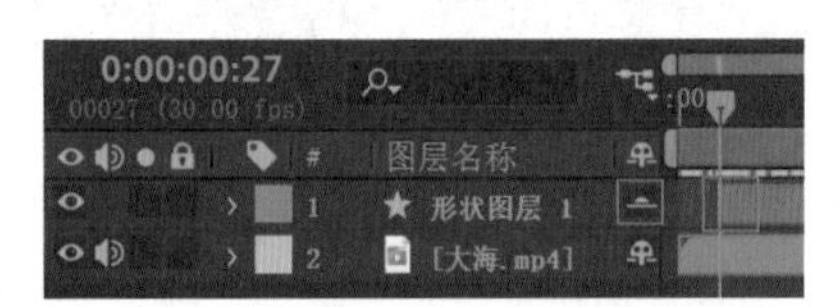


图4-41

9 在工具栏中单击 （钢笔工具），取消“填充”，设置“描边”为青色，设置“大小”为100像素，并在“合成”面板的右下角绘制一条直线，如图4-42所示。

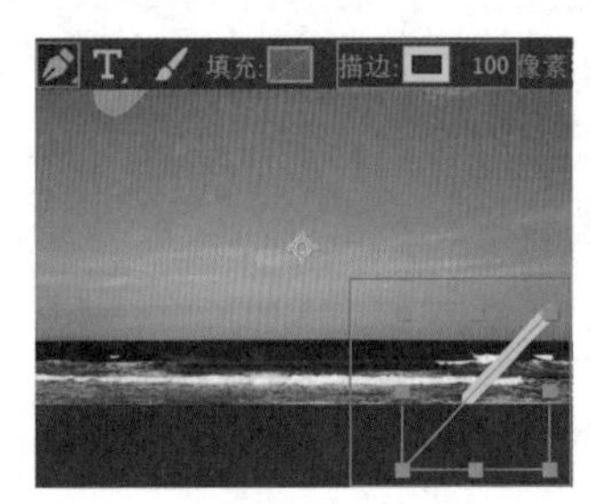


图4-42

10 在“时间轴”面板中选择“形状图层 1”图层，接着展开“内容”|“形状3”|“描边1”，设置“线段端点”为“圆头端点”，如图4-43所示。

11 展开“修剪路径 1”图层，将时间线拖动到第1秒位置处，单击“结束”“偏移”前面的 （时间变换秒表）按钮，设置“结束”为0.0%、“偏移”为0x+0.0°，如图4-44所示。接着将时间线拖动至第4秒05帧位置处，设置“结束”为75.0%。然后将时间线拖动至第4秒20帧位置处，设置“偏移”为-1x-210.0°，如图4-44所示。

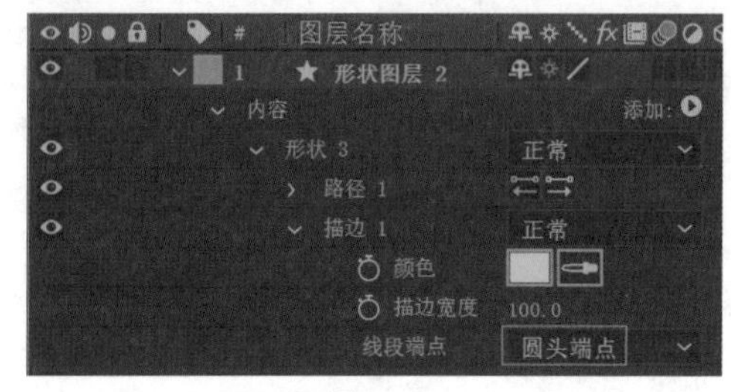


图4-43

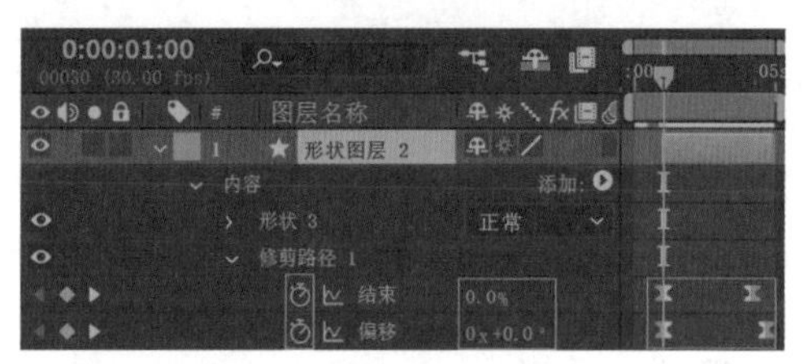


图4-44

12 在“时间轴”面板中设置“调整图层 2”图层的起始时间为第1秒，如图4-45所示。

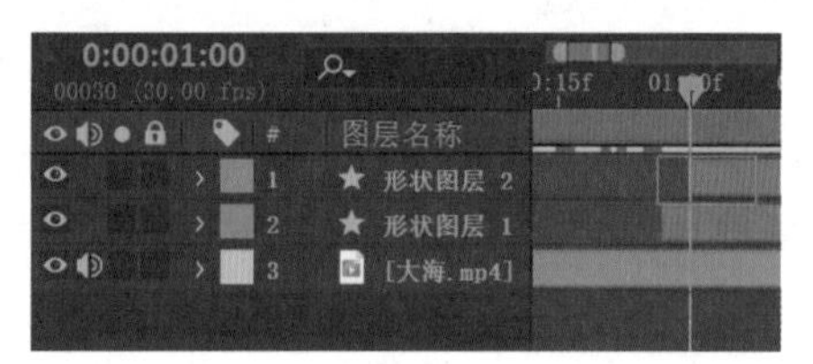


图4-45

13 拖动时间线查看此时的画面效果，如图4-46所示。

图4-46

14 使用同样的方式继续制作图形，并设置合适的起始时间、动画与颜色。拖动时间线查看此时的画面效果，如图4-47所示。

15 在“时间轴”面板中右键单击空白位置处，在弹出的快捷菜单中执行“新建”|“调整图层”命令，如图4-48所示。

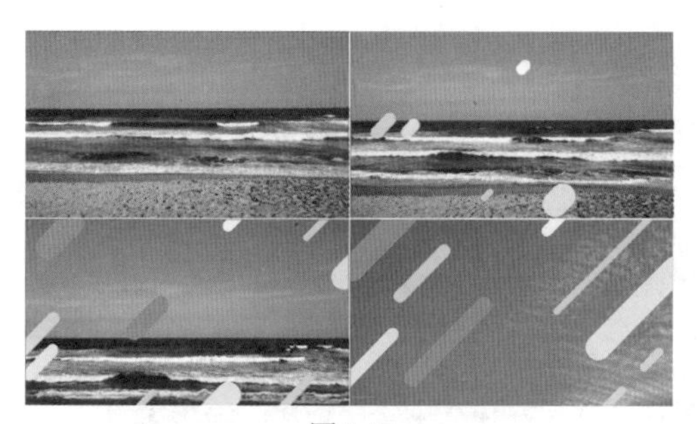

图4-47

新建 › 查看器(V)
合成设置... 文本(T)
在项目中显示合成 纯色(S)...
预览(P) › 灯光(L)...
切换视图布局 › 摄像机(C)...
切换 3D 视图 › 空对象(N)
重命名 形状图层
在基本图形中打开 调整图层(A)
内容识别填充图层...
合成流程图 Adobe Photoshop 文件(H)...
合成微型流程图 Maxon Cinema 4D 文件(C)...

图4-48

⑯ 在“效果和预设”面板中搜索“高斯模糊”效果，接着将该效果拖曳到“调整图层1”上，如图4-49所示。

⑰ 展开“调整图层 1”，将时间线拖动到起始时间位置处，单击“模糊度”前面的（时间变换秒表）按钮，设置“模糊度”为0.0，如图4-50所示。接着将时间线拖动至第2秒位置处，设置“模糊度”为0.0。将时间线拖动至第4秒29帧位置处，设置“模糊度”为70.0，设置“重复边缘像素”为“开”。

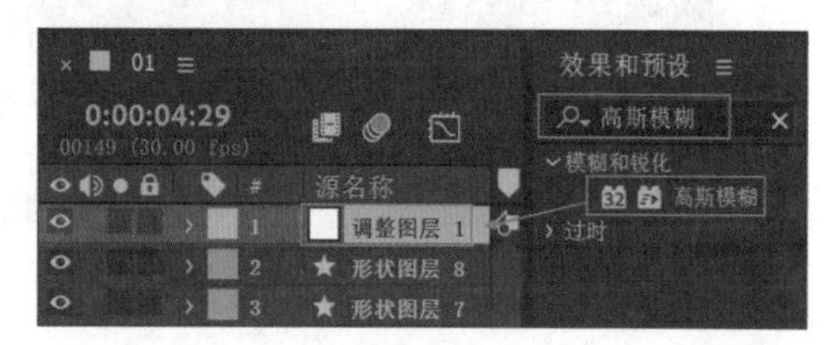


图4-49

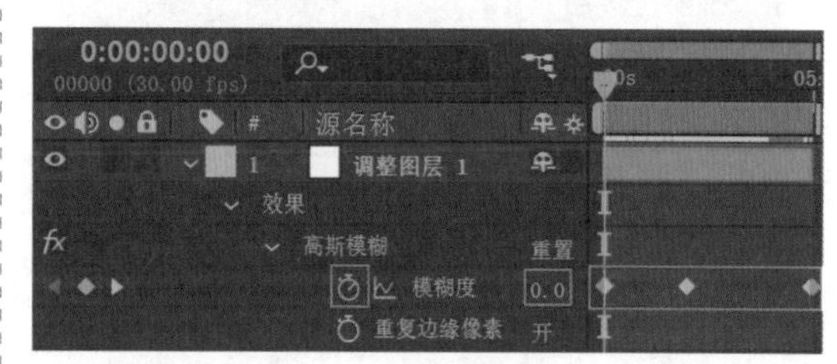


图4-50

⑱ 在工具栏中单击（文字工具），设置合适的“字体系列”和“字体样式”，设置“字体颜色”为白色，“描边颜色”为青色，设置“字体大小”为500像素，设置“描边宽度”为5像素，并设置“在填充上描边”，单击（仿斜体）和（全部大写）按钮，如图4-51所示。

图4-51

⑲ 设置“时间码”为1秒，在“效果和预设”面板中搜索“缓慢淡化打开”效果，接着将该效果拖曳到文字图层上，如图4-52所示。

⑳ 在“时间轴”面板中将文字图层与调整图层向下拖曳至图层6下方，如图4-53所示。

㉑ 至此本案例制作完成，拖动时间线查看画面效果，如图4-54所示。

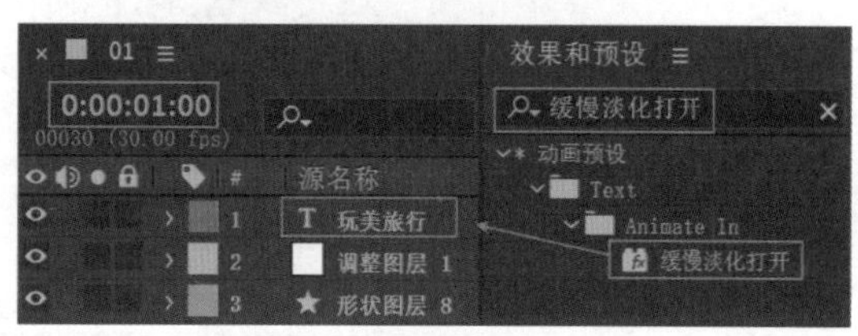


图4-52

图4-53

图4-54

## 4.2.3 实例：拉开电影的序幕

### 设计思路

**案例类型：**

本案例是电影开场的短视频制作作品，如图4-55所示。

图4-55

**项目诉求：**

本案例制作关于电影序幕展开效果的短视频，通过幕布的位移将背景逐渐呈现，意在表现电影唯美、复古的内涵，同时朦胧的背景与主体文字相呼应，使“WINTER”的主题更加明确，具有较强的视觉感染力。

**设计定位：**

本案例的文字在最后出现，因此将图像作为主体进行构图。朦胧的森林与低饱和度的色彩使整体氛围更显静谧、神秘，灰白色调的应用给人安静之感的同时降低了画面的视觉温度，将“WINTER”的主题展现得淋漓尽致。

### 配色方案

无彩色的灰白色与深邃、高贵、复古的酒红色搭配，营造出朦胧、含蓄、幽静的画面氛围，使整体视频调性趋于复古、神秘，如图4-56所示。

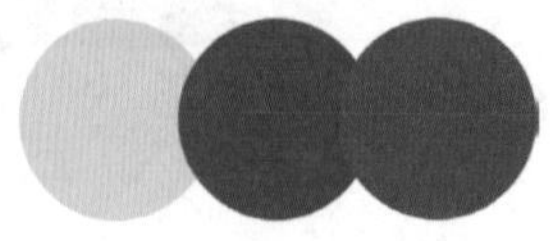

图4-56

主色：

无彩色的灰白色搭配其他颜色，可以起到很好的平衡作用。将灰白色作为画面主色调，使整体色彩产成平静、内敛的视觉效果，结苔绿色的森林，打造出静谧、神秘的幽暗森林的效果。

辅助色：

使用酒红色作为辅助色，色彩饱满、浓郁，同时明度较低，呈现出复古、优雅的视觉效果，使视频风格更加鲜明。

点缀色：

深灰绿色作为点缀色，既与灰色调的背景森林形成纯度的层次对比，又与酒红色形成对比色搭配赋予画面以强烈、震撼的冲击力，可以迅速地吸引观者目光，并留下深刻的印象。同时深灰绿色的明度较低，与整体的明度相适应，可以避免造成色彩冲突，吸睛的同时不会带来过强的视觉刺激。

## 版面构图

本案例最终展示效果呈现出对称式的构图方式，主体文字位于画面中央，左右两侧的树木对称放置，使整体构图更显稳定，给人以平衡、规整的感觉。整个画面由酒红色幕布展开，然后呈现出朦胧、幽静的风景，给人以复古、含蓄、唯美的视觉印象。文字通过折叠放大的形式逐渐出现在画面中，活跃了气氛，使整体画面更具视觉吸引力，如图4-57和图4-58所示。

图4-57

图4-58

## 操作思路

本案例首先为素材添加Keylight（1.2）效果并进行素材抠像，接着使用“横排文字工具”创建文字，为其添加“投影”效果，最后通过“动画预设”功能制作文字动画。

## 操作步骤

1 将视频素材“02.mp4”拖入“时间轴”面板中，如图4-59所示。

图4-59

2 此时的冬季动态背景效果如图4-60所示。

3 将视频素材“01.mp4”拖入“时间轴”面板中，如图4-61所示。

4 此时可以看到，素材由于是在绿棚中拍摄的幕布，中间为绿色，如图4-62所示。

图4-60

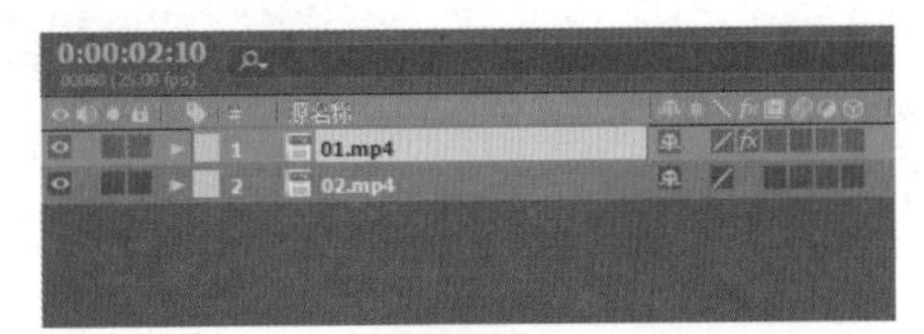


图4-61

图4-62

5 此时需要将绿色部分抠除，因此为视频素材“01.mp4”添加Keylight（1.2）效果，并单击按钮，吸取画面中的绿色部分，如图4-63所示。

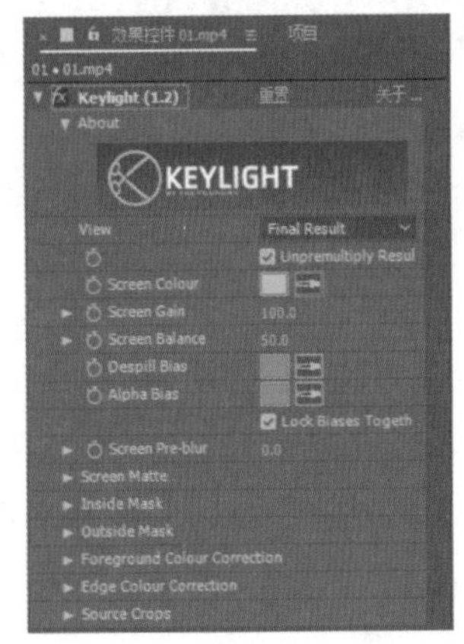


图4-63

6 此时绿色已经被成功抠除了，并且看到了雪景背景，如图4-64所示。

图4-64

7 选择T（横排文字工具），单击并输入文字，如图4-65所示。

图4-65

8 在“字符”面板中设置“字体大小”为296像素，“填充颜色”为白色，如图4-66所示。

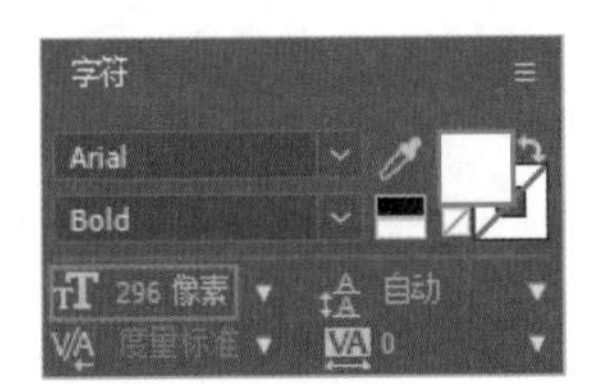


图4-66

9 为素材“01.mp4”添加“投影”效果，设置“柔和度”为20，如图4-67所示。

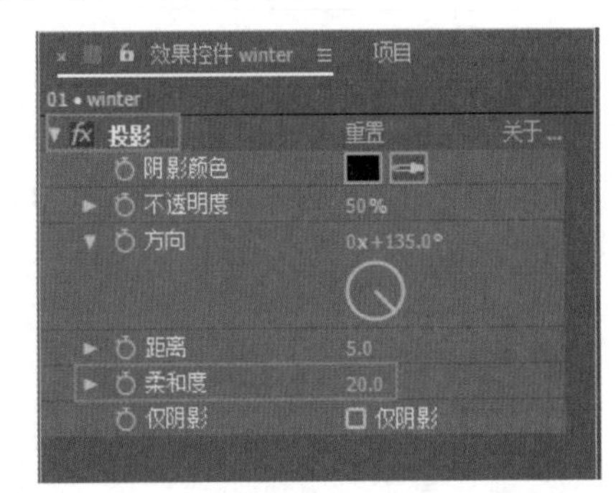


图4-67

10 将该文字图层的起始时间设置为第1秒18帧，如图4-68所示。

11 打开“效果和预设”面板，展开“动画预设”|Text|3D Text|“3D翻转进入旋转X”，然后将该效果拖动到文字上，如图4-69所示。

12 拖动时间线查看最终动画效果，如图4-70所示。

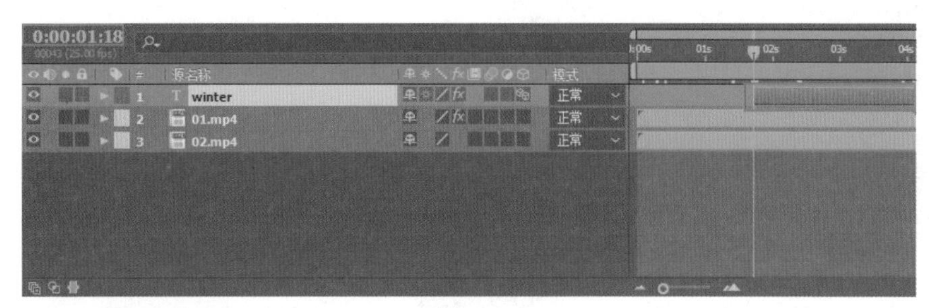


图4-68

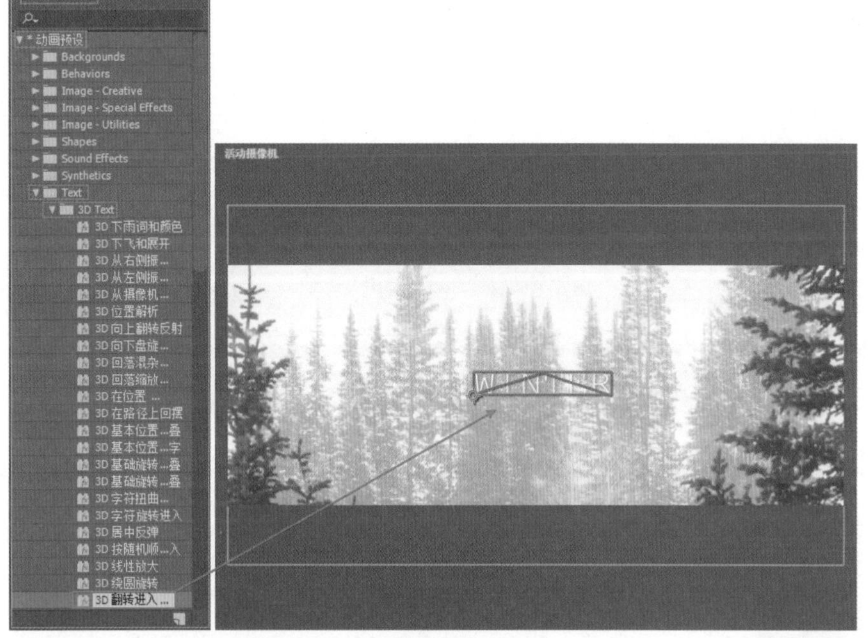


图4-69

图4-70

# 影视特效设计

## · 本章概述 ·

影视特效是指在影视中人工制造的假象和幻觉。电影摄制者利用这些特效可以避免让演员处于危险境地，以及使影片更加惊心动魄、扣人心弦；同时利用特效还可以降低电影的制作成本。作为电影产业中必不可缺的元素之一，影视特效的运用为电影的发展做出了巨大贡献。除此之外，影视特效在游戏制作、广告、媒体视频、网页等领域也有技术应用。本章主要从影视特效的定义、影视特效的常见分类、影视特效制作的过程及影视特效制作的原则等方面来学习影视特效制作。

# 5.1 影视特效概述

电影/电视是视觉表现的艺术，创作者通过视听语言描绘情节发展，表现人物情感与环境，以此吸引并感染观众。影视特效作为电影产业中不可或缺的元素之一，广泛应用于科幻、魔术、回忆、动作效果等不同场景，在视觉传达设计中占有重要地位。一个好的特效应用可以使画面更加震撼人心，为创作者提供无尽的想象空间，创作出丰富、生动的影视作品。

## 5.1.1 影视特效的定义

电影/电视作品中为什么要出现特效？众所周知，拍摄电影和电视剧，以及短视频、广告等都需要剧本，而当现实中不存在或没有满足剧本和情节需要的场景时，便需要根据剧本和情节来使用特效，为演员的表演提供效果，最终完成影视剧本的拍摄与呈现。影视作品中不存在的事物以及某种特定效果，一般都可以通过特效的使用在影片中呈现出来，如图5-1和5-2所示。

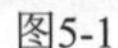

图5-1

图5-2

## 5.1.2 影视特效的常见分类

随着计算机技术的不断发展，影视特效将原本难以实现的题材与场景搬上了大荧幕，创建了全新的电影语言样式与风格。通过影视特效，创作者可以创作出不存在的人、物、场景、空间，以及历史环境、古老的建筑等，实现现代与历史的对话。动作片、科幻片、宣传片、动画、游戏制作、广告短片等都有着影视特效的痕迹。影视特效大致可分为视觉特效与声音特效。

### 1. 视觉特效

视觉特效是将概念形象化，是将文字变为图像，技术变为艺术，虚幻变为现实的过程。当这种虚拟的、超现实的视觉效果呈现在观众面前时，人们会产生强烈的情感反应。为了达到逼真的效果，令观众信以为真，在特效制作的过程中会使用多种技巧，通过传统智慧与现代技术的结合，可以更好地完成整个影片的艺术创作。视觉特效根据制作技巧的不同，大致可划分为实景特效、合成特效、三维特效、物理模拟等几种类型。

1）实景特效

实景特效也可称为实拍特效，是指在实际拍摄中获取的特殊效果。实景特效大多通过拍摄道具组所搭建的等比例缩小模型，再与真人实拍镜头相结合制作的，是影视特效中出现最早，存在时间最长，应用最为广泛的一种特效制作方法。典型的实拍特效包括爆炸、火焰、雨雪、自然灾难、运动、飞行、波浪等，如图5-3所示。

图5-3

针对建筑、景观、车辆等不同场景制作的实景特效，广泛地使用缩微模型道具进行拍摄，其原因在于两个方面。

一方面是搭建的场景根本在现实世界中不存在，是完全被创造出来的事物，如黏土动画、纸偶动画、木偶动画等的拍摄，如图5-4所示。

图5-4

另一方面是由于真实场景的创建价格高，或是真人在现实中无法完成影片需要的动作，例如灾难场景、大量人群、飞行的场景，这类场景的模型很难在短时间内完成，并且难以呈现，如图5-5所示。

图5-5

2）合成特效

合成特效是指将实拍元素、三维模型或者绘制的图像真实而自然地进行组合，形成独特、逼真的视觉效果色，制作方法往往是在画面中加入不存在的视觉元素，或是将原本画面中的部分视觉元素去除，或是使用新的内容进行替换。合成特效使用图层的概念进行元素的组合，例如影视制作通过后期将绿幕背景去掉，提取演员影像，从而制作出特殊的影视场景与影视广告作品，如图5-6所示。

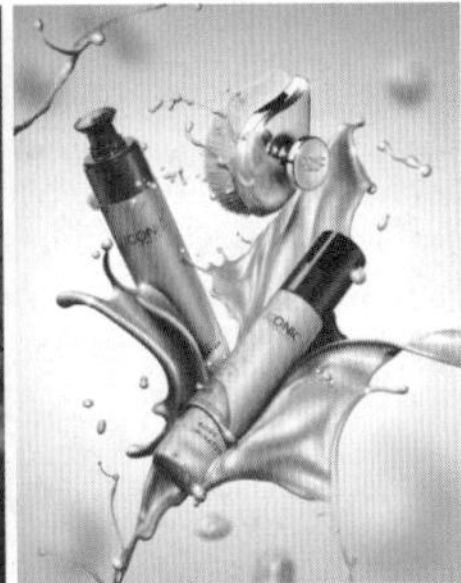

图5-6

3）三维特效

三维特效有三维角色与数字场景两种不同的分类。随着计算机技术的进步，图形实现了早期的二维效果到三维效果的转化。使用现代的三维特效技术可以制作出现实生活中不存在的人物与场景。

三维角色可以更好地完成一些危险动作，还可以模拟真实人物的肌肉运动、神态、口形、皮肤状态等，甚至可以达到以假乱真的地步。在影视特效中，角色建模十分常见，通过不同材质的特性，如金属、玻璃，塑料、木材、光线等，可以使三维角色的形象更加逼真、生动。例如游戏、三维动画、广告等，如图5-7所示。

图5-7

数字场景特效可以充分展现出背景的细节，提供真实、生动的视觉体验。相较于传统的手绘背景，利用数字技术创造精细、复杂的背景环境要更为容易，如图5-8所示。

图5-8

4）物理模拟

物理模拟特效比较常见，多是表现气象变化方面的场景。天气是最易渲染气氛、表达人物情感情绪变化的因素，同时可以引导情节发展。例如风暴、下雨、烟雾、冰雪等，可以表现灾难、梦境、想象等，以及传递紧张、惊险、悲伤等情绪，如图5-9所示。

图5-9

### 2. 声音特效

声音特效即使用软件或其他技巧，为影片中某些无法正常表现的场景声音进行音效的添加。例如影片中射击、撞击、脚步、破碎、烹饪的声音。声音特效可使影片场景更加逼真，使其更具感染力与表现力。

## 5.1.3 影视特效制作的内容

影视特效是对影片素材、动画、背景、人物、故事情节、镜头等做出处理，使其按照编剧、脚本以及导演的要求进行呈现，形成完整的影片表现效果。影视特效制作以下内容。

**镜头间根据故事情节要求的转场效果**：如淡入淡出、动画、色彩等不同的转场过渡效果，可以更好地渲染与表达影片主题，如图5-10所示。

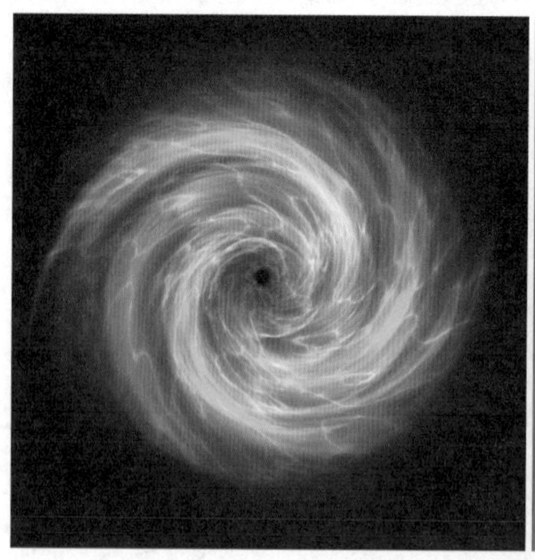

图5-10

**视频播放速度的特效处理**：将正常拍摄的影片以倍速或延时的形式进行处理，使影片情节更加贴合主题，如定格动画与重大场景的展现等，如图5-11所示。

图5-11

**视频色调**：依据影片的情节与风格，使用不同的色彩饱和度、明度、色相、曝光度等，形成不同的画面滤镜，以此烘托影片主题，如图5-12所示。

图5-12

**字幕特效**：为了使影片内容与影片的主题、风格相协调，需要从字幕的字体、透视角度、色彩、光线方向、出入画面的方式等不同方面进行处理，如图5-13所示。

图5-13

## 5.1.4 影视特效制作的基本原则

影视作品完成的过程相当复杂，使用影视特效要将每一个镜头、片段、细节更好地联系在一起，反复推敲斟酌，才能使作品更具艺术感染力，如图5-14所示。影视特效制作需要遵循以下几个原则。

**内容性原则**：好的故事情节比技巧更易打动人心，视觉效果是用来辅助故事内容的，因此恰到好处的特效处理可以使故事情节更加流畅、吸引观众。

**形象性原则**：平淡无奇的影视作品或广告片是无法打动观众的，只有运用一定的艺术手法渲染和表现故事情节，才能使影片在众多的作品中脱颖而出。

**经济性原则**：复杂的特效技术可以产生震慑人心的场景效果，相对来讲投入的时间与经济成本也就随之增加了，需要把握好资金投入与影视制作之间的关系。

图5-14

## 5.1.5 影视特效制作的意义

影视特效是使影视作品、广告、动画、游戏等作品吸引观众的重要原因之一，通过特效镜头的使用，可使场景与故事情节的发展更加合理与吸睛，使观众感同身受，如图5-15所示。

图5-15

# 5.2 影视特效实战

## 5.2.1 实例：炫光游动文字动画

### 设计思路

案例类型：

本案例是炫光文字动画特效制作作品，如图5-16所示。

图5-16

项目诉求：

本案例制作一个名为Dazzle light的文字特效作品，通过光元素位置与文字进行搭配，形成炫光游动效果的特效文字，给人以闪耀、夺目的视觉感受。该作品直观地展现文字内容，同时移动的光元素与文字含义相匹配，使文字主题得以更加清晰地呈现，让人一目了然。

设计定位：

本案例采用文字为主、图像为辅的构图方式。文字在由模糊变清晰的过程中，光元素的位置发生改变，产生光线在文字上方“走”的视觉效果。同时文字不断向内收缩的变化使观者视线向中心聚拢，最终将视觉焦点定格于中央，使特效文字主题直观地展现。

### 配色方案

黄色与复古红棕色的对比强烈，使整个画面具有较强的视觉冲击力，给人以强烈的视觉刺激与印象，如图5-17所示。

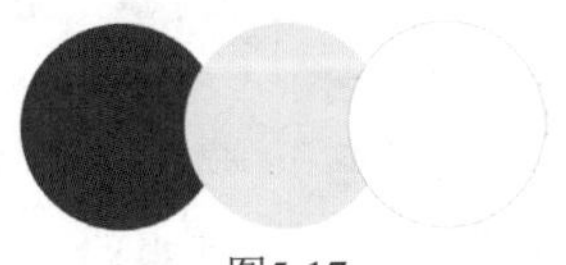

图5-17

主色：

复古的红棕色作为背景大量使用，使整个画面色调更加深沉，营造幽暗、神秘的氛围。同时色彩并不是单一的一种，而是使用暗角效果，与四角的黑色形成自然的渐变过渡，将观者目光向内聚拢，以此突出中央文字。

辅助色：

使用明度较高的鲜黄色作为辅助色，因为黄色极为醒目，具有较强的视觉冲击力与吸引力，低明度背景的衬托以及其本身的强大吸引力，展现出鲜活、震撼、强烈的效果。

点缀色：

深红棕色与鲜黄色强烈的明暗对比虽然带来强烈的视觉刺激，强化了作品的视觉冲击力，但两者对比过于鲜明，未免产生烦躁感。因此加入白色作为点缀色，白色的光元素由文字左侧逐渐转移到右侧，产生文字被照亮的效果，给人一种光芒涌动的视觉感受，同时使文字更加清晰、生动，更好地展现了文字内容。

## 版面构图

本案例中文字位于画面中央位置，同时占据画面的视觉焦点，具有较强的视觉冲击力。背景采用暗角的效果使画面向内收缩，产生“框架”感，更加突出主体文字。黄色的文字与白色的光芒元素皆为高明度色彩，与深色背景形成鲜明的明暗对比，使观者目光集中于文字上方，更快地接收主题信息，如图5-18和图5-19所示。

图5-18　　图5-19

## 操作思路

本案例应用“椭圆工具”“横排文字工具”“高斯模糊”效果、“镜头光晕”效果制作炫光游动文字动画。

## 操作步骤

1 右击“项目”面板空白位置处，在弹出的快捷菜单中选择“新建合成”命令，在弹出的“合成设置”窗口中，设置“合成名称”为01，设置“预设”为NTSC DV，设置“宽度”为720 px、“高度”为480 px、“像素长宽比”为D1|DV NTSC（0.91）、“帧速率”为29.97帧/秒、“持续时间”为4秒，单击“确定”按钮。在“时间轴”面板中右键单击空白位置处，在弹出的快捷菜单中执行“新建”|“纯色”命

令，如图5-20所示。

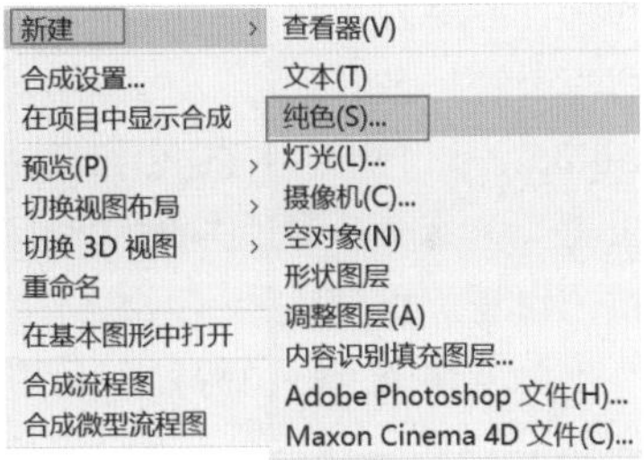

图5-20

❷ 在弹出的“纯色设置”对话框中设置“名称”为“背景”，“颜色”为深红色，如图5-21所示。

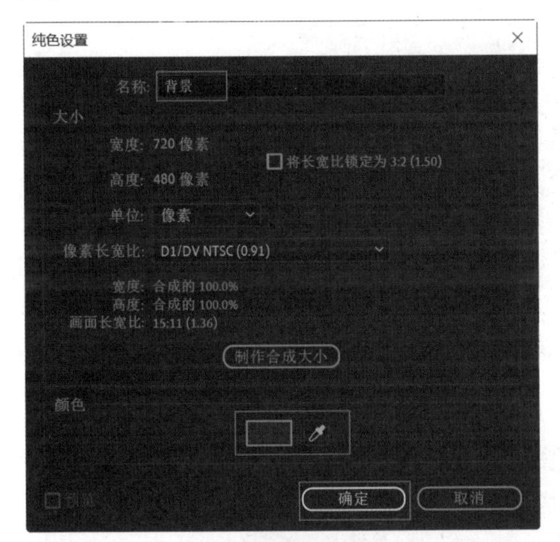

图5-21

❸ 此时画面效果如图5-22所示。

图5-22

❹ 再次在“时间轴”面板中右键单击空白位置处，在弹出的快捷菜单中执行“新建”|“纯色”命令，如图5-23所示。

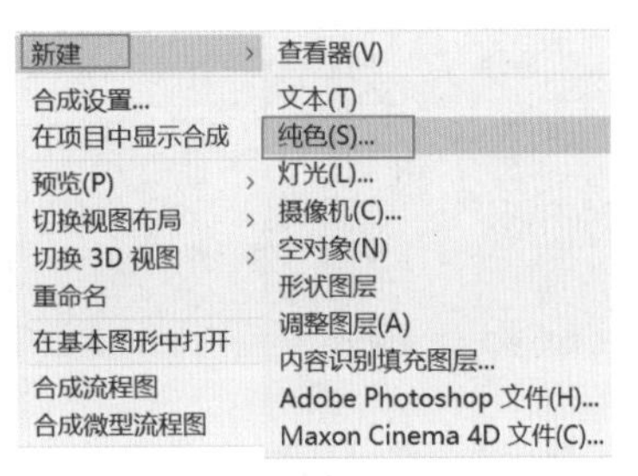

图5-23

❺ 在弹出的“纯色设置”对话框中设置“名称”为“Mask”，“颜色”为黑色，如图5-24所示。

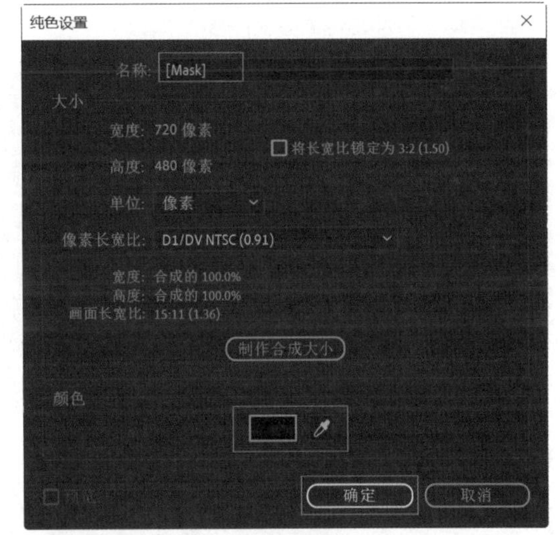

图5-24

❻ 在“时间轴”面板中单击“Mask”图层，在工具栏中单击（椭圆工具）按钮，并拖动出一个椭圆形遮罩，如图5-25所示。

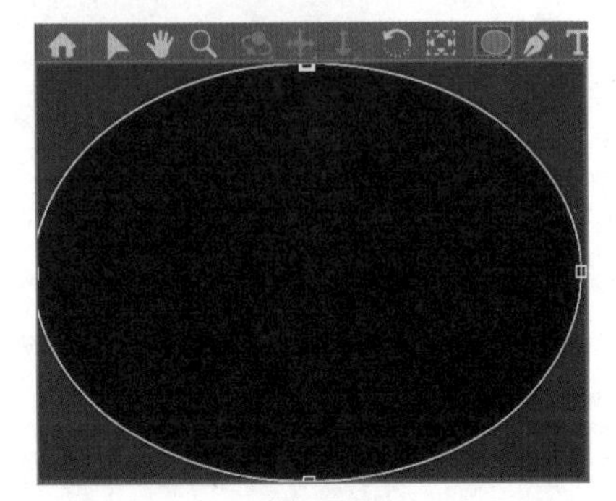
图5-25

❼ 在“时间轴”面板中展开“蒙版”选项组，勾选“反转”复选框，设置“蒙版羽化”为（150.0,150.0像素），如图5-26所示。

图5-26

⑧ 在“时间轴”面板中单击“横排文字工具”T，输入文字并设置合适的“字体系列”和“字体样式”，设置“文字颜色”为黄色，“字体大小”为78像素，如图5-27所示。

⑨ 在“时间轴”面板中选择文字，设置混合模式为“相加”。展开“文本”|“更多选项”，设置“锚点分组”为“行”，“分组对齐”为（0.0,-50.0%）。将时间线拖动到起始时间，单击“位置”“缩放”前面的⏱（时间变换秒表）按钮，设置“位置”为（-55.6,302.3）、“缩放”为（246.0,246.0%）。如图5-28所示。接着将时间线拖动至第2秒19帧位置处，设置“位置”为（199.4,368.3）、“缩放”为（86.9,86.9%），将时间线拖动到第4秒06帧位置处，设置“缩放”为（85.3,85.3%）。

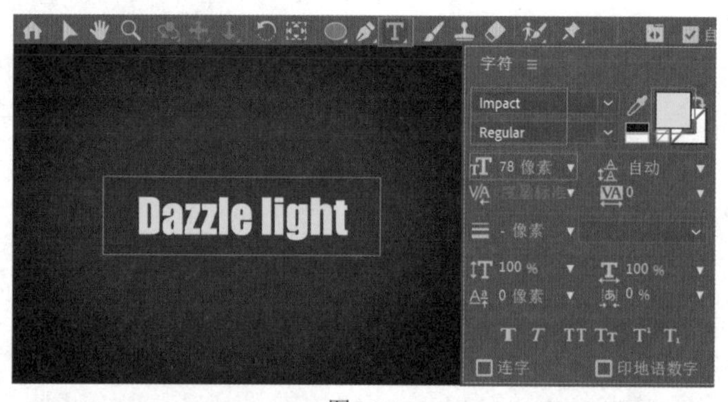


图5-27

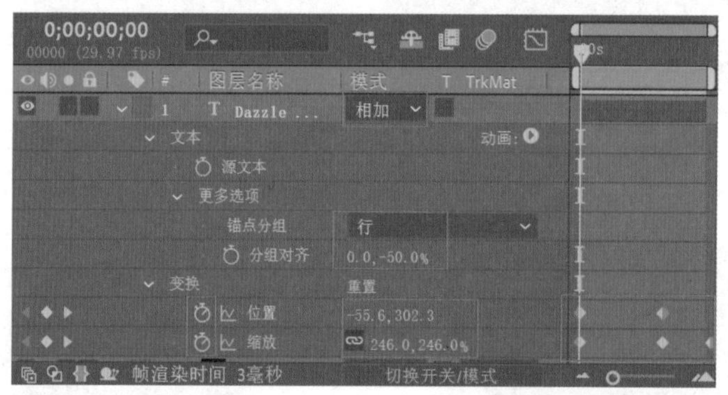


图5-28

⑩ 在“效果和预设”面板中搜索“高斯模糊”效果，接着将该效果拖曳到“时间轴”面板中的文字图层上，如图5-29所示。

⑪ 在“时间轴”面板中单击选择文字图层，展开“效果”|“高斯模糊”，将时间线拖动到起始时间，单击“模糊度”前面的⏱（时间变换秒表）按钮，设置“模糊度”为45.0，如图5-30所示。接着将时间线拖动至第1秒04帧位置处，设置“模糊度”为0。

图5-29

图5-30

⑫ 再次在“时间轴”面板中右键单击空白位置处，在弹出的快捷菜单中执行“新建”|“纯色”命令，如图5-31所示。

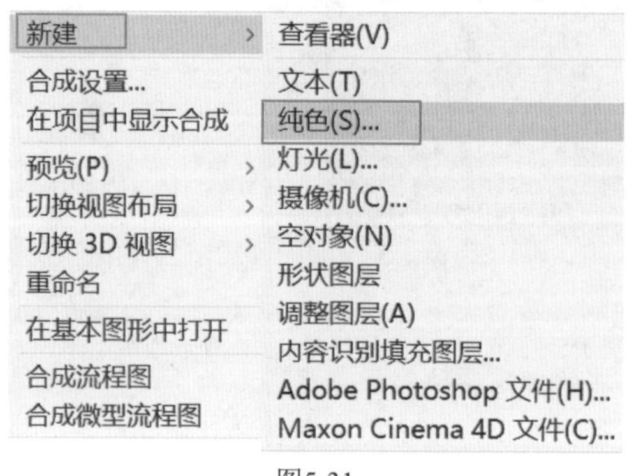


图5-31

⑬ 在弹出的“纯色设置”对话框中设置“名称”为“光晕”，“颜色”为黑色，如图5-32所示。

⑭ 在“效果和预设”面板中搜索“光晕”效果，接着将该效果拖曳到“时间轴”面板中的“光晕”图层上，如图5-33所示。

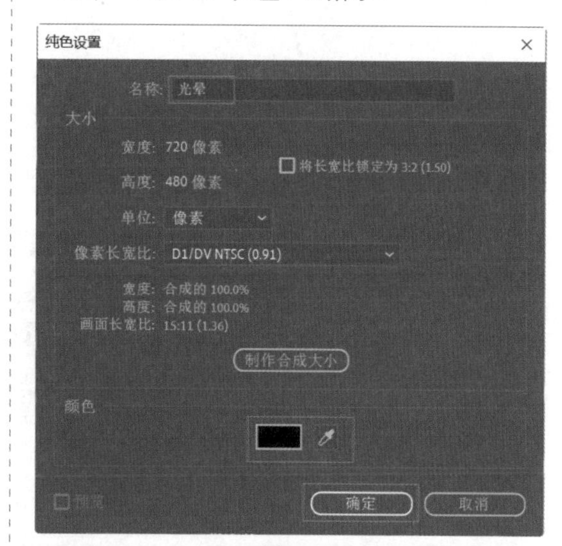


图5-32

图5-33

⑮ 在“时间轴”面板中单击“光晕”图层，设置混合模式为“相加”。接着展开“效果”|“镜头光晕”，将时间线拖动到起始时间，单击“光晕中心”前面的（时间变换秒表）按钮，设置“光晕中心”为（7.0,232.2），如图5-34所示。然后将时间线拖动至第3秒29帧，设置“光晕中心”为（603.1,251.1），设置“镜头类型”为“105毫米定焦”。

⑯ 至此本案例制作完成，拖动时间线查看画面效果，如图5-35所示。

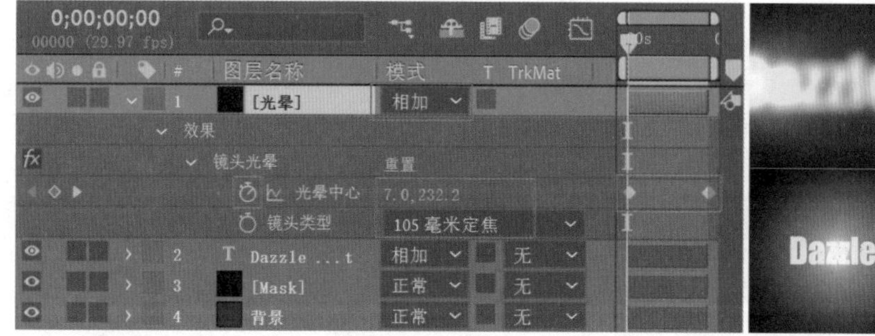


图5-34

图5-35

## 5.2.2 实例：冰冻过程动画

### 设计思路

案例类型：

本案例是雏菊冰冻特效制作作品，如图5-36所示。

图5-36

项目诉求：

本案例通过冰晶的不断增加展现出花朵逐渐被冰冻的效果，使画面温度感不断下降。通过晶莹剔透的冰晶将雏菊冰封的效果展现唯美、梦幻的场景，向观者演示出合成特效的制作过程，给人以吸睛、浪漫、生动的印象。

设计定位：

本案例为冰冻特效制作视频，通过整幅画面表现鲜花逐渐被冰冻的过程。选择模糊的花丛作为背景，与清晰的雏菊形成鲜明对比，使观者将目光聚拢在花朵上，让冰冻效果更加鲜明、直观，从而使特效效果深入人心，留下深刻印象。

### 配色方案

深黄绿色与白色搭配，使整体色调明度较为适中，给人以自然、舒适、温馨的视觉印象，并以鲜艳色彩作为点缀，使整体画面更加鲜活，如图5-37所示。

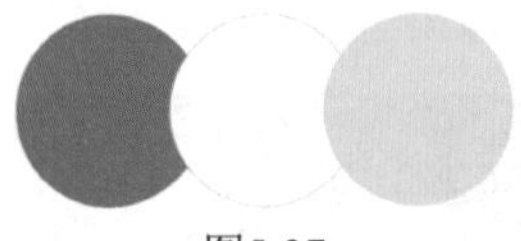

图5-37

主色：

黄绿色色彩的纯度与明度适中，将其作为画面主色进行使用，营造了均衡、温馨、适中的画面温度与气氛，使整个视频更加吸睛。同时通过冰冻效果的不断强化，黄绿色发生层次的变化，丰富了色彩表现效果，强化了画面质感。

辅助色：

使用明度较高的白色作为辅助色，白色作为花瓣的色彩，具有洁净、清爽、明亮的视觉效果，给人以明媚、干净的印象，打造出清爽、明快、温馨的视频风格，展现出鲜活、蓬勃的生命气息。

点缀色：

黄绿色与白色两种色彩的搭配较为和谐，但这种搭配色彩的视觉冲击力与吸引力较弱。因此使用黄色作为点缀色，明亮的黄色花蕊赋予花朵以旺盛的生命力，整个画面盎然生机，并与最终的冰冻效果形成鲜明对比。

## 版面构图

本案例采用满版型的构图方式，将主体物铺满整个版面，具有较强的视觉吸引力。整个画面以模糊、朦胧的花丛作为背景，与前景的雏菊花朵形成鲜明的对比，同时两种色彩不同的纯度丰富了整个画面的色彩层次，使前方的花朵更加醒目、清晰。冰封后的冰晶晶莹剔透，丰富了画面质感的同时降低了画面视觉温度，给人以凉爽、安静的视觉感受，具有较强的感染力，如图5-38和图5-39所示。

图5-38

图5-39

## 操作思路

本案例通过为素材添加CC WarpoMatic效果制作冰花效果，并设置关键帧动画制作冰冻动画过程。

## 操作步骤

❶ 新建项目、序列。导入文件。执行“文件”|“新建”|“项目”命令，新建一个项目。执行“文件”|“新建”|“序列”命令。接着执行“文件”|“导入”|“文件”命令，导入全部素材文件如图5-40所示。

图5-40

❷ 在“项目”面板中将“01.jpg”素材文件拖曳到“时间轴”面板中，如图5-41所示。

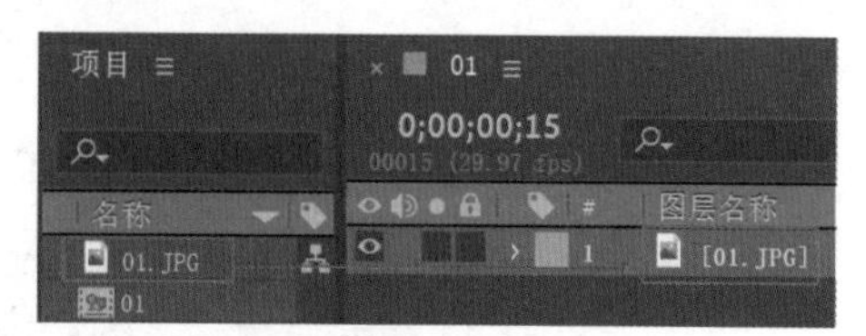


图5-41

❸ 查看此时的画面效果，如图5-42所示。

图5-42

❹ 在“效果和控件”面板中搜索CC WarpoMatic效果，接着将该效果拖曳到“01.jpg”素材文件上，如图5-43所示。

图5-43

5 在“时间轴”面板中单击“01.jpg”素材文件，展开“效果”|CC WarpoMatic，设置Completion为75.0，Warp Direction为Twisting。将时间线拖动到起始时间，单击Smoothness、Warp Amount前面的 （时间变换秒表）按钮，设置Smoothness为5.00、Warp Amount为 0.0，如图5-44所示。将时间线拖动至第4秒29位置处，设置Smoothness为10.00、Warp Amount为600.0。

6 至此本案例制作完成，拖动时间线查看此时画面效果，如图5-45所示。

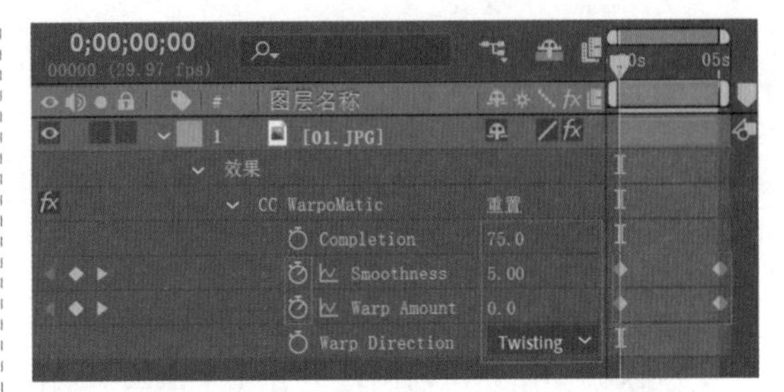

图5-44

图5-45

## 5.2.3 实例：彩虹球分散动画

### 设计思路

案例类型：

本案例是花朵扩散为彩虹球的特效制作作品，如图5-46所示。

图5-46

项目诉求：

本案例是一个关于将马赛克花朵变为分散的彩虹球的特效制作。通过彩色圆球的分散、大小以及位置的变化展现出动态粒子的效果，形成较强的爆发力，极具视觉冲击力与趣味感。

设计定位：

本案例以图像铺满画面，具有较强的、直观的视觉冲击力，同时以鲜艳、饱满的色彩迅速吸引观者目光，使特效效果更加震撼。而彩虹球由规整变为散乱的过程中，赋予画面以灵动、自由的气息，给人以个性、鲜活的印象。

## 配色方案

灰白色的背景色彩较为朴实、内敛，同时视觉吸引力较小。因此其上的鲜艳色彩更加突出、醒目，使彩虹球的分散效果更加鲜明，如图5-47所示。

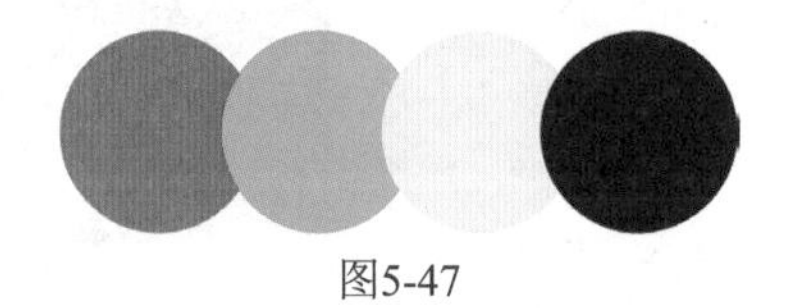

图5-47

主色：

玫红色作为画面主色，呈现出层次分明、富于变化的视觉效果，通过明度的变化产生邻近色对比，丰富了花瓣的色彩层次，使画面气氛更加鲜活，增强了画面的视觉冲击力。

辅助色：

使用明度不同的绿色作为辅助色，与玫红色形成强烈的对比，具有极强的视觉冲击力，同时使花朵更加生机盎然，赋予画面鲜活的生命力。

点缀色：

玫红色与绿色的鲜明对比，具有极强的视觉冲击力，而灰白色与黑色的背景很好地中和了鲜艳色彩的冲击力。视频开始的灰白色背景在彩虹球分散的过程中转变为黑色背景，赋予画面神秘气息，使画面更显重量感，丰富了画面的视觉表现力。

## 版面构图

本案例使用满版型的构图方式，将主体物铺满整个画面，极具视觉冲击力。整个画面由最初的灰白色背景变为深邃的黑色背景，通过无彩色的背景应用，将主体物衬托得更加醒目。鲜活的花瓣转变为彩虹球的过程展现出动态粒子的变化过程，赋予画面意趣，具有较强的趣味感与吸引力，如图5-48和图5-49所示。

图5-48　　图5-49

### 操作思路

本案例通过为素材添加CC Ball Action效果制作画面中的小球效果，添加“色相/饱和度”效果丰富画面色彩，添加CC Plastic效果制作塑料质感。

## 操作步骤

❶ 新建项目、序列并导入文件。执行“文件”|“新建”|“项目”命令，新建一个项目。执行“文件”|“新建”|“序列”命令。接着执行“文件”|“导入”|“文件”命令，导入全部素材文件，如图5-50所示。

图5-50

❷ 在“项目”面板中将“03.jpg”素材文件拖曳到“时间轴”面板中，如图5-51所示。

图5-51

❸ 查看此时的画面效果，如图5-52所示。

图5-52

❹ 在“效果和预设”面板中搜索CC Ball Action效果并将该效果拖曳到“03.jpg”素材文件上，如图5-53所示。

❺ 在“时间轴”面板中单击“03.jpg”素材文件，接着展开“效果”|CC Ball Action，将时间线拖动到起始时间，单击Scatter前面的◙（时间变换秒表）按钮，设置Scatter为0.0，如图5-54所示。将时间线拖动至第5秒29位置处，设置Scatter为1000.0。

图5-53

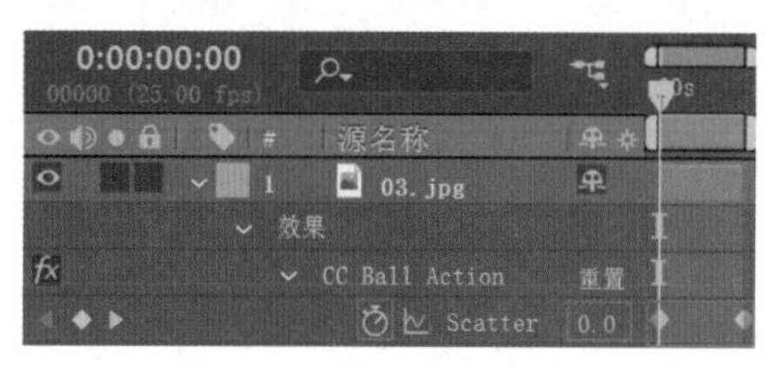


图5-54

❻ 在“效果和预设”面板中搜索“色相/饱和度”效果，并将该效果拖曳到03.jpg素材文件上，如图5-55所示。

图5-55

❼ 在“时间轴”面板中单击“03.jpg”素材文件，接着展开“效果”|“色相/饱和度”，设置“主饱和度”为50，如图5-56所示。

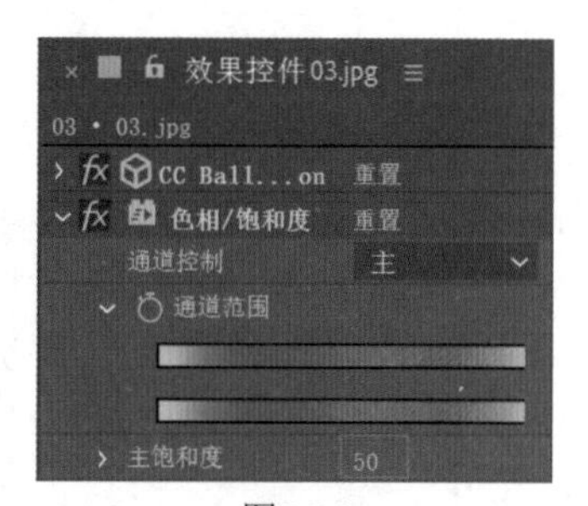


图5-56

❽ 拖动时间线查看此时的画面效果，如图5-57所示。

❾ 在“效果和预设”面板中搜索CC Plastic效果，并将该效果拖曳到“03.jpg”素材文件上，如图5-58所示。

图5-57

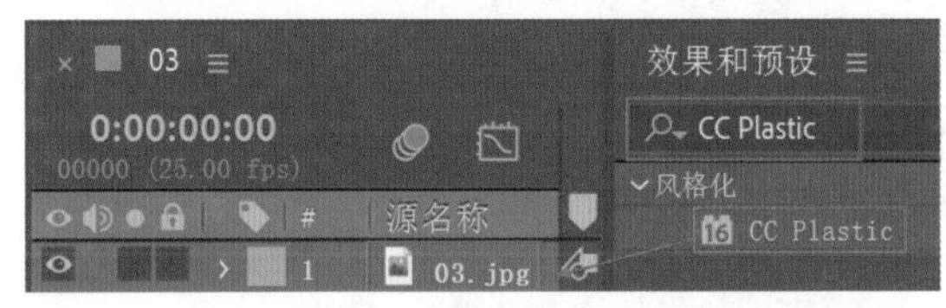

图5-58

⑩ 在"时间轴"面板中单击"03.jpg"素材文件，接着展开"效果"|CC Plastic效果，设置Light Intensity为200.0，Dust为30.0，Roughness为0.050，如图5-59所示。

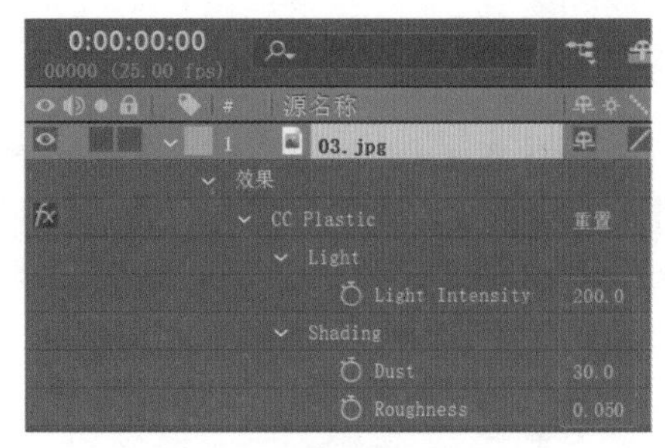

图5-59

⑪ 拖动时间线，查看彩虹球分散动画效果，如图5-60所示。

图5-60

## 5.2.4 实例：光线粒子效果

### 设计思路

案例类型：

本案例是光线粒子组合文字的特效制作作品，如图5-61所示。

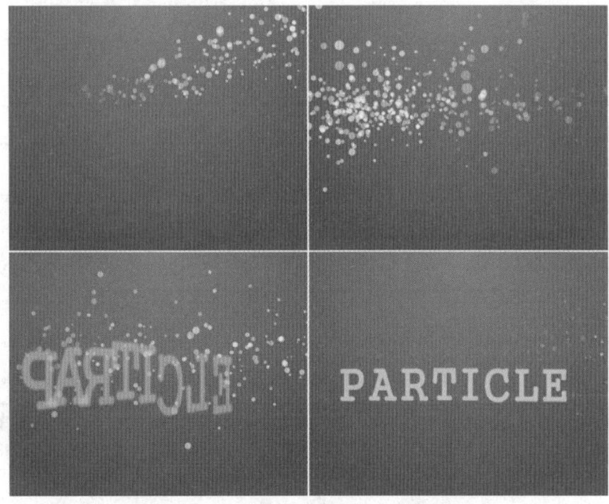

图5-61

项目诉求：

本案例是一个由动态粒子组合成文字的特效制作展示视频，展现出卡通文字的趣味化制作效果，并通过深邃的海洋背景呈现出唯美、空灵的视觉效果，给人以静谧、灵动、优美的印象。

设计定位：

本案例采用文字为主、背景为辅的画面布置方式。将深邃、冰冷的深蓝色海洋作为画面背景，营造出幽深、安静的氛围，并通过光线粒子的不断移动构成卡通文字，整体给人以俏皮、唯美的视觉印象。

## 配色方案

蔚蓝色的大海背景与青蓝色的文字丰富了画面的色彩层次，同时使整体色彩和谐、自然，给人以清凉、唯美、梦幻的视觉感受，如图5-62所示。

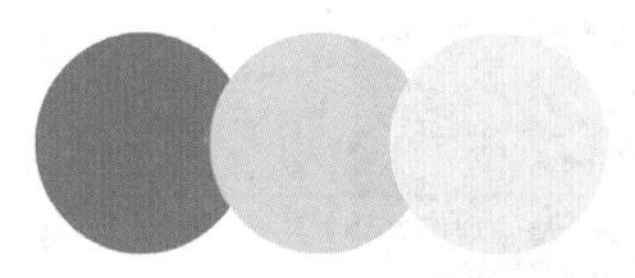

图5-62

主色：

蔚蓝色色彩深沉、冷静，将其作为主色营造深邃、广阔的效果，使海洋背景更加真实、生动，令人联想到悠远、冰冷的海水，具有较强的感染力。

辅助色：

使用青蓝色作为文字色彩，与海洋背景形成鲜明的邻近色对比，丰富了画面色彩层次，整体呈蓝色调，营造出空灵、唯美的质感，令人产生童话般的感受。

点缀色：

蔚蓝色与青蓝色是邻近色，形成冷色调色彩奠定整体画面清冷、唯美调性，但难免过于统一、单调。因此将浅灰白色作为点缀色，提升画面明度，同时活跃画面气氛，增添轻快的气息，使整个画面更具视觉吸引力。

## 版面构图

本案例采用重心型的构图方式，将主体文字在版面中间位置进行呈现，形成醒目、清晰、直观的视觉效果，具有较强的视觉吸引力；同时文字位于画面重心处，给人以平衡、稳定的感受。整体画面以深邃的蓝色渐变海洋为背景，通过渐变的蓝色使海洋背景富于变化，增强了画面的质感。光线粒子由右侧向左侧移动的过程中不断变小，具有较强的视觉引导性，最终使观者视线向中心文字定格，直白地展现了作品主题，如图5-63和图5-64所示。

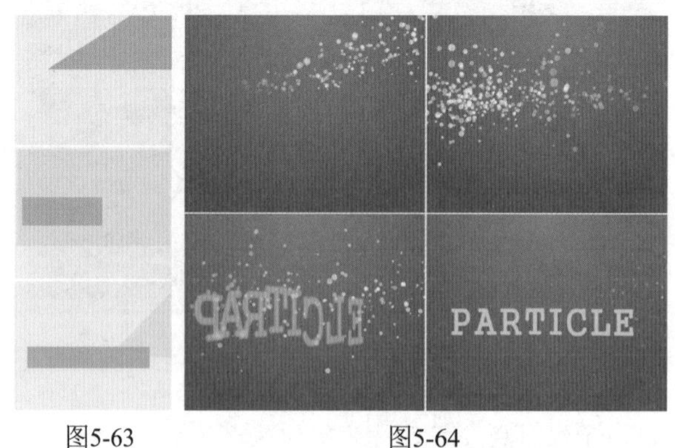


图5-63　　图5-64

## 操作思路

本案例应用“梯度渐变”效果制作蓝色背景，应用CC Particle World效果制作粒子效果，应用关键帧动画制作动画，应用“横排文字工具”创建一组文字，应用“3D下飞和展开”效果制作文字动画。

## 操作步骤

1 右击“项目”面板空白位置处，在弹出的快捷菜单中选择“新建合成”命令，在弹出的“合成设置”窗口中，设置“合成名称”为Comp 1，设置“预设”为“自定义”，设置“宽度”为720 px、“高度”为576 px、“像素长宽比”为“方形像素”、“帧速率”为25帧/秒、“持续时间”为5秒，单击“确定”按钮。然后在“时间轴”面板中右键单击空白位置处，在弹出的快捷菜单中执行“新建”|“纯色”命令，如图5-65所示。

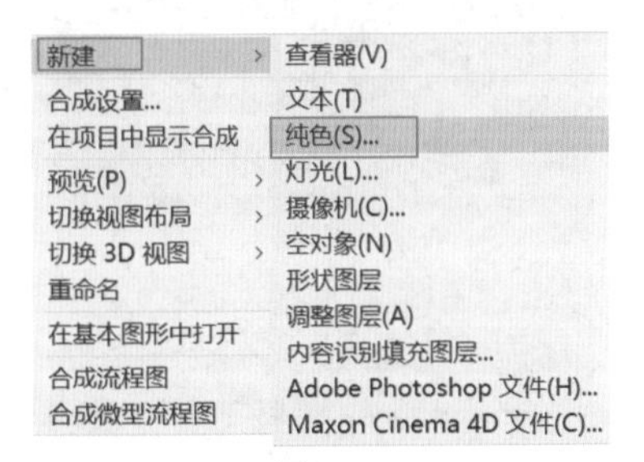


图5-65

2 在弹出的“纯色设置”对话框中设置“名称”为“背景”，“颜色”为黑色，如图5-66所示。

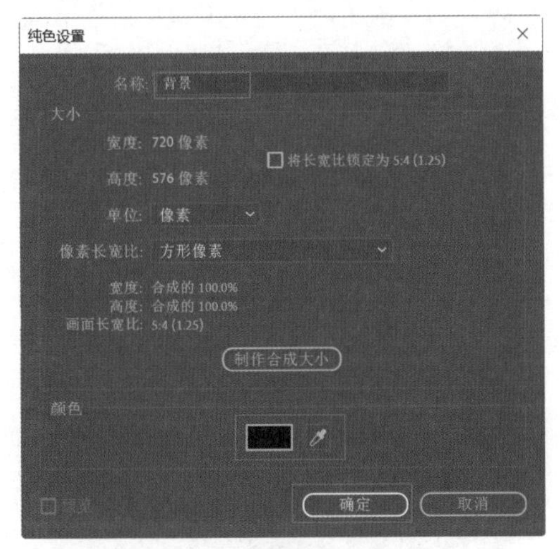


图5-66

3 此时画面效果如图5-67所示。

图5-67

4 在“效果和预设”面板中搜索“梯度渐变”效果，并将该效果拖曳到“背景”图层上，如图5-68所示。

图5-68

5 在“时间轴”面板中单击“背景”图层，设置“起始颜色”为蓝色、“结束颜色”为深蓝色，设置“渐变形状”为“径向渐变”，如图5-69所示。

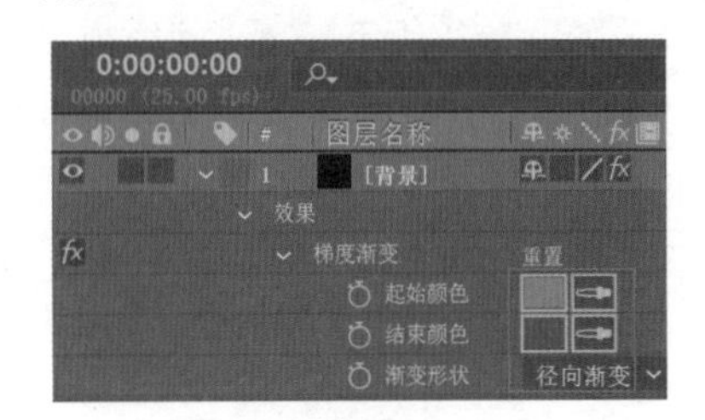


图5-69

6 再次在“时间轴”面板中右键单击空白位置处，在弹出的快捷菜单中执行“新建”|“纯色”命令，在弹出的“纯色设置”对话框中设置“名称”为“粒子1”，“颜色”为青色，如图5-70所示。

7 在“效果和预设”面板中搜索CC Particle World效果并将该效果拖曳到“粒子1”图层上，如图5-71所示。

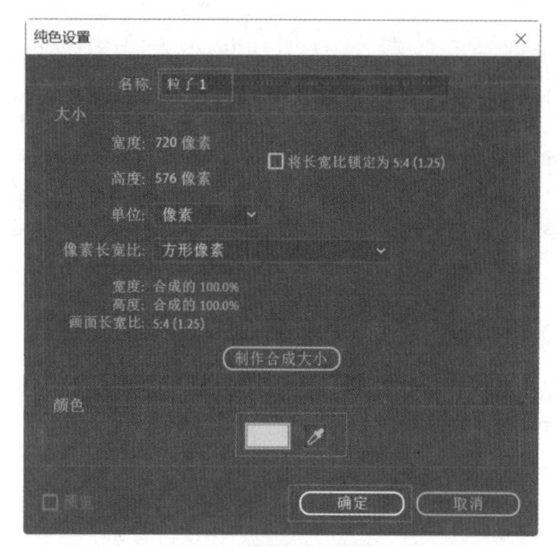


图5-70

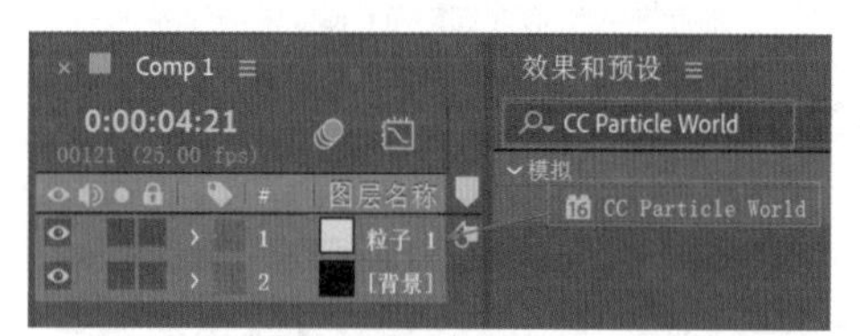


图5-71

8 在“时间轴”面板中单击“粒子 1”图层，展开“效果”|CC Particle World，设置Birth Rate为1.0，Longevity（sec）为2.00。接着展开Producer，将时间线拖动到起始时间，单击Position X和Position Y前面的（时间变换秒表）按钮，设置Position X为0.60、Position Y为-0.36，如图5-72所示。将时间线拖动至第1秒位置处，设置Position X为-0.31、Position Y为-0.06。将时间线拖动至第2秒位置处，设置Position X为-0.31、Position Y为-0.06。将时间线拖动至第3秒位置处，设置Position X为1.22、Position Y为-0.09、设置Position Z为0.500。

图5-72

9 展开Physics，设置Animation为Viscouse，Velocity为0.35，Gravity为0.000。接着展开Particle，设置Particle Type为Lens Convex、Birth Size为0.150、Death Size为0.150，如图5-73所示。

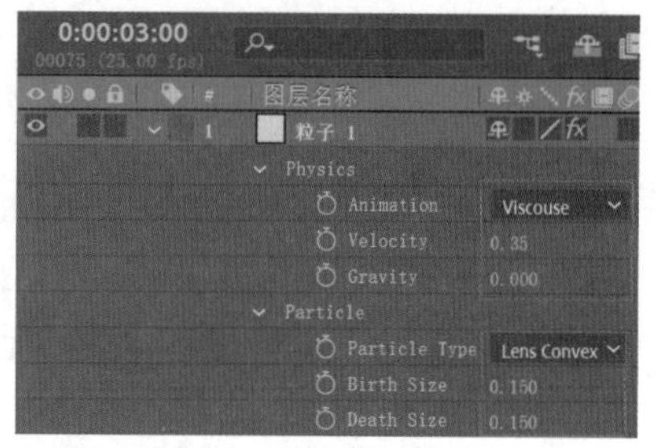


图5-73

10 拖动时间线查看此时的画面效果，如图5-74所示。

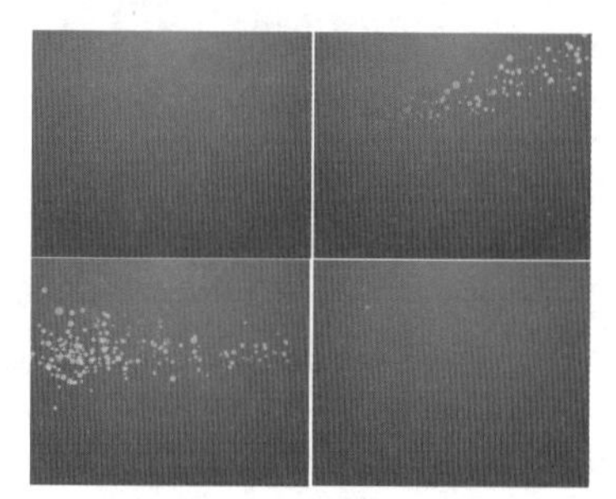

图5-74

11 再次在“时间轴”面板中右键单击空白位置处，在弹出的快捷菜单中执行“新建”|“纯色”命令，在弹出的“纯色设置”对话框中设置“名称”为“粒子2”，“颜色”为白色，如图5-75所示。

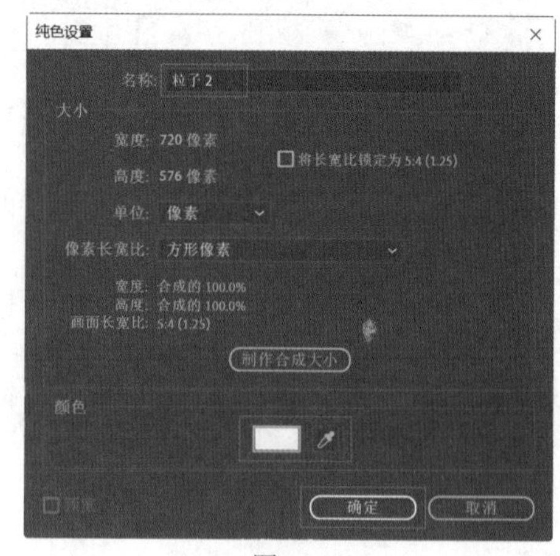


图5-75

12 在“效果和预设”面板中搜索CC Particle World效果并将该效果拖曳到“粒子2”图层上，如图5-76所示。

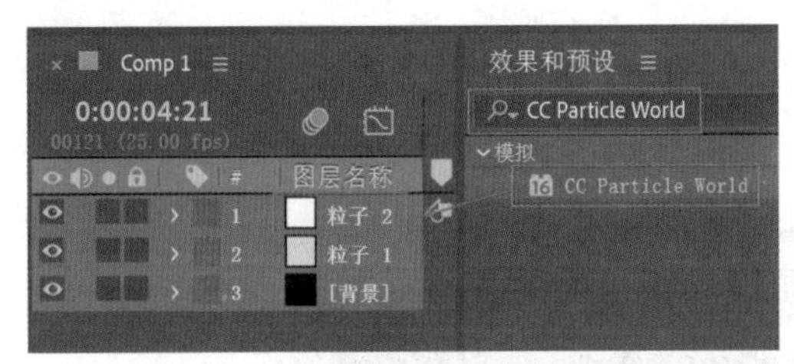


图5-76

13 在“时间轴”面板中单击“粒子 2”图层，单击展开“效果”|CC Particle World，设置Birth Rate为1.0，Longevity（sec）为2.00，接着展开Producer，将时间线拖动到起始时间，单击Position X和Position Y前面的◙（时间变换秒表）按钮，设置Position X为0.60、Position Y为-0.36，如图5-77所示。将时间线拖动至第1秒位置处，设置Position X为-0.31、Position Y为-0.06。将时间线拖动至第2秒位置处，设置Position X为-0.31、Position Y为-0.06。将时间线拖动至第3秒位置处，设置Position X为1.22、Position Y为-0.09、设置Position Z为0.500。

图5-77

14 展开Physics，设置Animation为Viscouse、Velocity为0.55、Gravity为0.000，接着展开Particle，设置Particle Type为Lens Convex、Birth Size为0.150、Death Size为0.150，如图5-78所示。

15 在工具栏中单击◙（横排文字工具），输入文字并设置合适的“字体系列”和“字体样式”，设置“文字颜色”为蓝色，“字体大小”为97像素。单击◙（仿粗体）按钮、◙（全部大写）按钮，如图5-79所示。

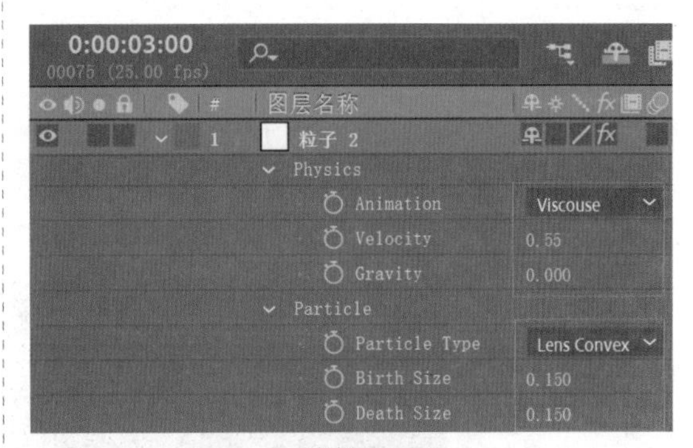


图5-78

图5-79

16 在“效果和预设”面板中搜索“3D下飞和展开”效果，并将该效果拖曳到文本图层上，如图5-80所示。

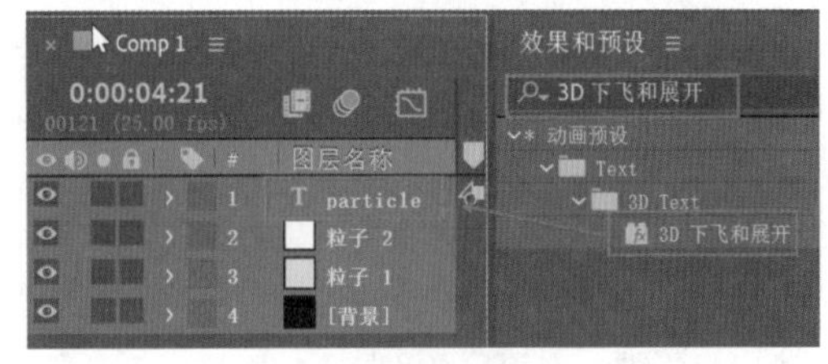


图5-80

17 至此本案例制作完成，拖动时间线查看画面效果，如图5-81所示。

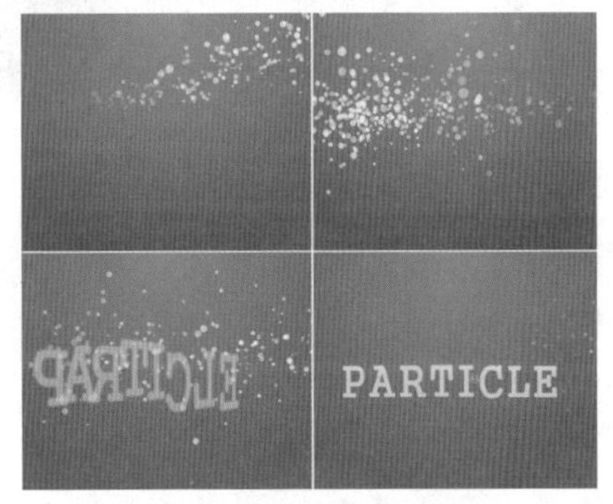


图5-81

## 5.2.5 实例：火焰特效

### 设计思路

案例类型：

本案例是关于火焰特效制作的作品，如图5-82所示。

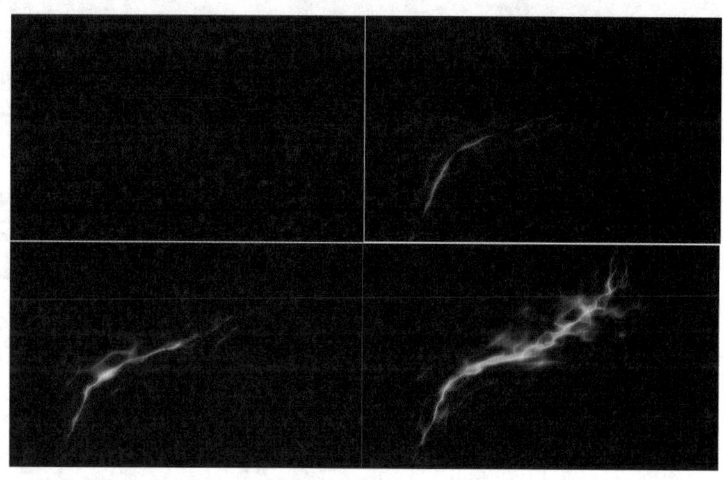

图5-82

项目诉求：

本案例是一个火焰特效的展示作品，通过微小的火苗逐渐燃烧的变化，点燃画面温度，带来灼热、旺盛的视觉感受。设计直观地体现出作品内容，给人以清晰、一目了然的感觉。

设计定位：

本案例以大面积黑色作为画面背景，将其上的主体火焰衬托得更加鲜活、明亮，展现出蓬勃绽放的生命力，同时将温度提升，起到点燃情绪的作用，令人感受到灼热、外放的气息，使作品主题直观地展现。

### 配色方案

深沉的黑色与温暖、明媚的橙红色搭配，形成强烈的明暗与温度对比，带来强烈的视觉刺激，如图5-83所示。

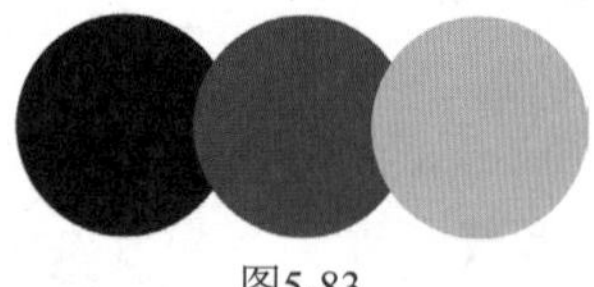

图5-83

主色：

黑色具有较强的视觉重量感，又极具深度感，具有深沉、幽暗的视觉特点。将黑色作为作品背景色，展现出深邃、神秘的气氛，营造极具吸引力的画面。同时黑色具有视觉上的远离感，将主体火焰衬托得更加醒目。

辅助色：

深橙红色与橙黄色作为火焰外部与内部的色彩，呈现出灼灼燃烧的视觉效果，使火焰效果更加真实、生动，通过真实感的塑造赋予作品极强的感染力，将画面气氛点燃，令人产生灼热、鲜活的感觉。

## 版面构图

本案例的主体火焰元素采用倾斜的构图方式，逐渐由左及右慢慢扩散，使火焰燃烧的效果更加形象。黑色背景将火焰衬托得更加明亮、吸睛，同时低沉的黑色可赋予画面神秘感。火焰呈倾斜形燃烧，给人以火焰被风吹过的感受，增强了画面延伸感，提升了画面的视觉吸引力，如图5-84和图5-85所示。

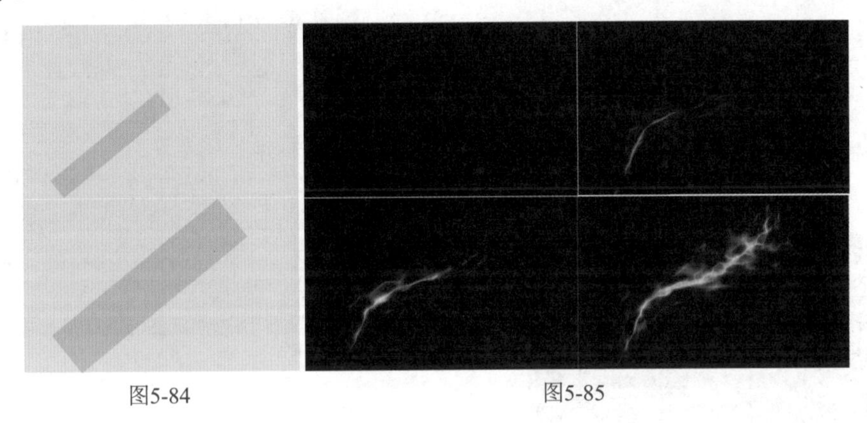

图5-84　　图5-85

### 操作思路

本案例首先创建纯色图层，再使用CC Particle World、“高斯模糊”、CC Vector Blur效果创建出光的效果，接着使用“网格变形”效果调整形状，最后使用“曲线”、混合模式效果制作火焰效果。

### 操作步骤

❶ 右击“项目”面板空白位置处，在弹出的快捷菜单中选择“新建合成”命令，在弹出的“合成设置”窗口中，设置“合成名称”为“合成1”，设置“预设”为“自定义”，设置“宽度”为1160 px、“高度”为720 px、“像素长宽比”为“方形像素”、“帧速率”为24帧/秒、“持续时间”为2秒，单击“确定”按钮。然后在“时间轴”面板中右键单击空白位置处，在弹出的快捷菜单中执行“新建”|“纯色”命令，如图5-86所示。

❷ 在弹出的“纯色设置”对话框中设置“名称”为“黑色纯色1”，“颜色”为黑色，如图5-87所示。

❸ 查看此时画面效果，如图5-88所示。

❹ 在“时间轴”面板中右键单击空白位置处，在弹出的快捷菜单中执行“新建”|“纯色”命令，在弹出的“纯色设置”对话框中设置“名称”为“粒子”，“颜色”为白色，接着单击“确定”按钮，如图5-89所示。

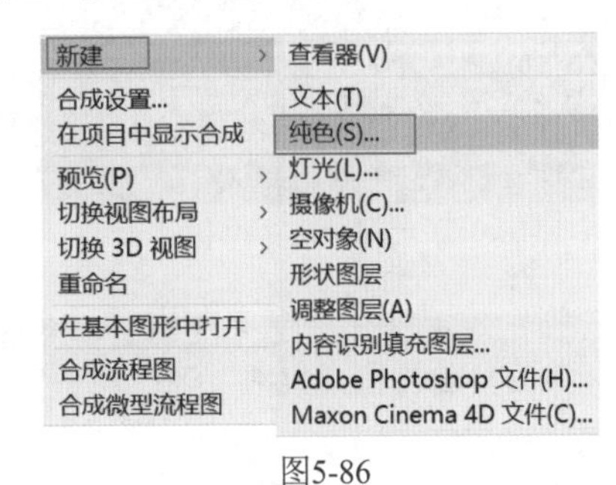


图5-86

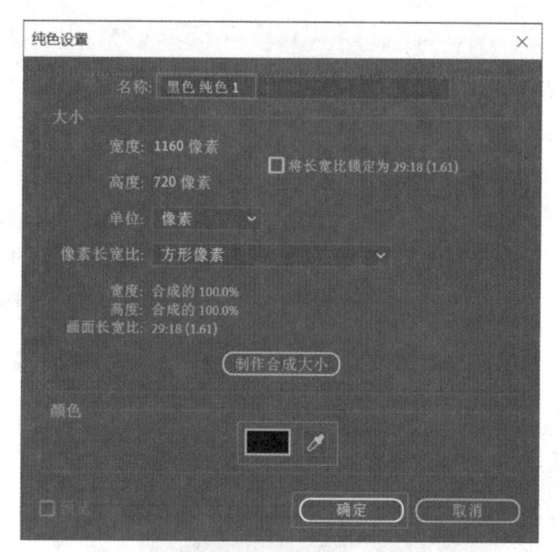


图5-87

图5-88

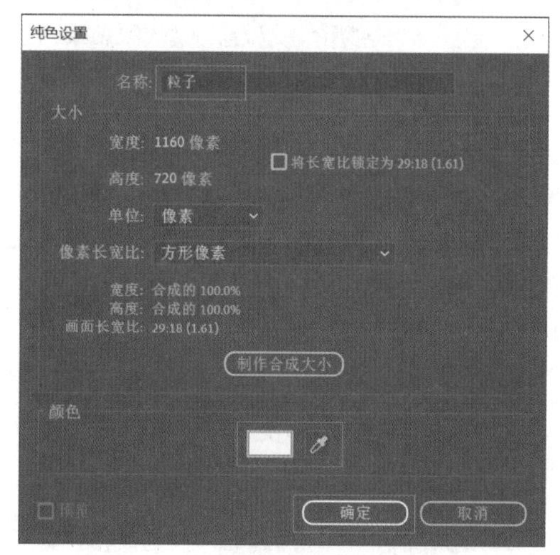


图5-89

5 在“效果和预设”面板中搜索CC Particle World效果，接着将该效果拖曳到“粒子”图层上，如图5-90所示。

6 在“时间轴”面板中单击“粒子”图层，展开“效果”|CC Particle World，设置Birth Rate为1.7、Longevity（sec）为1.17；展开Producer，设置Position X为-0.36、Radius X为0.220、Radius Y为0.105、Radius Z为0.000，如图5-91所示。

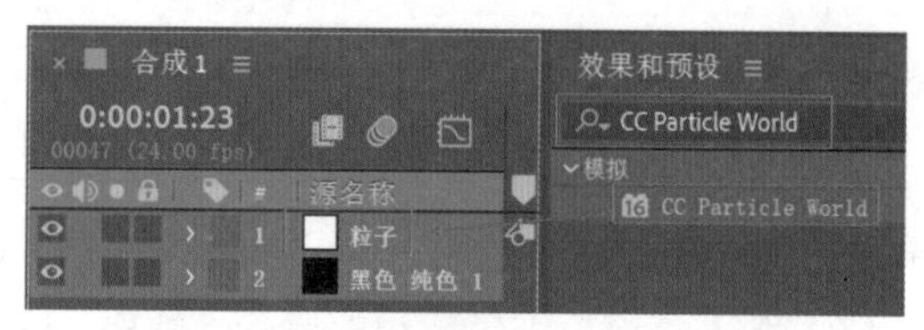


图5-90

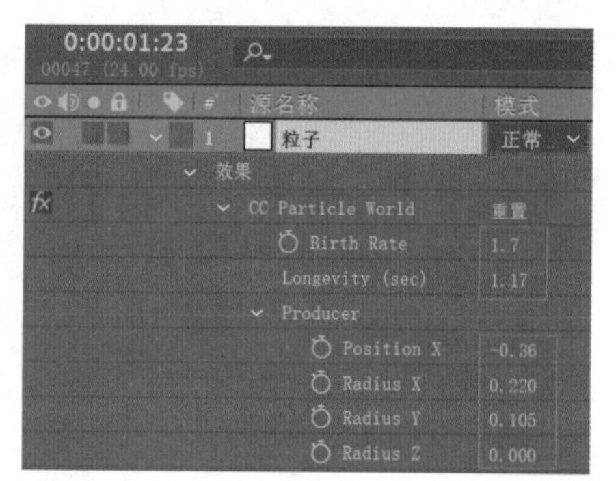


图5-91

7 展开Physics，设置Animation为Direction Axis，设置Velocity为0.74、Velocity表达式为wiggle，设置Gravity为0.000，设置Extra Angle为（0x+0.0°）。接着展开Particle，设置Particle Type为Lens Convex，Birth Size为0.100，Death Size为0.100，Size Variation为61.0%，Max Opacity为100.0%，如图5-92所示。

图5-92

8 在“效果和预设”面板中搜索“高斯模糊”效果，接着将该效果拖曳到“粒子”图层上，如图5-93所示。

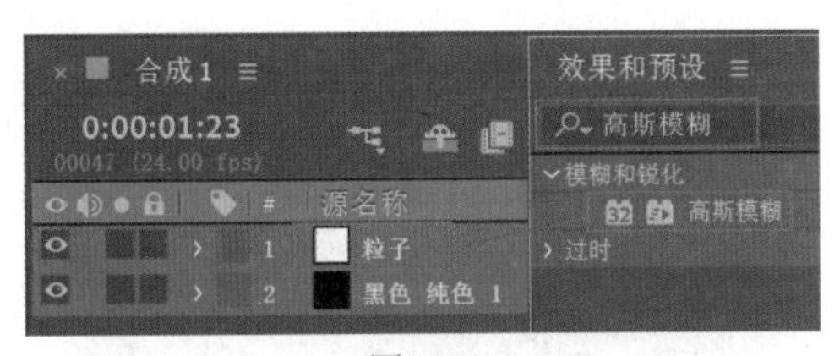


图5-93

⑨ 在“时间轴”面板中单击“粒子”图层，展开“效果”|“高斯模糊”，设置“模糊度”为40.0，“重复边缘像素”为“开”，如图5-94所示。

图5-94

⑩ 在“效果和预设”面板中搜索CC Vector Blur效果，接着将该效果拖曳到“粒子”图层上，如图5-95所示。

图5-95

⑪ 在“时间轴”面板中单击“粒子”图层，展开“效果”|CC Vector Blur，设置Amount为24.0，Property为Alpha，如图5-96所示。

⑫ 拖动时间线，此时画面效果如图5-97所示。

图5-96

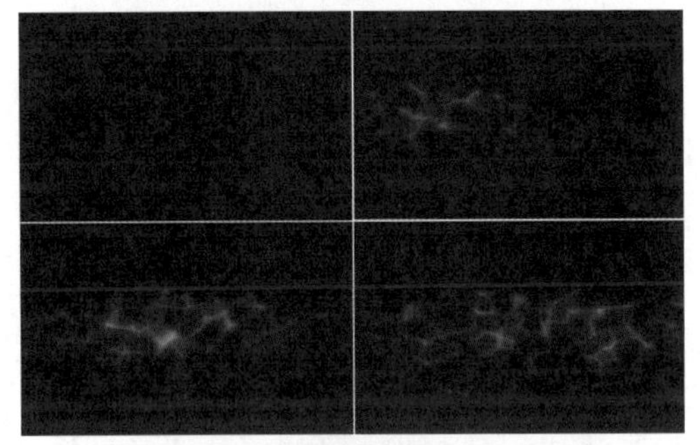

图5-97

⑬ 在“时间轴”面板中单击选择“粒子”图层，按住Alt键并向上垂直拖曳，如图5-98所示。

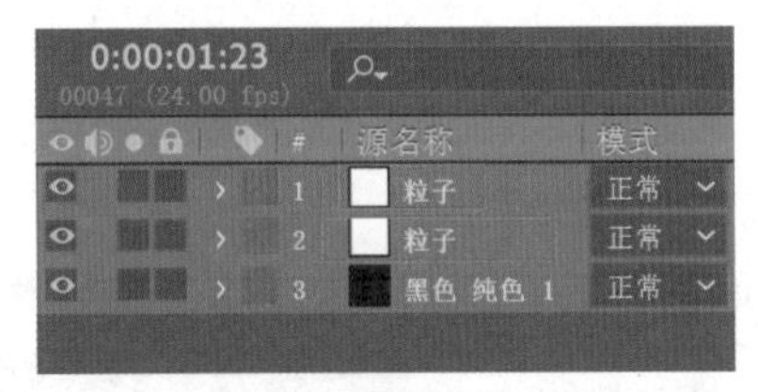


图5-98

⑭ 单击图层1的“粒子”图层，展开“效果”|CC Particle World，设置Radius Y为0.010，接着展开Physics，设置Velocity为0.64，Velocity表达式为wiggle（7,.4），如图5-99所示。

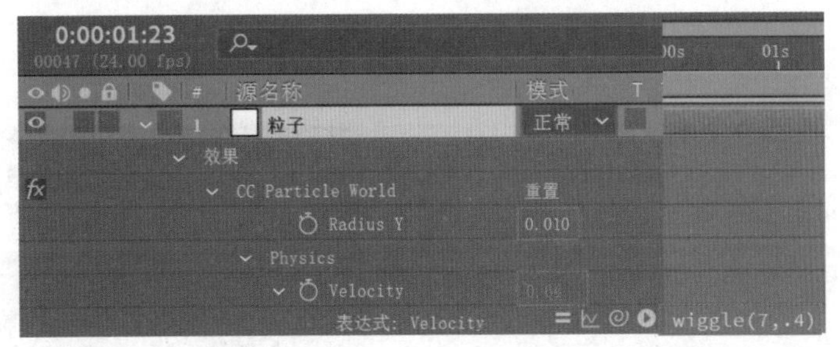


图5-99

⑮ 展开“高斯模糊”，修改“模糊度”为21.0，如图5-100所示。

图5-100

⑯ 在“时间轴”面板中右键单击空白位置处，在弹出的快捷菜单中执行“新建”|“调整图层”命令，如图5-101所示。

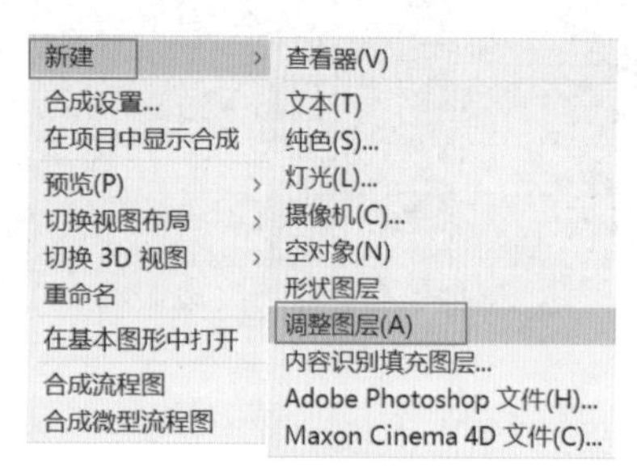


图5-101

⑰ 在“效果和预设”面板中搜索“网格变形”效果，接着将该效果拖曳到“调整图层1”图层上，如图5-102所示。

图5-102

⑱ 在“时间轴”面板中单击“调整图层1”图层，展开“效果”|“网格变形”，设置“行数”和“列数”均为5，如图5-103所示。

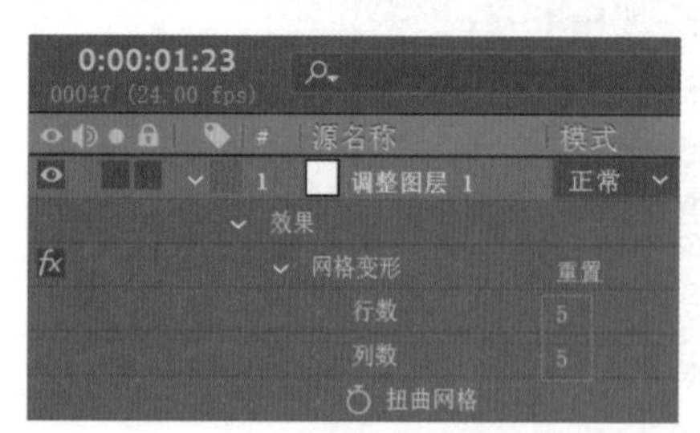


图5-103

⑲ 在“合成”面板中调整网格到合适的形状，如图5-104所示。

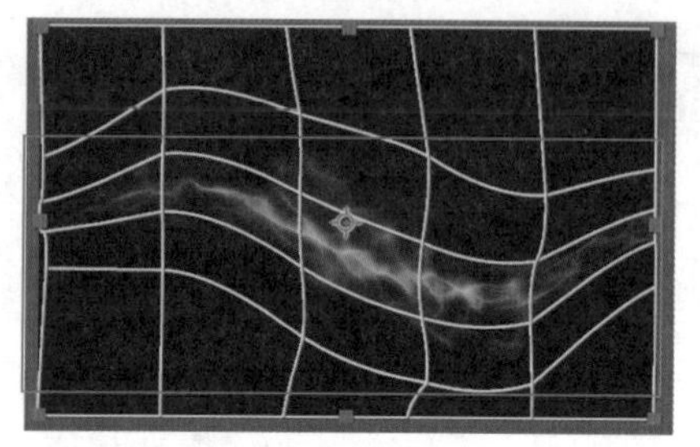

图5-104

⑳ 在“时间轴”面板中框选所有文件，右键单击，在弹出的快捷菜单中执行“预合成”命令，如图5-105所示。

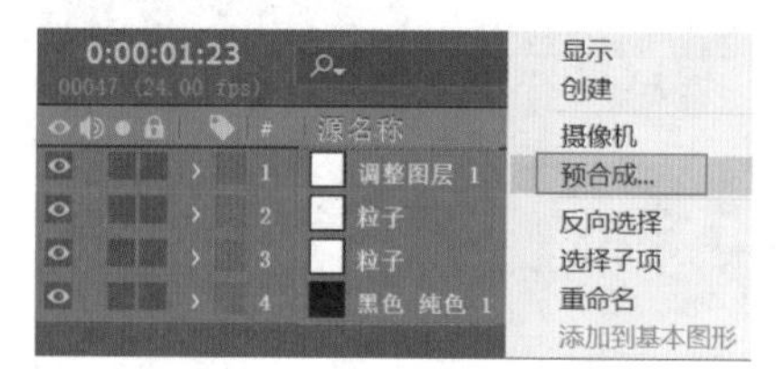


图5-105

㉑ 在弹出的“预合成”对话框中设置“预合成名称”为“光”，接着单击“确定”按钮，如图5-106所示。

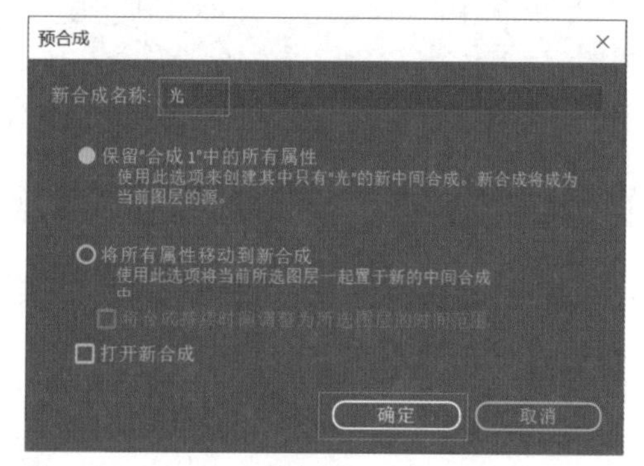


图5-106

㉒ 拖动时间线，查看此时的画面效果，如图5-107所示。

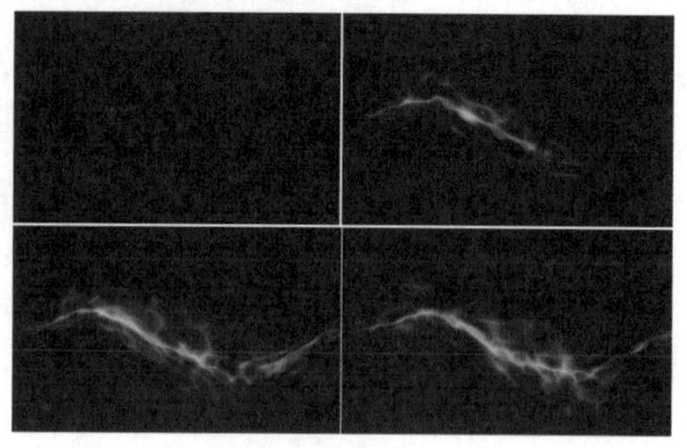

图5-107

㉓ 在“时间轴”面板中单击“光”图层，接着展开“变换”，设置“位置”为（519.0,279.0），“旋转”为（0x-50.0°），如图5-108所示。

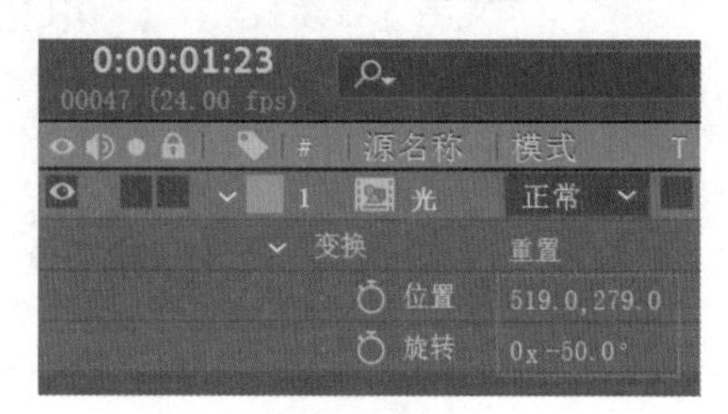


图5-108

㉔ 在“效果和预设”面板中搜索“曲线”效果，接着将该效果拖曳到“光”图层上，如图5-109所示。

㉕ 在“时间轴”面板中单击“光”图层，在“效果控件”面板中展开“曲线”，设置“通道”为RGB，在曲线上添加一个锚点并向左上角进行拖曳，接着再次添加两个锚点并向右下角进行拖曳；设置“通道”为“红色”，添加一个锚点，向左上角进行拖曳；设置“通道”为“绿色”，添加锚点，向左上角进行拖曳，再次添加锚点，向右下角进行拖曳；设置“通道”为“蓝色”，添加锚点，并向右下角进行拖曳，如图5-110所示。

图5-109

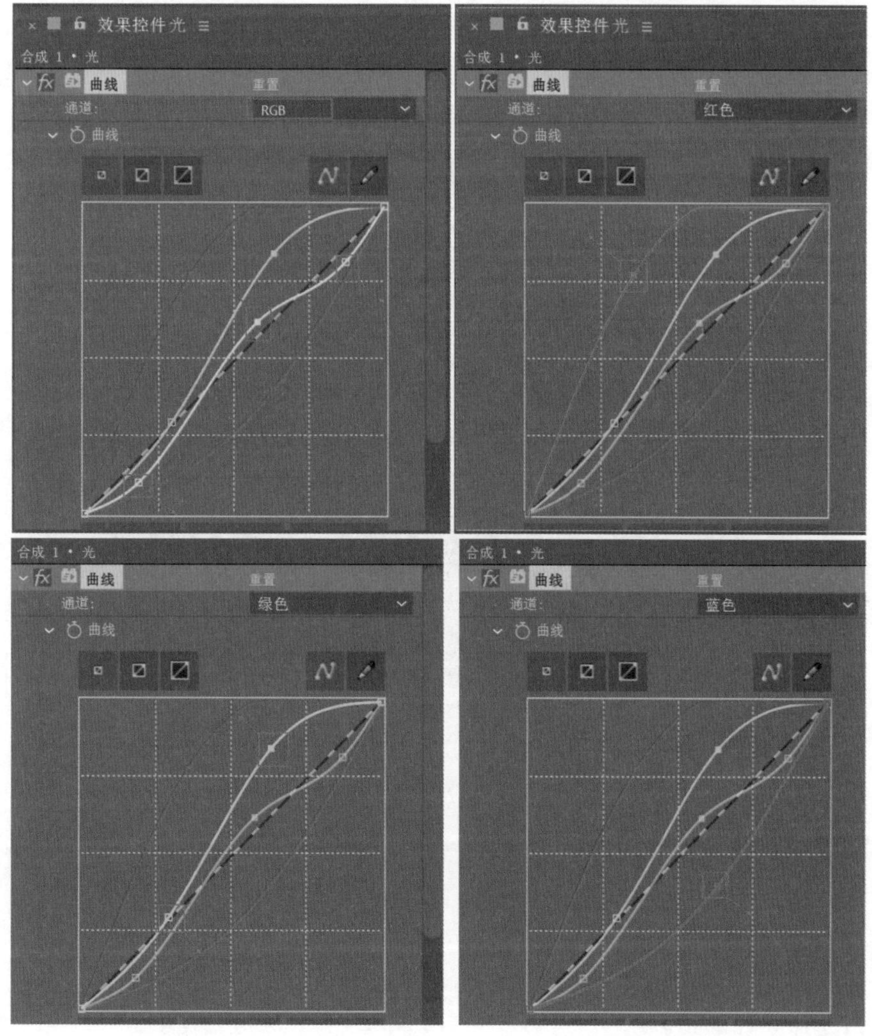


图5-110

26 在“时间轴”面板中设置“光”图层的混合模式为“相加”，如图5-111所示。

图5-111

27 至此本案例制作完成，拖动时间线，此时画面效果如图5-112所示。

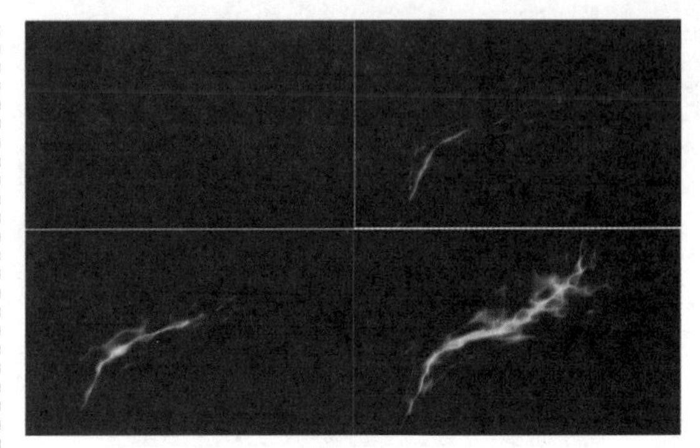

图5-112

## 5.2.6 实例：金属炫光文字

### 设计思路

案例类型：

本案例是金属炫光文字特效制作作品，如图5-113所示。

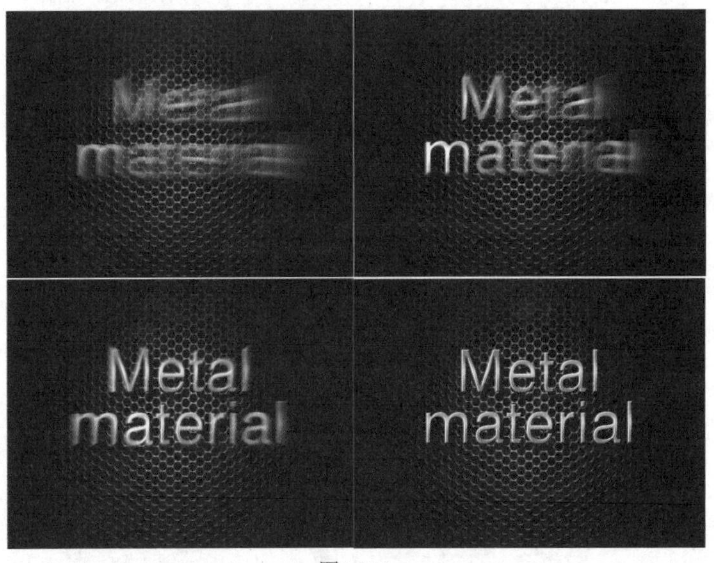


图5-113

项目诉求：

本案例制作一个关于金属炫光文字的特效。通过文字的归位与虚影的设计展现金属色泽与光芒，使文字充满金属质感，给人以冷冽、坚硬的感觉。通过金属色泽直观展示设计主题，并有效传递文字内容。

设计定位：

本案例采用文字为主、图像为辅的画面构图方式。选择蜂窝状的黑色图案背景，营造深沉、幽暗、神秘的气氛，具有较强的视觉重量感。背景之上的主体文字采用银灰色，充满金属光泽，丰富了作品的视觉表现力。

## 配色方案

黑色与灰色搭配呈现出深沉、稳定的视觉效果，营造了神秘、幽暗的画面氛围，如图5-114所示。

图5-114

主色：

黑色具有神秘、幽暗、深邃的质感，将其作为主色，可以体现出作品的高端质感，打造出深沉、理性的风格，同时蜂窝状结构丰富了背景表面质感，强化了细节，使画面产生打光效果，有利于聚拢观者目光。

辅助色：

本案例使用明度较高的银灰色作为辅助色，同时银灰色文字的色彩渐变设计使文字表面产生金属光感，在文字由虚化到清晰的转变过程中，产生光芒扫过的效果，给人以耀眼夺目、冷冽的印象。

## 版面构图

本案例采用对称型的构图方式，将主体文字在版面中央进行呈现，具有较强的视觉吸引力与表现力。背景的蜂窝状结构可对表面细节加以强化、丰富，提高画面质感。中央归位后的文字采用渐变的色彩进行呈现，具有金属光泽，给人以立体、稳定的印象，尽显大气与高端格调，如图5-115和图5-116所示。

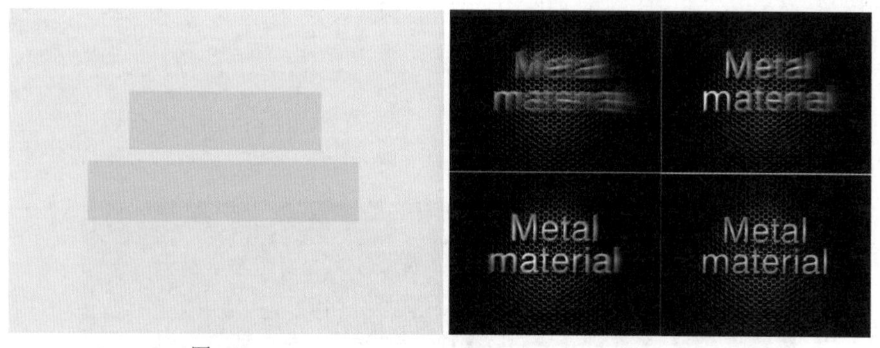


图5-115　　图5-116

### 操作思路

本案例首先导入素材，接着创建文字，然后为文字添加CC Light Sweep、“斜面 Alpha”、CC Light Burst 2.5和“投影”效果制作金属炫光文字。

### 操作步骤

1 右击“项目”面板空白位置处，在弹出的快捷菜单中选择“新建合成”命令，在弹出的“合成设置”窗口中，设置“合成名称”为Comp 1，设置“预设”为“自定义”，设置“宽度”为1024 px、“高度”为768 px、“像素长宽比”

为“方形像素”、“帧速率”为25帧/秒、“持续时间”为5秒，单击“确定”按钮。然后执行“文件”|“导入”|“文件”命令，导入全部素材文件，如图5-117所示。

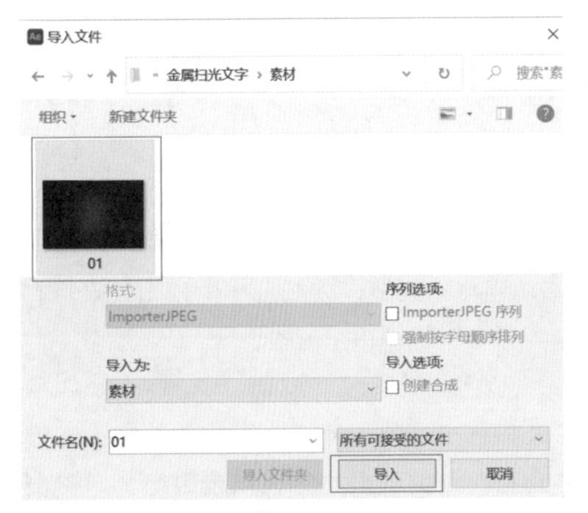


图5-117

❷ 在“项目”面板中选择“01.jpg”素材文件，将该文件拖曳到“时间轴”面板中，如图5-118所示。

图5-118

❸ 此时画面效果，如图5-119所示。

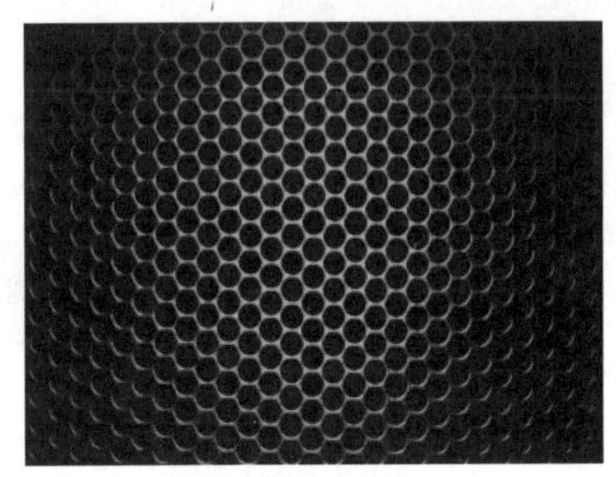

图5-119

❹ 在“时间轴”面板中单击“01.jpg”素材文件，接着展开“变换”，设置“缩放”为（61.0,61.0%），如图5-120所示。

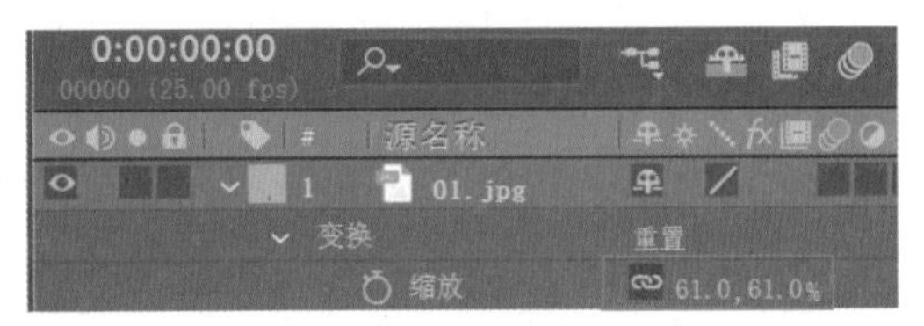


图5-120

❺ 在不选择任何图层的情况下，在工具栏中单击“横排文字工具”T，输入合适的文字并设置合适的“字体系列”和“字体样式”，设置“文字颜色”为灰色、“字体大小”为186像素、“字符间距”为24，如图5-121所示。

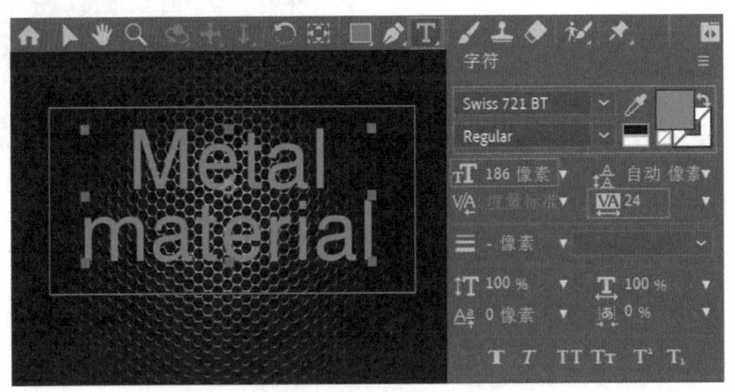


图5-121

❻ 在“时间轴”面板中选择文字图层，展开“变换”，设置“位置”为（509.0,315.0），如图5-122所示。

❼ 在“效果和预设”面板中搜索CC Light Sweep效果，接着将该效果拖曳到“时间轴”面板中的文字图层上，如图5-123所示。

图5-122

图5-123

8 在“时间轴”面板中选择文字图层，展开“效果”|CC Light Sweep，设置Center为（512.0,250.0）、Direction为（0x+90.0°）、Shape为Smooth、Width为24.0、Sweep Intensity为40.0，Edge Thickness为0.00，如图5-124所示。

图5-124

9 在“时间轴”面板中选择文字图层，展开“效果”，选择CC Light Sweep效果，使用快捷键Ctrl+C进行复制，接着使用快捷键Ctrl+V进行粘贴，如图5-125所示。

图5-125

10 在“时间轴”面板中选择文字图层，展开“效果”|CC Light Sweep 2，设置Center为（512.0,409.0），如图5-126所示。

图5-126

11 在“时间轴”面板中右键单击文字图层，在弹出的快捷菜单中执行“预合成”命令，如图5-127所示。

图5-127

12 在“预合成”对话框中设置“新合成名称”为“文字”，接着单击“确定”按钮，如图5-128所示。

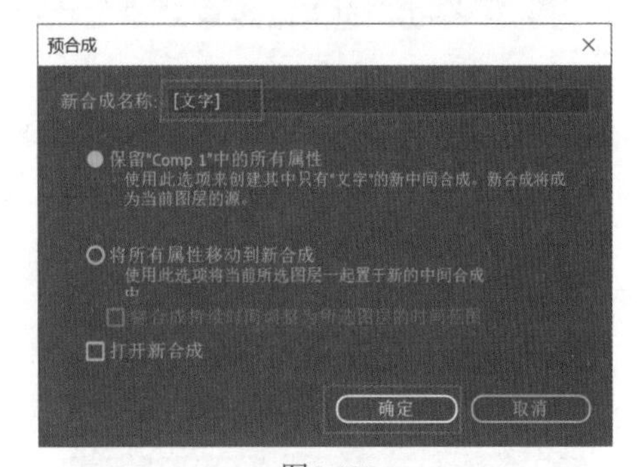


图5-128

13 拖动时间线查看此时的画面效果，如图5-129所示。

14 在“时间轴”面板中选择“文字”预合成图层，展开“变换”，设置“缩放”为（90.0,90.0%），如图5-130所示。

15 在“效果和预设”面板中搜索“斜面 Alpha”效果，将该效果拖曳到“时间轴”面板中的“文字”预合成图层上，如图5-131所示。

图5-129

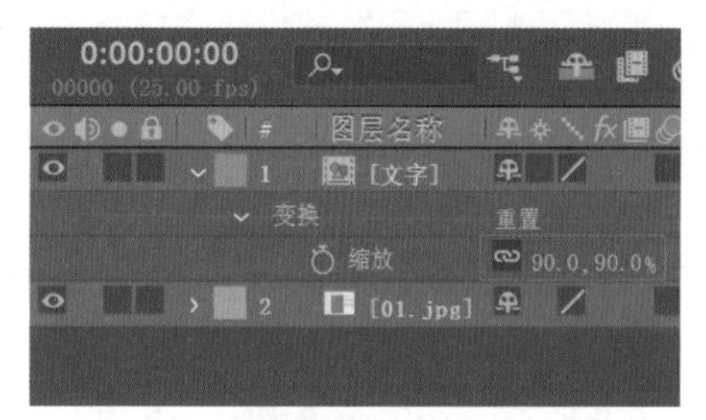


图5-130

图5-131

⑯ 在“时间轴”面板中选择“文字”预合成图层，展开“效果”|“斜面 Alpha”，设置“边缘厚度”为4.00，“灯光强度”为0.80，如图5-132所示。

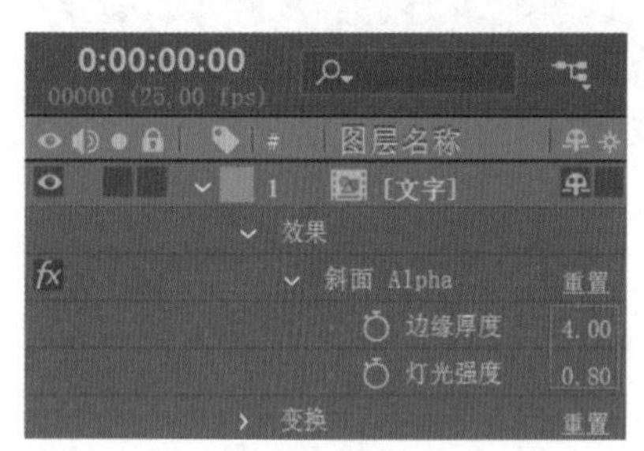


图5-132

⑰ 在“效果和预设”面板中搜索CC Light Sweep效果，接着将该效果拖曳到“时间轴”面板中“文字”预合成图层上。如图5-133所示。

⑱ 将时间线拖动至起始时间位置处，在“时间轴”面板中选择“文字”预合成图层，展开“效果”|CC Light Sweep，单击Center前面的（时间变换秒表）按钮，设置Center为（0.0,384.0），如图5-134所示。接着将时间线拖动至第3秒位置处，设置Center为（1094.0,384.0），设置Sweep Intensity为40.0。

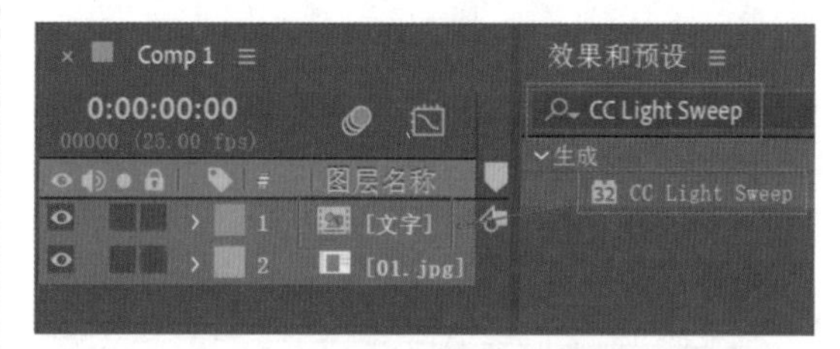


图5-133

图5-134

⑲ 在“效果和预设”面板中搜索CC Light Burst 2.5效果，接着将该效果拖曳到“时间轴”面板中“文字”预合成图层上，如图5-135所示。

图5-135

⑳ 将时间线拖动至起始时间位置处，在“时间轴”面板中选择“文字”预合成图层，展开“效果”|CC Light Burst 2.5，单击Center、Ray Length前面的（时间变换秒表）按钮，设置Center为（-5.8,355.1），Ray Length为40.0，如图5-136所示。接着将时间线拖动至第2秒位置处，设置Center为（1038.7,341.8）、Ray Length为0.0、Intensity为50.0。

㉑ 在“时间轴”面板中右键单击“文字”预合成图层，在弹出的快捷菜单中执行“图层样式”|“投影”命令，如图5-137所示。

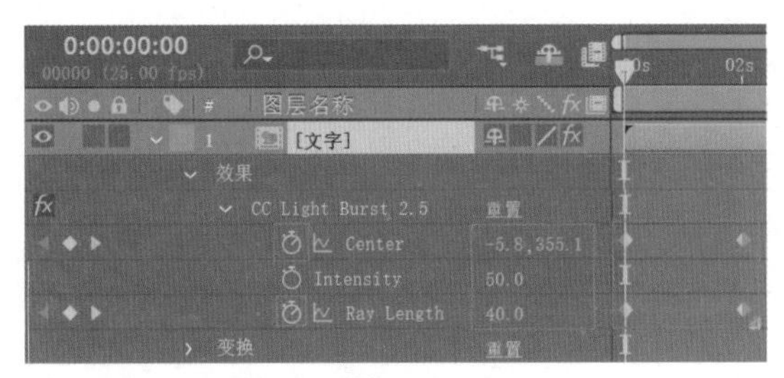

图5-136

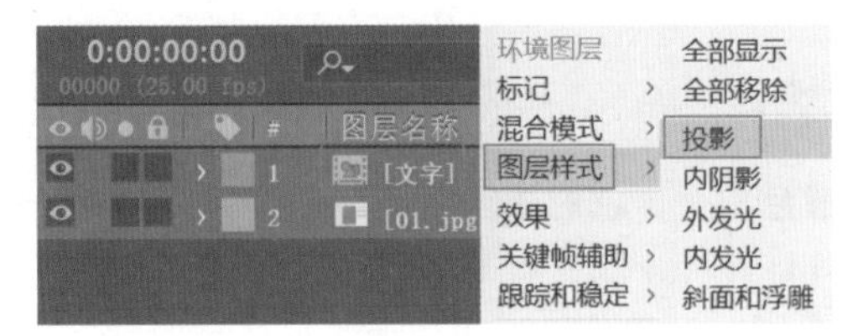

图5-137

㉒ 在“时间轴”面板中选择“文字”预合成图层，接着展开“图层样式”|“投影”，设置“不透明度”为100%，“距离”为22.0，如图5-138所示。

㉓ 至此本案例制作完成，拖动时间线查看此时的画面效果，如图5-139所示。

图5-138

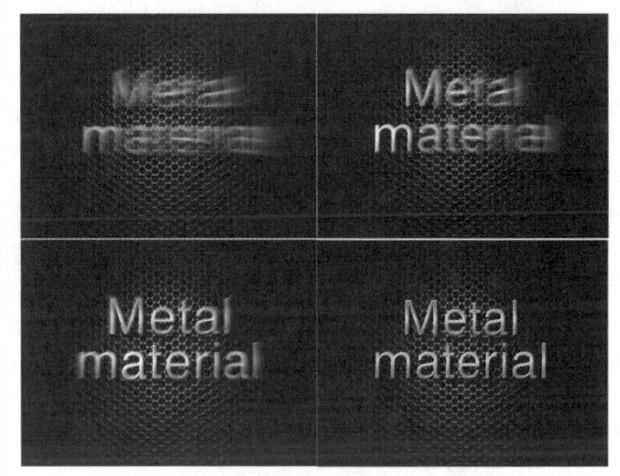

图5-139

## 5.2.7 实例：炫光文字特效

### 设计思路

案例类型：

本案例是炫光文字特效制作作品，如图5-140所示。

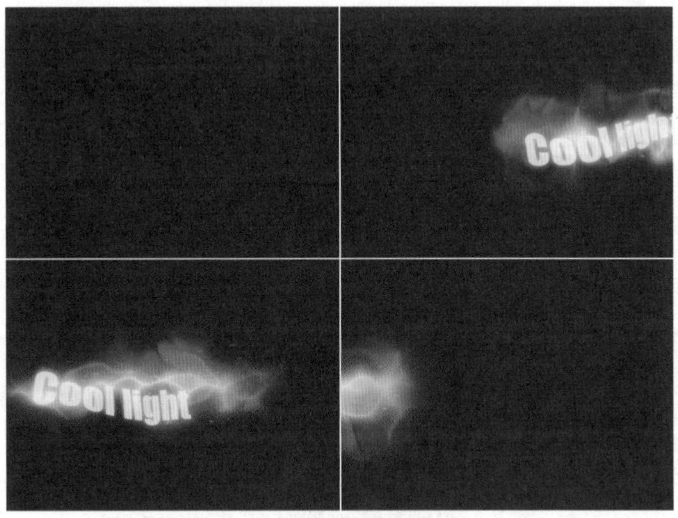

图5-140

项目诉求：

本案例是通过游动文字与粒子烟雾效果的组合呈现出炫光文字的效果。通过黑色背景的衬托使文字与光泽紧密结合，让文字产生摆动位移的效果，同时鲜艳的色彩极具视觉吸引力，给人以绚丽、醒目的感觉。

设计定位：

本案例采用文字为主、图像为辅的画面构图方式。选择黑色作为背景色，打造出神秘、深沉的画面氛围。而游动的文字与烟雾则点亮画面，鲜艳的金黄色与紫色带来明亮、醒目的效果，极具视觉吸引力。

## 配色方案

深沉的黑色背景营造神秘、幽静的画面氛围，而紫色与金黄色的烟雾效果及米白色文字的出现则打破了沉闷的气氛，带来了极强的视觉刺激，如图5-141所示。

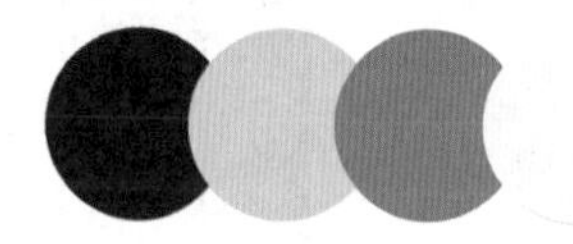

图5-141

主色：

黑色具有神秘、深邃、沉寂的特性，使画面整体呈现出深沉、幽静的视觉效果，营造神秘的氛围。同时低明度的黑色具有较强的视觉重量感，带来稳定、强烈的视觉感受。

辅助色：

使用纯度较高的紫色与金黄色作为辅助色，两种高纯度色彩产生强烈的互补色对比，带来极强的视觉刺激，给人以绚丽、鲜活的感觉，在黑色背景的衬托下更加耀眼夺目。

点缀色：

米白色在画面中作为文字色彩出现，所占比重较低。米白色纯度较低，呈现出柔和、安静的效果，降低了紫色与金黄色的视觉冲击力，同时减轻了黑色背景的压抑感，缓和了画面氛围。

## 版面构图

本案例采用留白式的构图方式，文字由右侧进入画面至消失的过程中均位于画面中间位置，在画面的上方与下方留下较大空间。通过留白式的构图，扩大画面空间，呈现出空旷、安静的视觉效果，大面积的黑色背景产生神秘、幽静的气氛，为观者留下想象的空间。游动的文字后侧跟随的粒子烟雾效果具有包拢、紧凑的视觉效果，并利用对比强烈的绚丽色彩刺激观者眼球，增强文字的视觉吸引力，如图5-142和图5-143所示。

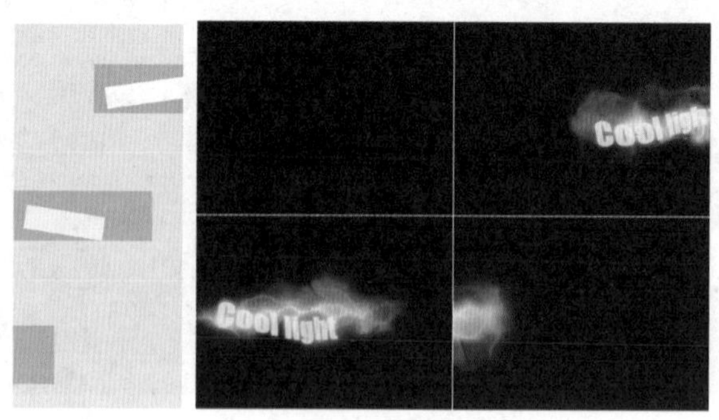


图5-142　　图5-143

操作思路

本案例首先使用文字工具创建文字，并使用“湍流置换”与“高斯模糊”效果制作文字游动效果，接着新建纯色图层，使用CC Particle World、“高斯模糊”、CC Vector Blur、“反转”、“梯度渐变”、混合模式效果制作粒子烟雾效果。

操作步骤

1 右击“项目”面板空白位置处，在弹出的快捷菜单中选择“新建合成”命令，在弹出的“合成设置”窗口中，设置“合成名称”为“合成01”，设置“预设”为NTSC DV，设置“宽度”为720 px、“高度”为480 px、“像素长宽比”为D1|DV NTSC（0.91）、“帧速率”为29.97帧/秒、“持续时间”为12秒，单击“确定”按钮。然后在“时间轴”面板中右键单击空白位置处，在弹出的快捷菜单中执行“新建”|“纯色”命令，如图5-144所示。

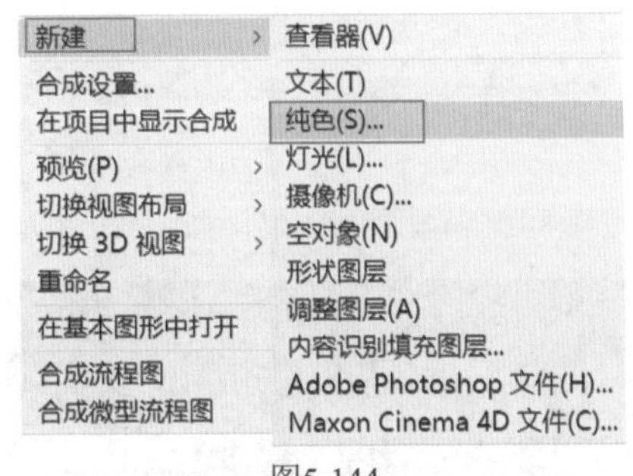

图5-144

2 在弹出的“纯色设置”对话框中设置“名称”为“纯色 2”，“颜色”为黑色，单击“确定”按钮，如图5-145所示。

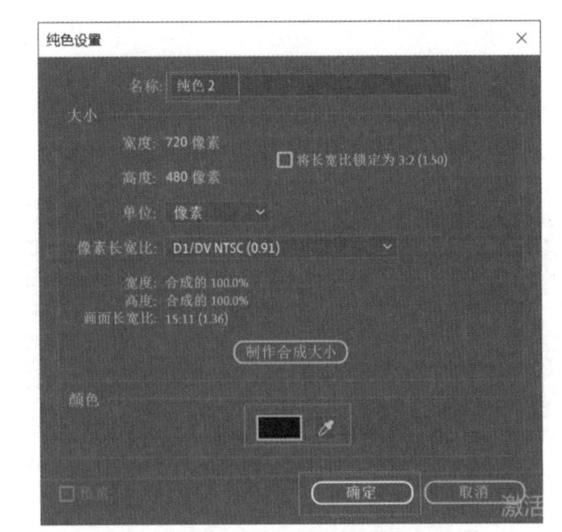

图5-145

3 查看此时的画面效果，如图5-146所示。

图5-146

4 在不选择任何图层的情况下，在工具栏中单击“横排文字工具”T，输入合适的文字，并设置合适的“字体系列”和“字体样式”，设置“文字颜色”为白色、“字体大小”为78像素、“垂直缩放”为100%、“水平缩放”为100%，如图5-147所示。

图5-147

⑤ 将时间线拖动到起始时间位置处，单击文字图层，展开“变换”，单击“位置”前面的⏱（时间变换秒表）按钮，设置“位置”为（720.9,294.4），如图5-148所示。接着将时间线拖动至第9秒29帧位置处，设置“位置”为（-425.2,295.7）。

图5-148

⑥ 在“效果和预设”面板中搜索“高斯模糊”效果，接着将该效果拖曳到“时间轴”面板中的文字图层上，如图5-149所示。

图5-149

⑦ 在“时间轴”面板中单击文字图层，展开“效果”|“高斯模糊”，设置“模糊度”为15.0，如图5-150所示。

图5-150

⑧ 在“效果和预设”面板中搜索“湍流置换”效果，接着将该效果拖曳到“时间轴”面板中的文字图层上，如图5-151所示。

⑨ 在“时间轴”面板中单击文字图层，使用快捷键Ctrl+D进行重复，如图5-152所示。

⑩ 在“时间轴”面板中单击展开刚刚重复的素材文件，接着展开“效果”，单击“高斯模糊”效果然后按Delete键进行删除，如图5-153所示。

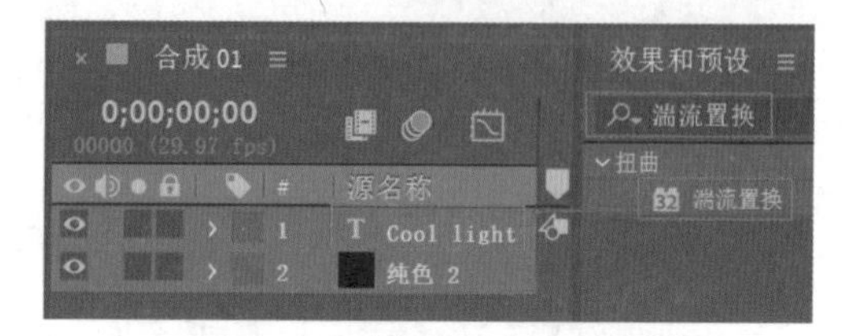


图5-151

图5-152

图5-153

⑪ 拖动时间线查看画面效果，如图5-154所示。

图5-154

⑫ 在“时间轴”面板中右键单击空白位置处，在弹出的快捷菜单中执行“新建”|“纯色”命令，如图5-155所示。

⑬ 在弹出的“纯色设置”对话框中设置“名称”为“纯色 1”，“颜色”为黑色，接着单击

“确定”按钮，如图5-156所示。

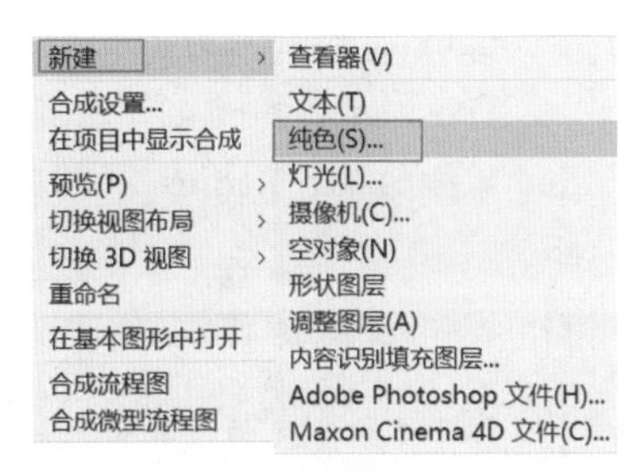


图5-155

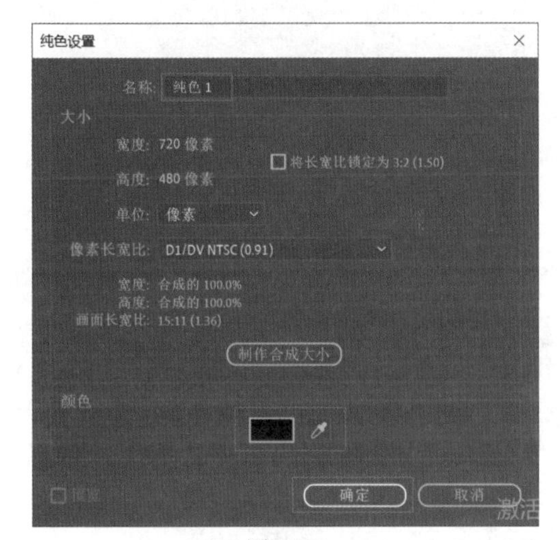


图5-156

⑭ 在“时间轴”面板中单击打开“纯色 1”图层，展开“变换”，设置“位置”为（432.0, 243.0），如图5-157所示。

⑮ 在“效果和预设”面板中搜索CC Particle World效果，接着将该效果拖曳到“时间轴”面板中的“纯色 1”图层上，如图5-158所示。

⑯ 在“时间轴”面板中单击“纯色 1”图层，展开“效果”|CC Particle World，设置Birth Rate为0.1，Longevity（sec）为8.87。接着展开Producer，设置Position X为-0.43、Position Z为0.12、Radius Y为0.070，Radius Z为0.315，如图5-159所示。

图5-157

图5-158

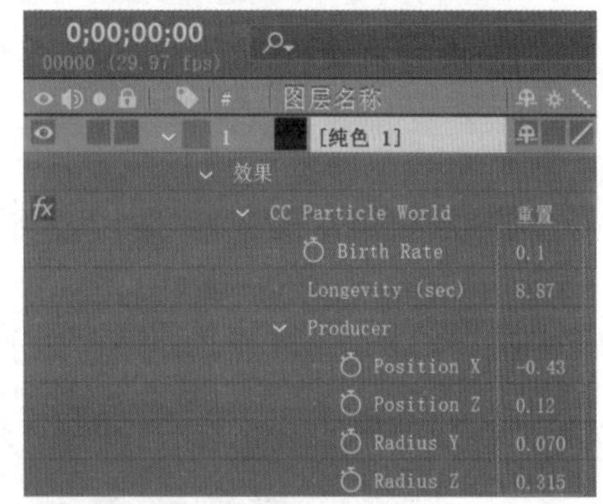


图5-159

⑰ 展开Physics，设置Animation为Direction Axis、Velocity为0.24、“表达式：Velocity”为wiggle（7,.25）、Gravity为0.000、Extra为-0.21，如图5-160所示。

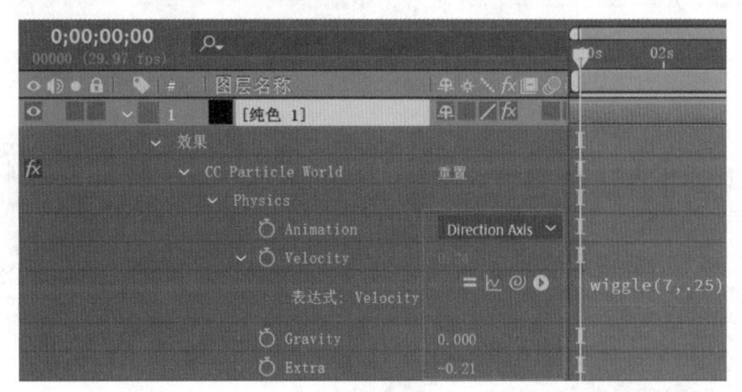


图5-160

⑱ 展开Particle，设置Particle Type为Lens Convex，Birth Size和Death Size为0.025，如图5-161所示。

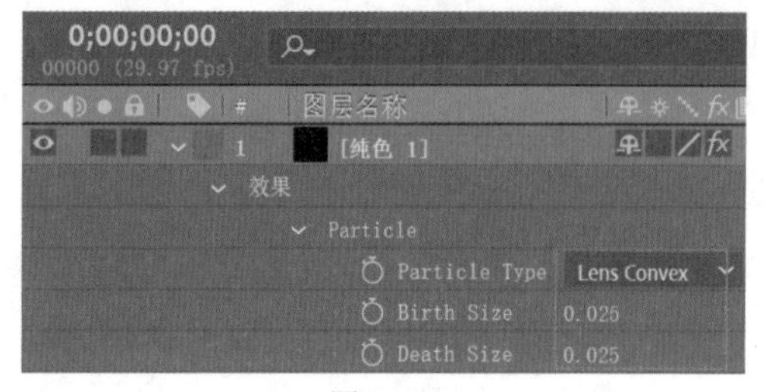


图5-161

⑲ 在“时间轴”面板中单击选择“纯色 1”图层，使用快捷键Ctrl+D进行复制，如图5-162所示。

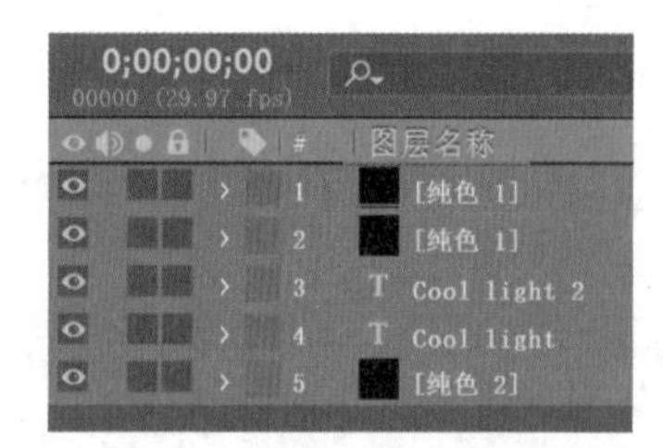


图5-162

⑳ 在“时间轴”面板中单击“纯色 1”图层，展开“效果”|CC Particle World，单击“重置”按钮，设置Longevity（sec）为1.00。接着展开Producer，设置Position X为-0.43、Position Z为0.12、Radius Y为0.120，Radius Z为0.315，如图5-163所示。

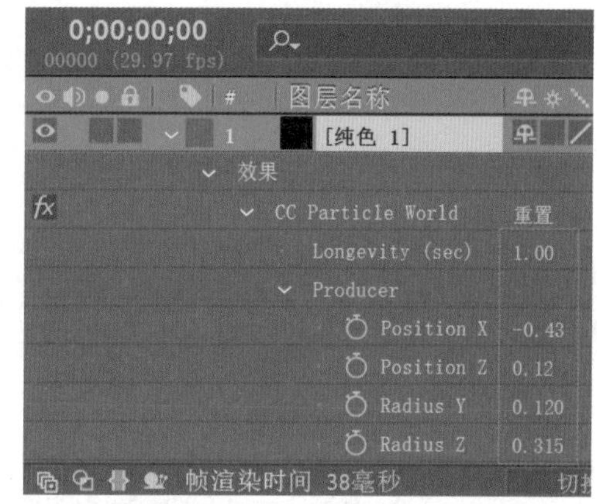


图5-163

㉑ 展开Physics，设置Animation为Direction Axis、Velocity为0.64、“表达式：Velocity”为wiggle（7,.25）、Gravity为0.000、Extra为-0.21。接着展开Particle，设置Particle Type为Lens Convex，如图5-164所示。

图5-164

㉒ 在“效果和预设”面板中搜索“高斯模糊”效果，将该效果拖曳到刚刚复制的“纯色 1”图层上，如图5-165所示。

㉓ 在“时间轴”面板中单击图层1的“[纯色 1]”，展开“效果”|“高斯模糊”，设置“模糊度”为45.0，如图5-166所示。

㉔ 在“效果和预设”面板中搜索CC Vector Blur效果，将该效果拖曳到刚刚复制的“纯色 1”图层上，如图5-167所示。

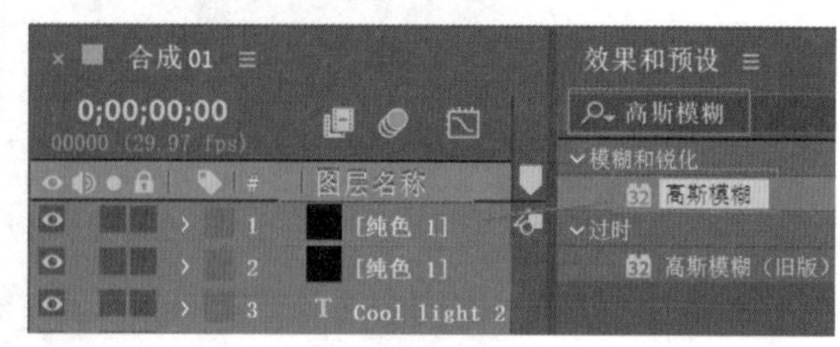


图5-165

图5-166

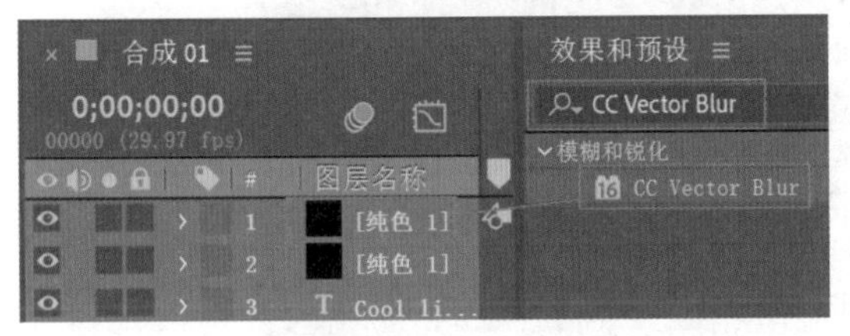

图5-167

㉕ 在“时间轴”面板中单击图层1的“[纯色1]”，展开“效果”|CC Vector Blur，设置Amount为91.0、Property为Alpha，如图5-168所示。

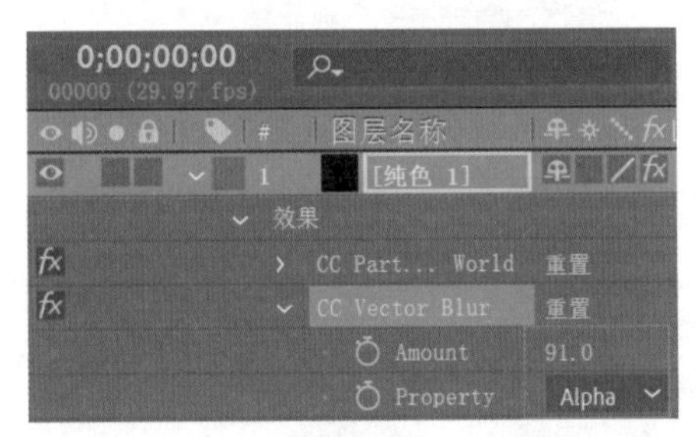

图5-168

㉖ 在“时间轴”面板中单击选择图层1的“纯色1”图层，使用快捷键Ctrl+D进行重复，如图5-169所示。

图5-169

㉗ 在“时间轴”面板中单击图层1“纯色1”图层，展开“效果”|CC Particle World，接着展开Producer，设置Radius Y为0.010，如图5-170所示。

㉘ 在“时间轴”面板中单击图层1的“[纯色1]”，展开“效果”|“高斯模糊”，设置“模糊度”为22.0，如图5-171所示。

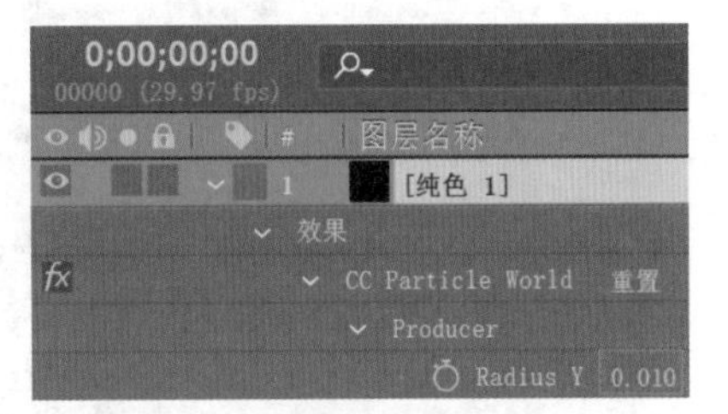

图5-170

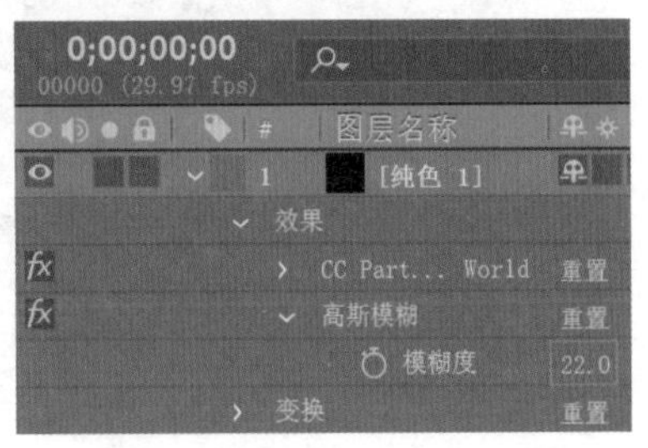

图5-171

㉙ 在“时间轴”面板中单击图层1的“[纯色1]”图层，展开“效果”|CC Vector Blur，设置Amount为23.0，如图5-172所示。

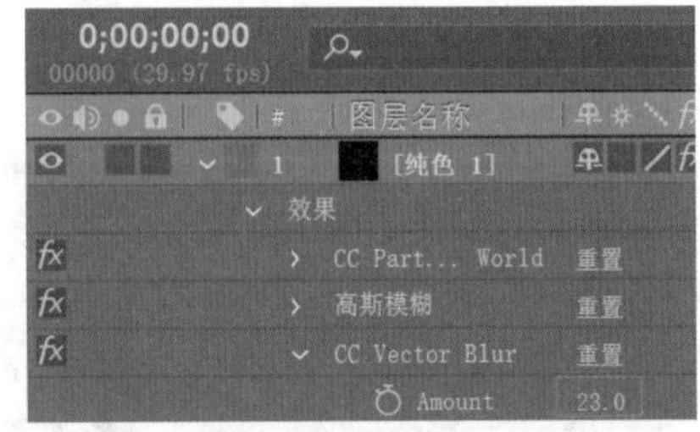

图5-172

㉚ 单击“确定”按钮。接着在“时间轴”面板中右键单击空白位置处，在弹出的快捷菜单中执行“新建”|“摄像机”命令，如图5-173所示。

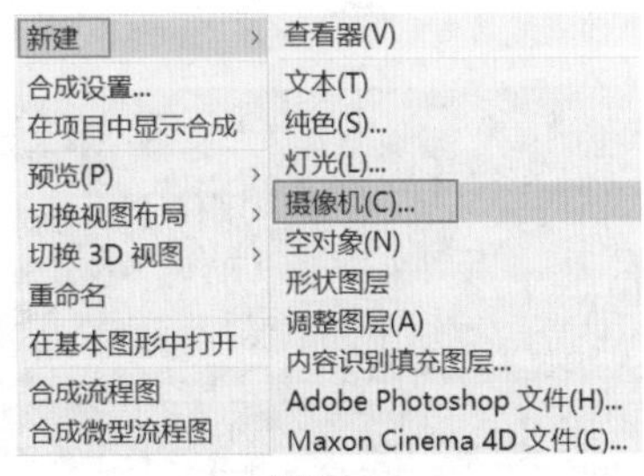

图5-173

㉛ 在“摄像机设置”对话框中单击“确定”按钮，如图5-174所示。

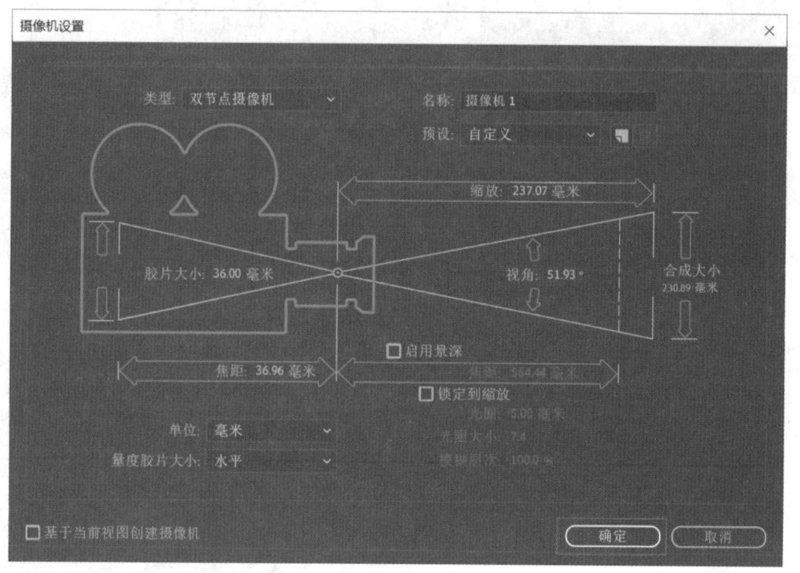


图5-174

㉜ 在“时间轴”面板中单击“摄像机1”，展开“变换”，设置“目标点”为（486.9,251.6,97.6）、“位置”为（585.2,155.2，-560.1），接着展开“摄像机选项”，设置“缩放”为672.0像素、“焦距”为1600.0像素、“光圈”为14.2像素，如图5-175所示。

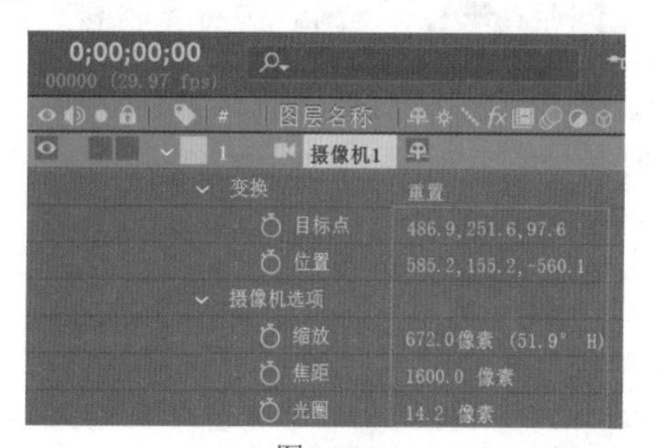


图5-175

㉝ 拖动时间线查看画面效果，如图5-176所示。

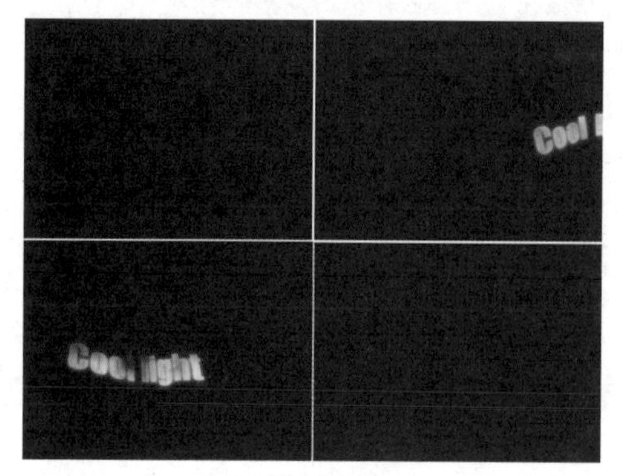

图5-176

㉞ 在“时间轴”面板中选择图层1到图层4的文件并右击，在弹出的快捷菜单中执行“预合成”命令，如图5-177所示。

图5-177

㉟ 在“预合成”对话框中设置“新合成名称”为“炫光”，接着单击“确定”按钮，如图5-178所示。

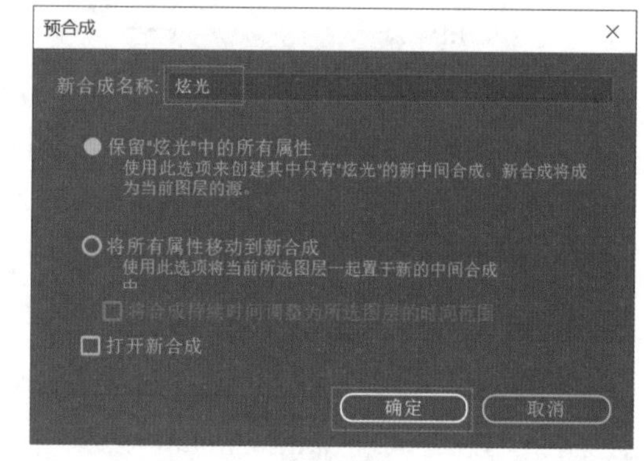


图5-178

㊱ 将时间线拖动到起始时间位置处，单击“炫光”合成图层，展开“变换”，单击“位置”

前面的◙（时间变换秒表）按钮，设置“位置”为（1121.1,243.0），如图5-179所示。接着将时间线拖动至第9秒05帧位置处，设置“位置”为（37.8,246.8）。

图5-179

37 在“时间轴”面板中单击“炫光”合成图层，在工具栏中单击◙（椭圆工具），在“合成”面板中绘制一个椭圆，如图5-180所示。

图5-180

38 在“时间轴”面板中单击“炫光”合成图层，设置混合模式为“变亮”，如图5-181所示。

| # | 图层名称 | 模式 |
| --- | --- | --- |
| 1 | [炫光] | 变亮 |
| 2 | Cool li... | 正常 |
| 3 | Cool light | 正常 |
| 4 | [纯色 2] | 正常 |

图5-181

39 在“效果和预设”面板中搜索“反转”效果，将该效果拖曳到“炫光”预合成图层上，如图5-182所示。

40 在“时间轴”面板中右键单击空白位置处，在弹出的快捷菜单中执行“新建”|“纯色”命令，如图5-183所示。

图5-182

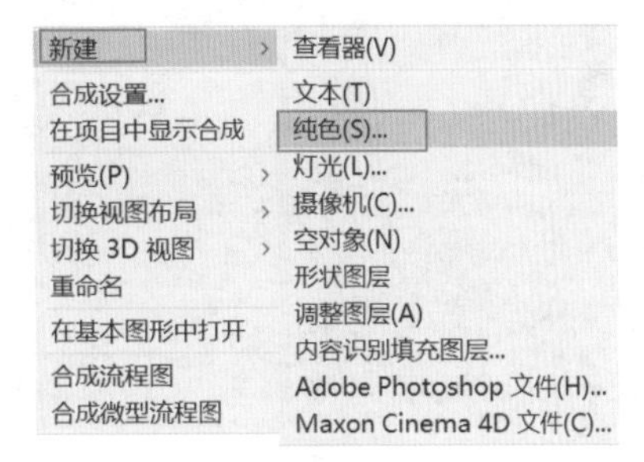


图5-183

41 在弹出的“纯色设置”对话框中设置“名称”为“彩色”，“颜色”为黑色，接着单击“确定”按钮，如图5-184所示。

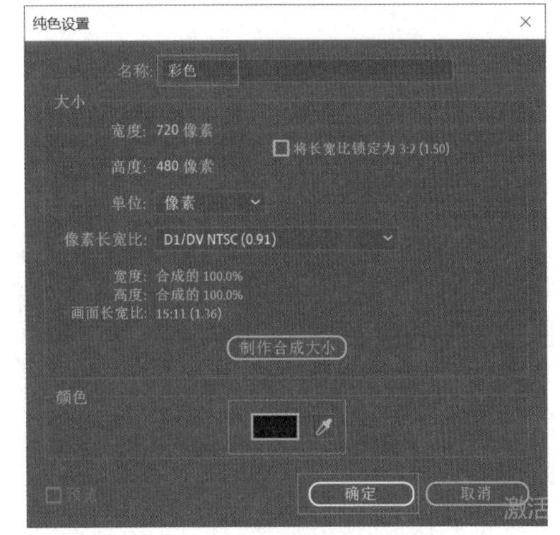


图5-184

42 在“效果和预设”面板中搜索“梯度渐变”效果，将该效果拖曳至“彩色”图层上，如图5-185所示。

图5-185

㊸ 在“时间轴”面板中单击“彩色”图层，展开“效果”|“梯度渐变”，设置“渐变起点”为（361.4,222.7）、“起始颜色”为紫色、“结束颜色”为黄色、“渐变形状”为“径向渐变”，如图5-186所示。

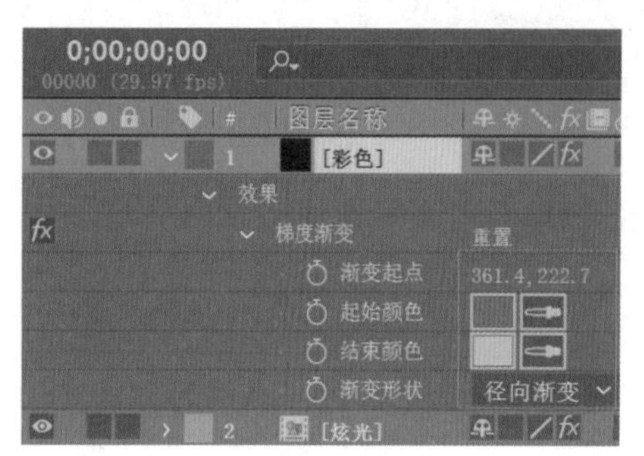


图5-186

㊹ 在“时间轴”面板中单击“彩色”图层，设置混合模式为“颜色”，如图5-187所示。

图5-187

㊺ 至此本案例制作完成，拖动时间线查看画面效果，如图5-188所示。

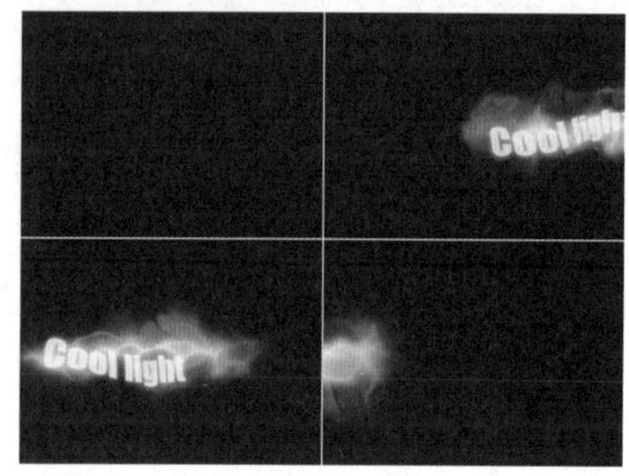


图5-188

# 第6章 影视栏目包装设计

## · 本章概述 ·

说到包装，一般是指对产品进行包装。而影视栏目包装则是对影视节目、栏目、频道的整体形象进行的外在形式要素的规范和强化。这些外在的形式要素包括声音（语言、音响、音乐、音效等）、图像（固定画面、活动画面、动画）、颜色等，已成为电视台和各电视节目公司、广告公司最常用的概念之一。除此之外，电视台本身也需要进行包装设计，包括标志、导视、宣传、预告等，都属于影视包装设计。本章主要从影视栏目包装的定义、影视栏目包装要素、影视栏目包装的类型及影视栏目包装的原则等方面来学习。

# 6.1 影视栏目包装概述

影视栏目包装与其他产品包装相似，都是为了使观众在视觉享受中了解其产品；对于一档节目来讲，影视包装不仅是外在的点缀与装饰，更是一种深层理念的表达与阐述。影视栏目包装对节目、栏目，电视台的形象能起到画龙点睛的作用，引人注目的电视画面与极具感染力的音效可以迅速吸引观众的注意力，达到超乎想象的效果。

## 6.1.1 影视栏目包装的定义

影视栏目包装涉及各种电视节目开播前的宣传、预告，节目中的特效、字幕、演职员表、下期预告以及电视台本身的标志、宣传等诸多内容。影视栏目包装应起到突出节目、栏目或频道特色，建立观众认知的作用，如图6-1和图6-2所示。

图6-1

图6-2

## 6.1.2 影视栏目包装要素

如今观众每天要面对几十个电视台和电视频道、几十种类型的节目和栏目，各台、各频道、各栏目之间竞争激烈，怎样使自己的电视节目从众多同类节目中脱颖而出便成为巨大难题。观众既有主动选择权，又有较大的盲目性与被动性。在这种情况下，栏目包装所起的作用便不言而喻。常见的影视栏目包装要 素主要有以下几种。

### 1. 形象标识

无论是电视节目、栏目，还是频道，都需要有一个最基本的形象标识，其也是构成影视栏目包装的要素之一。电视频道的形象标识多展现在屏幕左上角或右上角位置，这样可以使观众快速分辨节目、频道、电视台的类型与主题。形象标识播放的频率、影响力、冲击力不可忽视，可以起到推广与强化节目的作用，增强了节目的统一性与整体性。在影视栏目包装中，应将形象标识的设计与制作作为重点进行考量。标识设计的基本要求是醒目简洁、特点突出，有些专业频道或节目也会体现地方特色与专业特色，如图6-3所示。

图6-3

2. 颜色

根据电视节目、栏目、频道定位的不同，可以确定包装的主色调。颜色设计是影视栏目包装设计的基本要素之一。它的基本要求是色彩协调、鲜明，与整体栏目、节目或者频道的基调、风格相吻合。例如文艺性的频道与栏目多为暖色调，色彩柔和温暖；而综艺性质的节目则以鲜明、鲜艳颜色为主，呈现出时尚、外放、朝气的特点，如图6-4所示。

图6-4

3. 声音

声音包括语言、音乐、音响、音效等诸多元素，在影视栏目包装中起到非常重要的作用。影视栏目包装中，音乐与形象设计、色彩应协调搭配，形成一个整体，使观众无须看到画面，就能知晓频道与栏目，给观众带来亲切感。

## 6.1.3 影视栏目包装的类型

尽管电视节目、栏目、频道包装有多少种形式一直没有统一的说法，但总体来讲，应包括以下一些类型。

### 1. 以形象标识为主的频道标识的位置设置和出现方式的设计

角标作为栏目的形象标识，不仅具有装饰点缀的作用，同时也是打造栏目品牌与形象，帮助观众识别栏目的重要手段。形象标识多出现在电视屏幕的左上角，并在频道中滚动使用，起到推广与强化频道的作用。不同的节目会根据定位与风格进行形象标识的设计，突出频道特色。角标既可以是动态的，也可以是静态的，如图6-5所示。

图6-5

### 2. 栏目形象宣传片

栏目形象宣传片作为影视栏目包装的内容之一，着重于影视栏目风格与定位的宣传。通过音乐、声音与画面的结合，传递该节目的主题、定位、内容，如图6-6所示。

图6-6

### 3. 栏目片头

栏目片头是栏目形象包装推广的延续，是栏目形象宣传片的浓缩，是栏目定位、内容、风格、主题的直接反映，如图6-7所示。

图6-7

### 4. 栏目间隔片花

栏目间隔片花常以三维或二维动画的形式呈现，一般为3~5秒的片头浓缩剪辑内容，主要用来突出栏目名称与标识等信息。一方面，间隔片花起到控制节目内容节奏、段落的作用；另一方面，片花的使用可以为商业广告与控制频道播放时长提供便利，如图6-8所示。

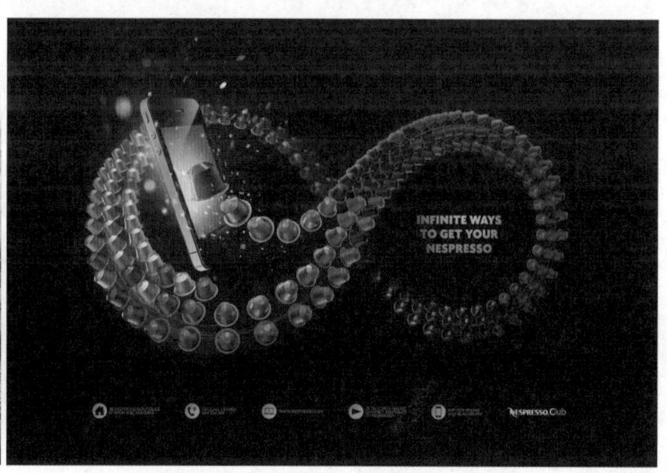


图6-8

### 5. 栏目片尾

栏目片尾的重要作用在于传递栏目制作人员、出品单位等信息，以及宣告版权归属。同时为广告资源、广告商提供空间。栏目片尾通常会出现广告赞助商、企业、产品标识等。

## 6.1.4 影视栏目包装的原则

影视栏目包装的原则是根据影视栏目包装设计的本质、特征、目的所提出的根本性、指导性的准则和观点。它主要包括统一性原则、规范性原则、超前性原则、特色性原则，效果如图6-9所示。

**统一性原则**：影视栏目、电视节目、频道包装一定要遵循统一的原则，包括整体形象CI设计的统一，声音、形象、色彩等的相对统一，代表全台形象的标识、声音、定位、风格等的统一。在把握统一性原则的基础上，各频道可以根据特点与定位来突出自己的特色。

**规范性原则**：各电视节目、栏目、频道的各个方面、细节都要有规范、具体、细致的要求，要有必须执行规范的强制性手段和明确要求，以及制定和推行规范的机构和强制实施的部门。

**渐变性原则**：注重新技术手段的同时采用新旧更替并行的方式，使观众有一个认可并接受的过程。

**超前性原则**：制作影视栏目的包装应了解电视发展规律，充分认识并掌握最新的宣传手段，保持理念的更新创新，了解设计理念与技术手段的前沿趋势。

**特色性原则**：不同栏目有各自的定位和特色。只有突出本频道的特色，才能在众多的节目中脱颖而出。

图6-9

## 6.1.5 影视栏目包装的重要内容

影视栏目包装的作用总体上强调两点：一是要突出栏目、节目、频道的意境基调，二是要注重画面的形式美构图。

**意境基调**：意境是围绕频道、栏目主题展开的，需要观众参与其中，对于画面所传递的情感与内容作出反馈。在强调作品意境的同时，还要注意作品基调的把握，提升节目、栏目、频道的亮点与品位，如图6-10所示。

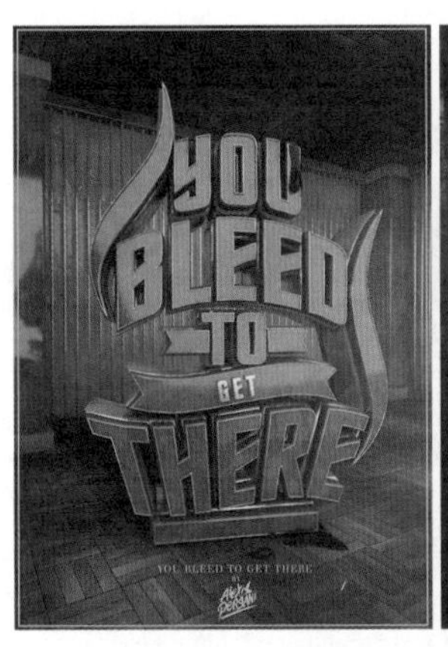

图6-10

**形式美（视觉美感）**：运用形式美法则可以创作出更好的栏目、作品，使电视频道包装设计更具活力与艺术美感，如图6-11所示。

图6-11

随着技术的日益成熟和完善，作为艺术与技术完美结合的典范，影视栏目包装设计本身的艺术性在不断提升，传统的艺术形式和新艺术形式交融并存的“数字化时代”，对各种影视栏目片头包装设计艺术的思考也必然是不拘一格，片头艺术的数字媒体艺术性和视觉艺术性紧密结合，勇于开拓创新，如图6-12所示。

图6-12

# 6.2 影视栏目包装设计实战

## 6.2.1 实例：绿色地球节目预告包装设计

### 设计思路

案例类型：

本案例是栏目片头包装展示设计项目，如图6-13所示。

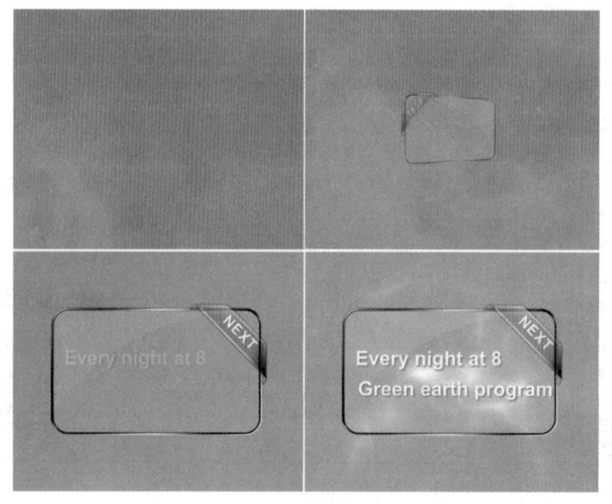

图6-13

项目诉求：

本案例是一个以环保为主题的节目片头设计，通过色彩与文字信息向观者传递节目性质，意在传递环保理念，呼吁大众建立环保意识。通过文字直接展示栏目主题，并传递节目的内涵。

设计定位：

本案例以文字内容为主，通过各种装饰物丰富画面。选择绿色背景可以给人以自然、惬意、安心的视觉印象，同时也展现出节目的定位与风格。选择规整方正的英文作为画面的主体元素，使作品主题直观地展现。

### 配色方案

黑、白两色本身为无彩色，不具有任何的颜色倾向，因此可以与任何一种其他颜色都能够很好地搭配在一起，如图6-14所示。

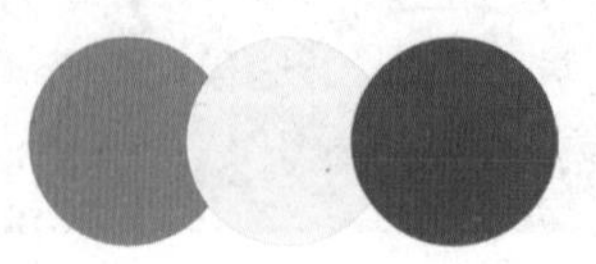
图6-14

主色：

绿色作为作品主色调，通过白色纹理的装饰，形成光影斑驳的表面质感，体现出环保、自然的宣传主题。

辅助色：

白色作为辅助色使用，出现在画面背景中，与绿色搭配，形成自然、干净的视觉效果。同时作为文字的色彩，给人以明亮、纯净、醒目的感觉。

点缀色：

灰色作为画面的点缀色，与绿色形成截然不同的金属边框的质感，给人一种稳定、安全的视觉感受。

## 版面构图

本案例采用了重心型的构图方式，将主体对象放置在画面视觉重心位置，文字采用齐左的对齐方式，具有较强的可读性；并通过色彩的结合充分体现出自然与环保的主题，如图6-15和图6-16所示。

图6-15　　图6-16

### 操作思路

本案例首先应用“分形杂色”效果、CC Toner效果、“曲线”效果制作绿色动态背景，然后设置关键帧制作素材旋转、缩放和不透明度的动画，接着应用“横排文字工具”创建文字，添加“投影”效果制作阴影，最后设置关键帧制作文字动画。

### 操作步骤

❶ 右击“项目”面板空白位置处，在弹出的快捷菜单中选择“新建合成”命令，在弹出的“合成设置”窗口中，设置“合成名称”为“合成 1”，设置“预设”为“自定义”，设置“宽度”为720 px、“高度”为576 px、“像素长宽比”为“方形像素”、“帧速率”为25帧/秒、“持续时间”为5秒，单击“确定”按钮。然后执行“文件”|“导入”|“文件”命令，导入全部素材，如图6-17所示。

❷ 在“时间轴”面板中右键单击空白位置处，在弹出的快捷菜单中执行“新建”|“纯色”命令，如图6-18所示。

图6-17

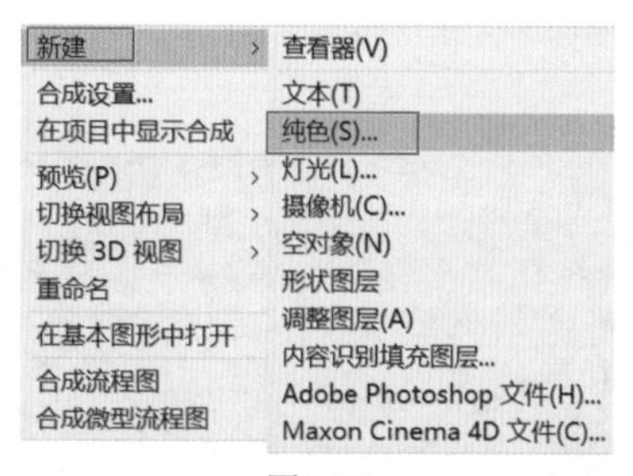


图6-18

3 在弹出的“纯色设置”对话框中设置“名称”为“背景”，“颜色”为黑色，如图6-19所示。

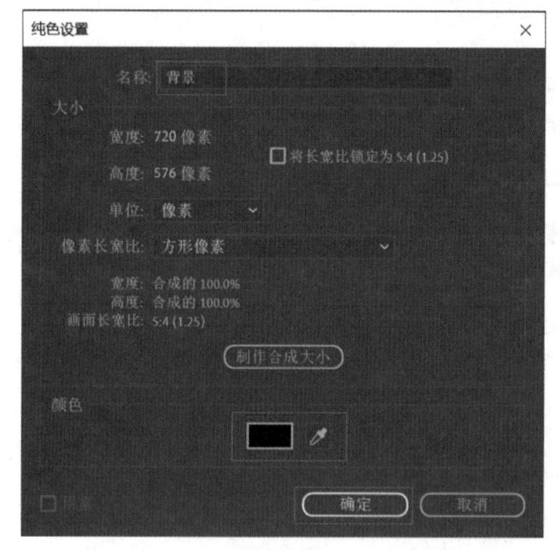


图6-19

4 此时画面效果如图6-20所示。

5 在“效果和预设”面板中搜索“分形杂色”效果，接着将该效果拖曳到“时间轴”面板中的“背景”图层上，如图6-21所示。

图6-20

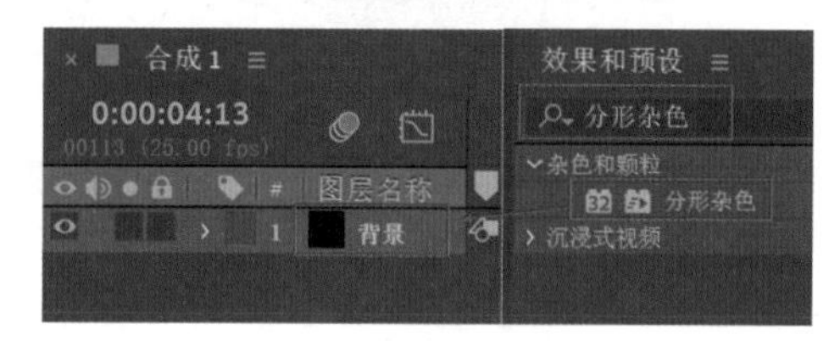


图6-21

6 在“时间轴”面板中单击“背景”图层，设置“分形类型”为“湍流锐化”、“反转”为“开”、“对比度”为160.0、“亮度”为15.0，“溢出”为“柔和固定”。设置“缩放”为1500.0、“透视位移”为“开”、“循环演化”为“开”。将时间线拖动到起始时间位置处，单击“演化”前面的 (时间变换秒表)按钮，设置“演化”为（0x+0.0°）。接着将时间线拖动至第4秒24帧位置处，设置“演化”为（0x+270.0°），如图6-22所示。

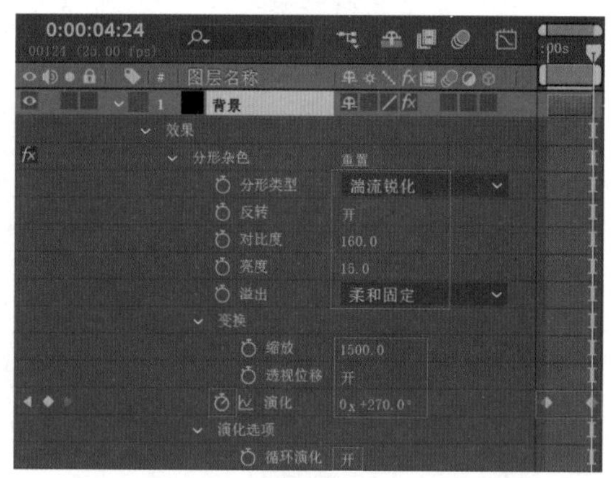


图6-22

7 在“效果和预设”面板中搜索CC Toner效果，接着将该效果拖曳到“时间轴”面板中“背景”图层上，如图6-23所示。

❽ 在“时间轴”面板中单击“背景”图层，接着展开“效果”|CC Toner，设置Midtones为绿色，如图6-24所示。

图6-23

图6-24

❾ 在“效果和预设”面板中搜索“曲线”效果，接着将该效果拖曳到“时间轴”面板中“背景”图层上，如图6-25所示。

图6-25

❿ 在“时间轴”面板中单击“背景”图层，在“效果控件”面板中展开“曲线”|“曲线”，设置“通道”为RGB，单击曲线添加一个锚点，并向左上角拖曳，接着再次添加一个锚点并向右下角拖曳，如图6-26所示。

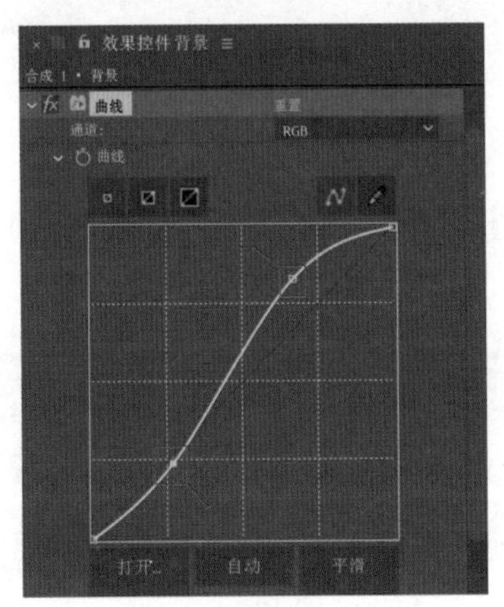

图6-26

⓫ 在“项目”面板中将“01.png”素材文件拖曳到“时间轴”面板中，如图6-27所示。

图6-27

⓬ 在“时间轴”面板中选择“01.png”图层，单击激活（3D图层）按钮，将时间线拖动到起始时间位置处，单击“缩放”“Y轴旋转”“不透明度”前面的（时间变换秒表）按钮，设置此时的“缩放”为（0.0,0.0,0.0%）、“Y轴旋转”为（0x-90°）、“不透明度”为0%，如图6-28所示。接着将时间线拖动到第1秒位置出，设置“缩放”为（100.0,100.0,100.0%）、“Y轴旋转”为（1x+0.0°）、“不透明度”为100%。

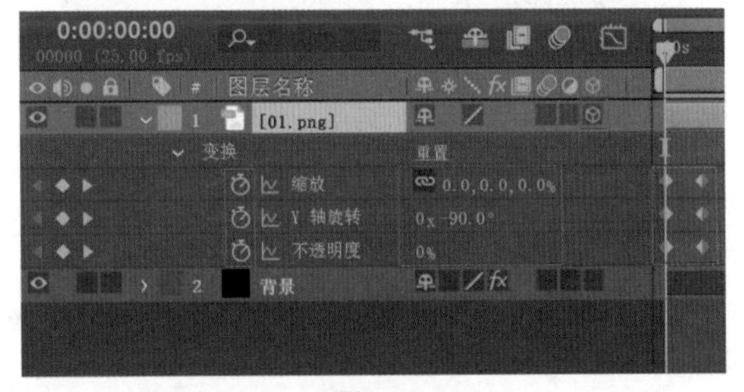

图6-28

⓭ 拖动时间线查看画面效果，如图6-29所示。

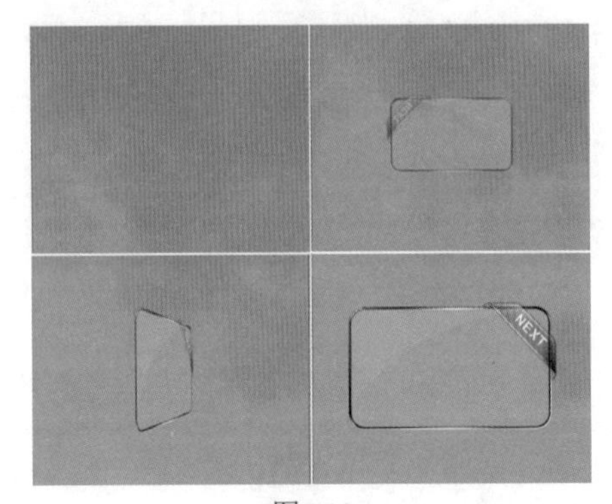
图6-29

⓮ 在不选择任何图层的情况下，在工具栏中单击“横排文字工具”，输入文字并设置合适的“字体系列”和“字体样式”，设置“文字颜

色”为白色、“字体大小”为48像素，如图6-30所示。

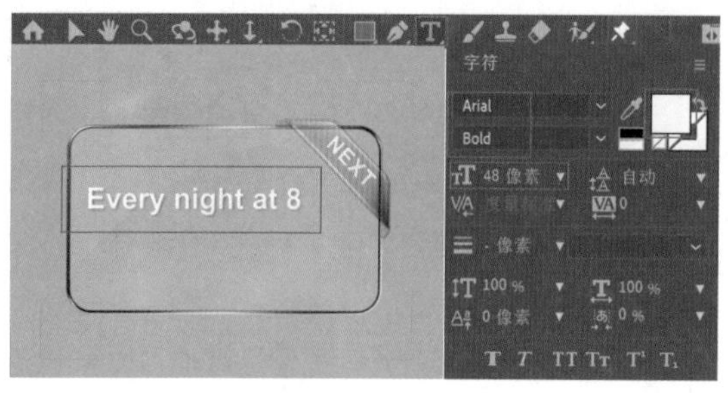

图6-30

⑮ 在“时间轴”面板中单击文字图层，接着展开“变换”，设置“位置”为（124.4,270.8）。将时间线拖动到第1秒位置处，单击“不透明度”前面的 （时间变换秒表）按钮，设置“不透明度”为0%。将时间线拖动到第2秒位置处，设置“不透明度”为100%，如图6-31所示。

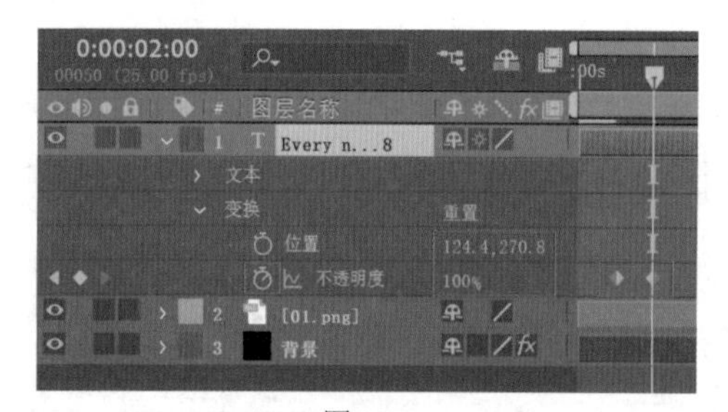

图6-31

⑯ 在“效果和预设”面板中搜索“投影”效果，接着将该效果拖曳到“时间轴”面板中的文字图层上，如图6-32所示。

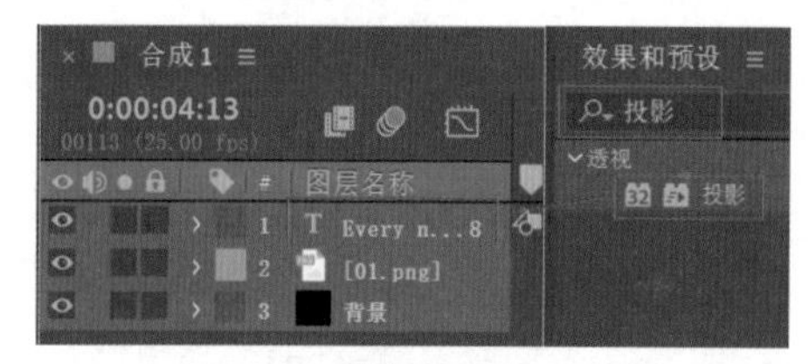

图6-32

⑰ 在“时间轴”面板中单击文字图层，接着展开“效果”|“投影”，设置“不透明度”为40%，“柔和度”为10.0，如图6-33所示。

⑱ 再次在不选择任何图层的情况下，在工具栏中单击“横排文字工具” ，输入文字并设置合适的“字体系列”和“字体样式”，设置“文字颜色”为白色，“字体大小”为48像素，如图6-34所示。

图6-33

图6-34

⑲ 在“时间轴”面板中单击文字图层，接着展开“变换”，设置“位置”为（130.5,344.1）。将时间线拖动到第2秒位置，单击“不透明度”前面的 （时间变换秒表）按钮，设置“不透明度”为0%，如图6-35所示。将时间线拖动到第3秒位置，设置“不透明度”为100%。

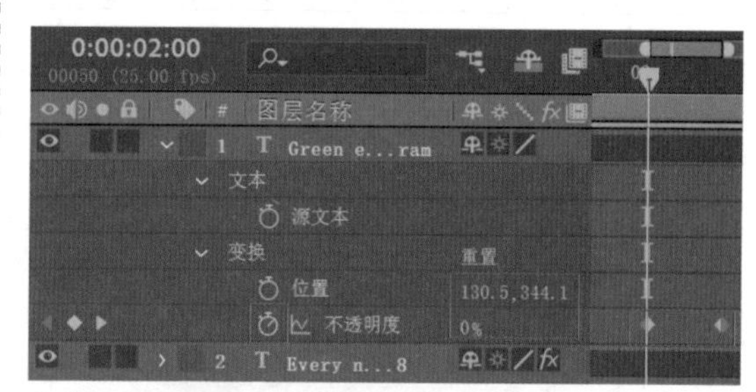

图6-35

⑳ 在“效果和预设”面板中搜索“投影”效果，接着将该效果拖曳到“时间轴”面板中图层1上，如图6-36所示。

图6-36

㉑ 在“时间轴”面板中单击文字图层，接着展开“效果”|“投影”，设置“不透明度”为40%，“柔和度”为10.0，如图6-37所示。

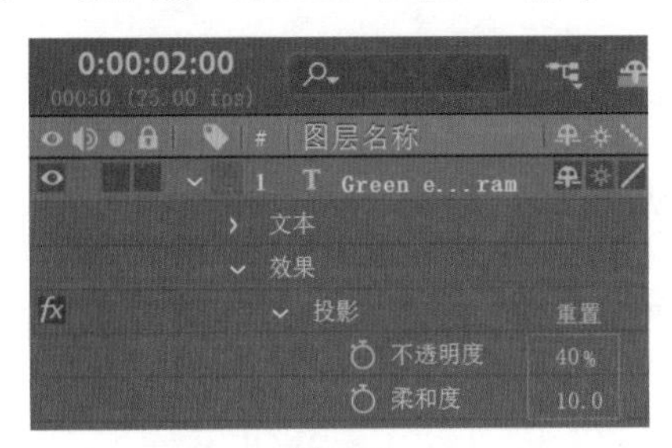


图6-37

㉒ 至此本案例制作完成，拖动时间线，查看画面效果，如图6-38所示。

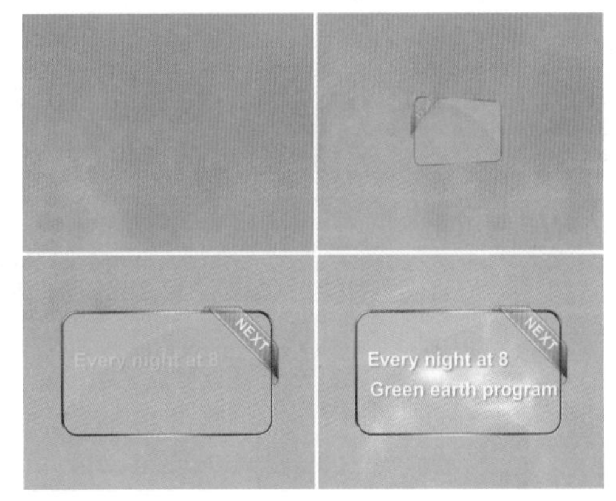


图6-38

## 6.2.2 实例：运动主题节目包装设计

### 设计思路

案例类型：

本案例是与运动相关的网站页面设计作品，如图6-39所示。

图6-39

项目诉求：

本案例是一个以运动为主题的网页页面动画设计。通过足球与人像背景呈现出鲜活、年轻、运动的主题，意在展现网页主题与风格，给人以活跃、个性的感觉。

设计定位：

本案例采用文字为主、图像为辅的画面布置方式。选择人像作为背景，以文字与简约的图形作为前景进行展示，使画面具有层次感的同时，极具视觉冲击力。选择较为平整、利落的字体进行设计，直观地传递信息的同时，可以给人以简洁大方、清晰利落的印象。

## 配色方案

青绿色与深蓝色、黑色搭配，形成明度的对比，丰富了画面的视觉空间感与层次感，如图6-40所示。

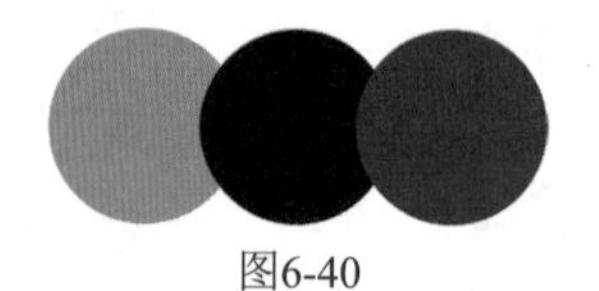

图6-40

主色：

以青绿色为作品主色，打造出自然、轻快、休闲的画面基调。

辅助色：

采用黑色星形作为画面背景的边框，使图像与画面形成不同层次，具有引导观者目光的作用。

点缀色：

以蓝色作为辅助色，通过渐变的设计方式，城市夜景展现出梦幻、绚丽的视觉效果。

## 版面构图

本案例将图像作为背景，文字作为主体内容呈现。通过线条、文字与图像的不同摆放位置形成丰富的层次，增强了作品画面的视觉纵深感，形成主次分明、引人入胜的视觉效果，如图6-41和图6-42所示。

图6-41　　图6-42

## 操作思路

本案例通过应用钢笔工具绘制图案，并设置关键帧动画制作图形变换效果，添加“梯度渐变”效果制作渐变背景，使用“3D图层”功能制作文字立体效果。

**操作步骤**

1 右击“项目”面板空白位置处，在弹出的快捷菜单中选择“新建合成”命令，在弹出的“合成设置”窗口中，设置“合成名称”为“背景”，设置“预设”为“自定义”，设置“宽度”为3508 px、“高度”为2480 px、“像素长宽比”为“方形像素”、“帧速率”为25帧/秒、“持续时间”为5秒13帧，单击“确定”按钮。然后执行“文件”|“导入”|“文件”命令，导入全部素材，如图6-43所示。

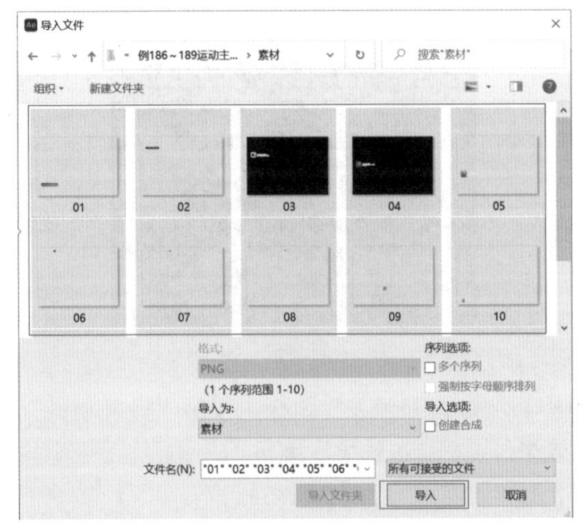


图6-43

2 在“时间轴”面板中右键单击空白位置处，在弹出的快捷菜单中执行“新建”|“纯色”命令，如图6-44所示。

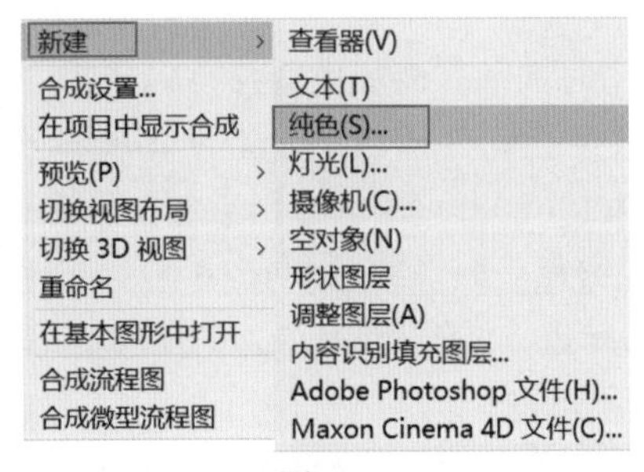


图6-44

3 在弹出的“纯色设置”对话框中设置“名称”为“黑色 纯色1”、“颜色”为黑色，如图6-45所示。

4 此时画面效果如图6-46所示。

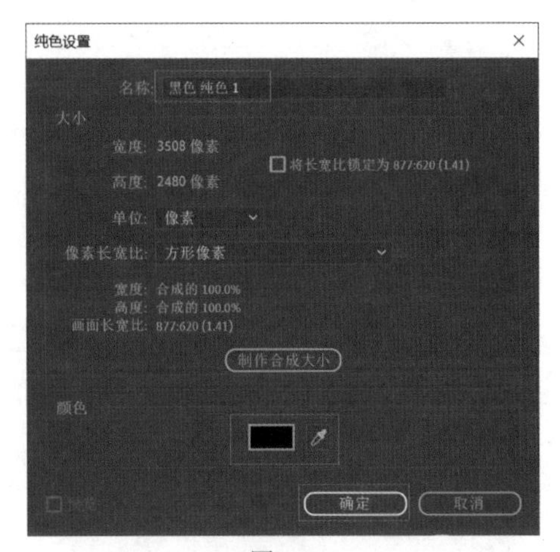


图6-45

图6-46

5 在“项目”面板中将“人像.png”素材文件拖曳到“时间轴”面板中，如图6-47所示。

图6-47

6 在“时间轴”面板中单击“人像.png”图层，接着展开“变换”，将时间线拖动到第1秒位置处，单击“位置”前面的（时间变换秒表）按钮，并设置“位置”为（4600.0,1240.0），如图6-48所示。将时间线拖动到第1秒12帧位置处，设置“位置”为（754.0,1240.0）。将时间线拖动到第1秒22帧位置处，单击“缩放”前面的（时间变换秒表）按钮，设置“缩放”为（100.0,100.0%）。将时间线拖动到第2秒10帧位置处，设置“缩放”为（120.0,120.0%）。将时间线拖动到第2秒23帧位置处，设置“缩放”为（100.0,100.0%）。将时间线拖动到第3秒09帧位置处，设置“缩放”为（120.0,120.0%）。将时间线拖动到第3秒21帧位置处，设置“缩放”为（100.0,100.0%）。

图6-48

⑦ 在不选择任何图层的情况下，在工具栏中单击（钢笔工具），设置“填充”为绿色，绘制3个图形，如图6-49所示。

图6-49

⑧ 在“时间轴”面板中单击“形状图层1”，展开“内容”|“形状5”|“路径1”，接着分别展开“形状4”|“路径1”、“形状3”|“路径1”，将时间线拖动到第0秒，分别单击“形状5”、“形状4”、“形状3”下的“路径”前面的（时间变换秒表）按钮，如图6-50所示。

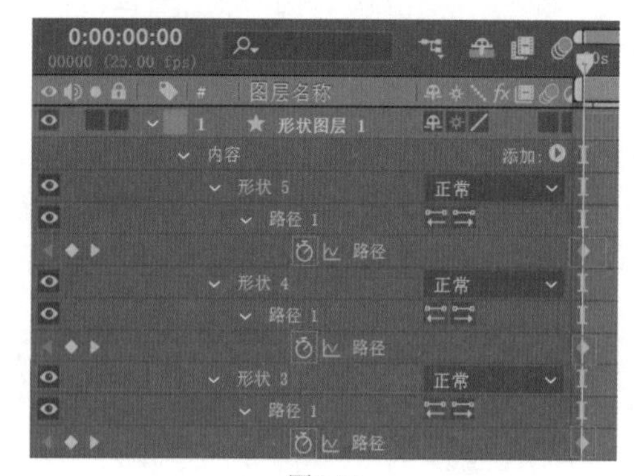


图6-50

⑨ 在“合成”面板中调整此时的路径形状，如图6-51所示。

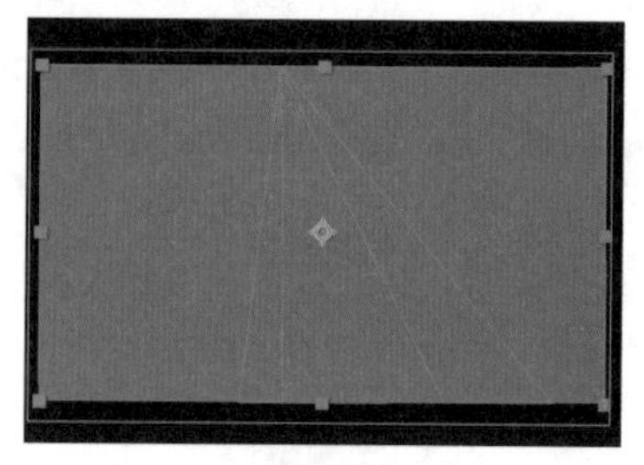

图6-51

⑩ 将时间线拖动到第1秒，调整此时3个图形的形状，如图6-52所示。

图6-52

⑪ 在“效果和预设”面板中搜索“梯度渐变”效果，接着将该效果拖曳到“时间轴”面板中的“形状图层1”上，如图6-53所示。

图6-53

⑫ 在“时间轴”面板中选择“形状图层1”，在“效果控件”面板中设置“渐变起点”为（1056.0,680.0）、“起始颜色”为深绿色、“渐变终点”为（2860.0,1640.0）、“结束颜色”为绿色、“渐变形状”为“径向渐变”，如图6-54所示。

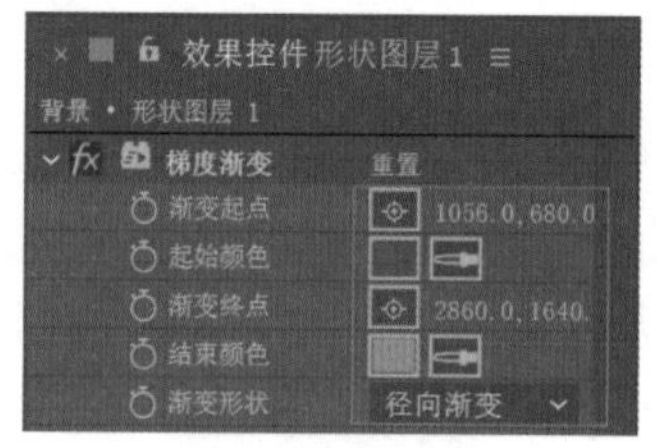


图6-54

⑬ 拖动时间线查看画面效果，如图6-55所示。

图6-55

⑭ 在“项目”面板中将“底栏.png”素材文件拖曳到“时间轴”面板中，如图6-56所示。

图6-56

⑮ 在“项目”面板中将“导航背景.png”素材文件拖曳到“时间轴”面板中，如图6-57所示。

图6-57

⑯ 在“项目”面板中将“导航.png”素材文件拖曳到“时间轴”面板中，如图6-58所示。

图6-58

⑰ 在不选择任何图层的情况下，在工具栏中单击（钢笔工具），设置“描边”为黑色、“描边宽度”为15像素，绘制4个矩形，如图6-59所示。

图6-59

⑱ 在“时间轴”面板中单击“形状图层2”，接着展开“变换”，将时间线拖动至起始时间，单击“不透明度”前面的（时间变换秒表）按钮，设置“不透明度”为0%，如图6-60所示。将时间拖动至第5帧位置处，设置“不透明度”为100%。

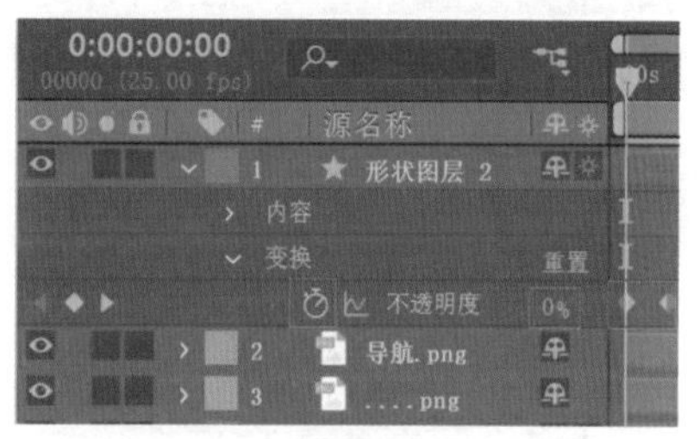


图6-60

⑲ 在“项目”面板中将“10.png”素材文件拖曳到“时间轴”面板中，如图6-61所示。

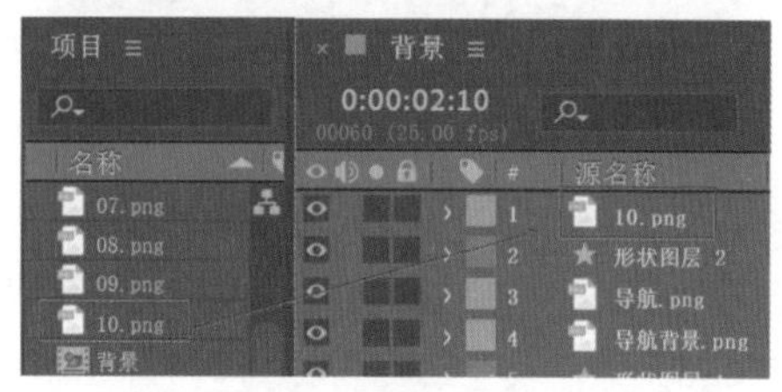


图6-61

⑳ 在“项目”面板中将“09.png”素材文件拖曳到“时间轴”面板中，如图6-62所示。

图6-62

㉑ 在“时间轴”面板中设置“09.png”素材文件

起始时间为4秒14帧，如图6-63所示。

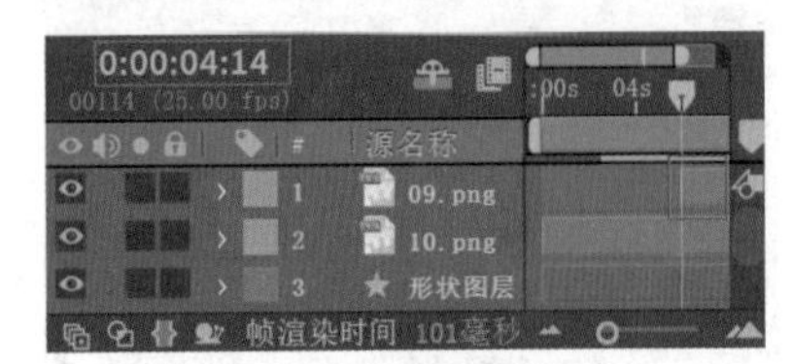


图6-63

㉒ 分别在“项目”面板中将“06.png”“07.png”“08.png”素材文件拖曳到“时间轴”面板上，如图6-64所示。

图6-64

㉓ 在“时间轴”面板中单击“06.png”图层，接着展开“变换”，设置“锚点”为（743.0,119.0）、“位置”为（743.0,119.0），如图6-65所示。

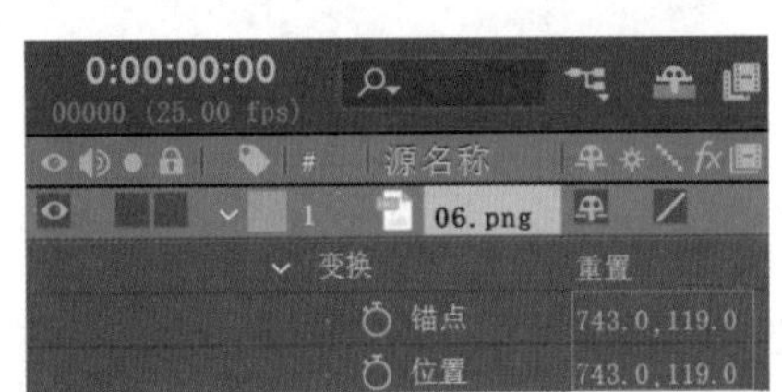


图6-65

㉔ 在“时间轴”面板中单击“07.png”图层，接着展开“变换”，设置“锚点”为（1206.5,137.5）、“位置”为（1206.5,137.5），如图6-66所示。

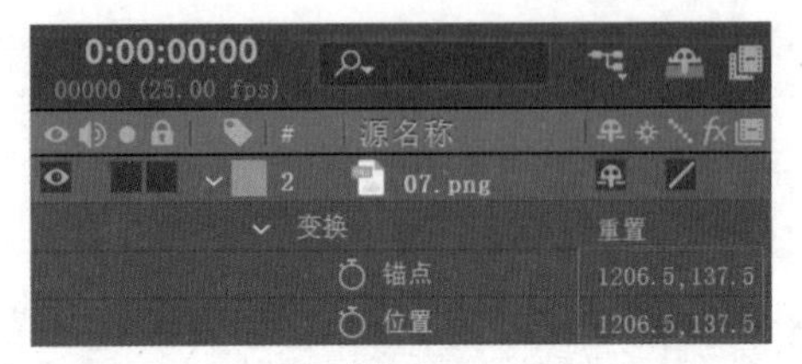


图6-66

㉕ 在“时间轴”面板中单击“08.png”图层，接着展开“变换”，设置“锚点”为（1662.5,126.0）、“位置”为（1662.5,126.0），如图6-67所示。

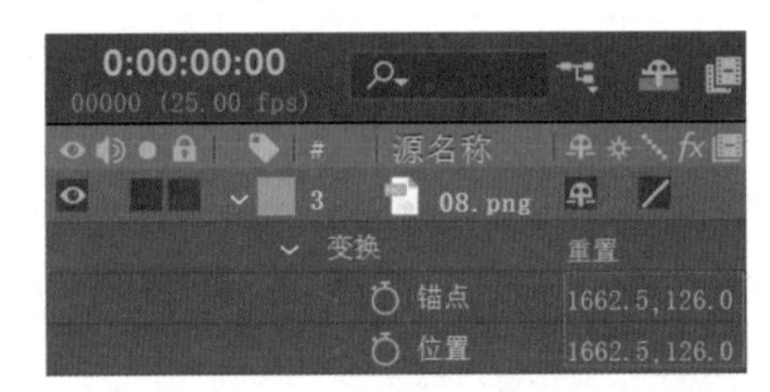


图6-67

㉖ 在“时间轴”面板中分别单击“06.png”“07.png”“08.png”图层，展开“变换”，将时间线拖动到起始时间，单击“旋转”前面的 (时间变换秒表）按钮，并设置“旋转”为（0x+0.0°），如图6-68所示。将时间线拖动到第1秒，设置“旋转”为（0x+30°）。将时间线拖动到第2秒，设置“旋转”为（0x+0.0°）。将时间线拖动到第3秒，设置“旋转”为（0x-30°）。将时间线拖动到第4秒，设置“旋转”为（0x+0.0°）。将时间线拖动到第5秒，设置“旋转”为（0x+30°）。将时间线拖动到第5秒12帧，设置“旋转”为（0x+0.0°）。

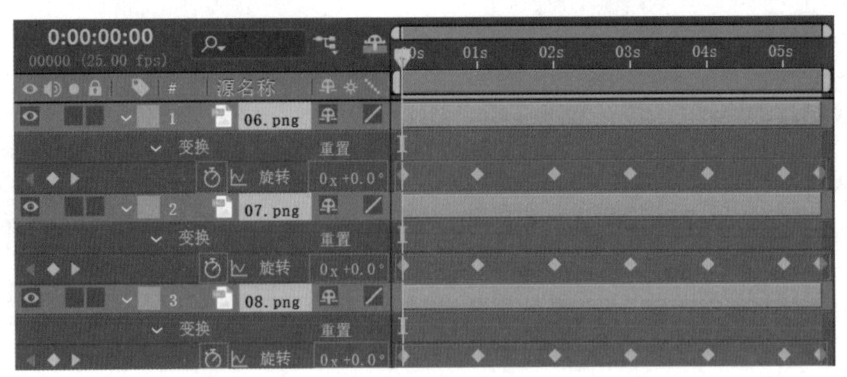


图6-68

27 拖动时间线查看画面效果，如图6-69所示。

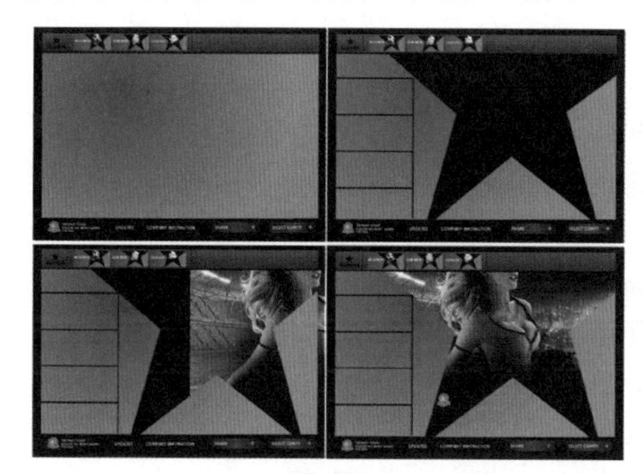

图6-69

28 使用同样的方法制作合适的动画效果，拖动时间线查看画面效果，如图6-70所示。

29 在“项目”面板中将“文字.png”素材文件拖曳到“时间轴”面板中，如图6-71所示。

30 在“时间轴”面板中单击（3D图层）按钮，设置起始时间为第4秒，接着展开“变换”，将时间线拖动至第4秒位置处，单击“位置”前面的（时间变换秒表）按钮，设置“位置”为（1754.0,1240.0,-5000.0），如图6-72所示。将时间线拖动至第4秒10帧位置处，设置“位置”为（1754.0,1240.0,0.0）。

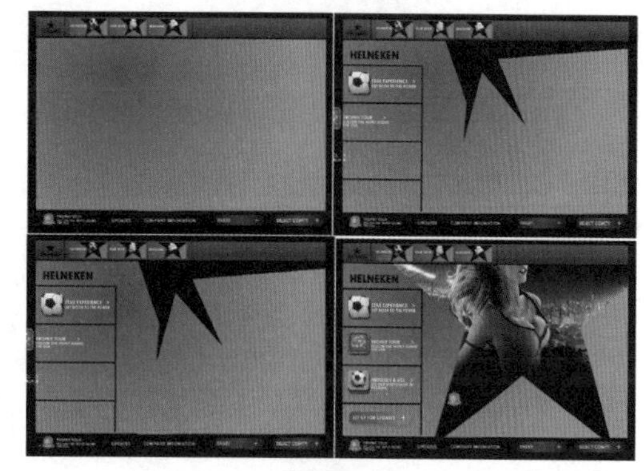


图6-70

图6-71

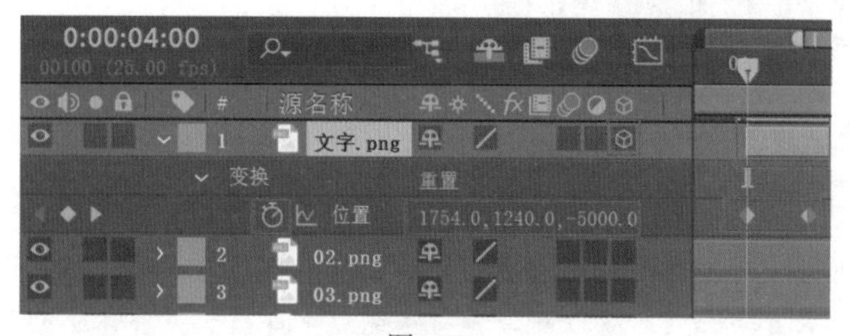


图6-72

31 至此本案例制作完成，拖动时间线查看画面效果，如图6-73所示。

图6-73

## 6.2.3 实例：传统文化栏目包装设计

### 设计思路

案例类型：

本案例是传统文化节目的栏目包装设计项目，如图6-74所示。

图6-74

项目诉求：

本案例是以“听风”为主题的传统文化节目的相关栏目包装设计，通过水墨晕染效果以及毛笔字体，意在展现该节目的古风质感以及古典与传统文化意蕴，使整体画面呈现出古色古香的韵味，给人以典雅、大气的感觉。

设计定位：

本案例采用以文字为主、图像为辅的画面构图方式。在最后的画面中以文字定格，为节目进行铺垫。选择高山村落的景象作为中场转换，赋予画面以悠远、壮阔的内涵，切合节目主题的同时使。作为主体内容的文字在清晰表达作品主题的同时，与主题风格形成呼应，整体画面和谐统一，极具吸引力。

### 配色方案

黑、白、灰三种色彩作为无彩色，不具有任何颜色倾向，因此三种颜色的搭配可形成内敛、安静、沉寂的氛围，从而打造出古典、端庄的画面效果，具有较强的说服力，如图6-75所示。

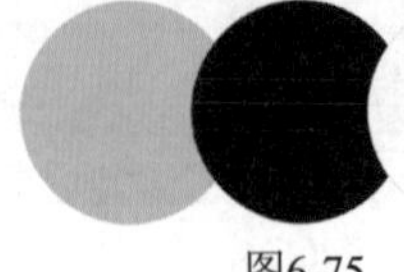

图6-75

主色：

灰色作为黑、白两色的中间色，相较于黑色的深沉、白色的亮眼，其具有安静、平衡的特性。将灰色作为画面背景色，奠定了画面整体色调，呈现出优雅、端庄、安静的视觉效果。

辅助色：

使用明度最低的黑色作为辅助色，黑色的水墨晕染元素呈现出轻盈浮动的效果，给人以空灵、古典的感觉，同时极为醒目、突出。

点缀色：

黑色与灰色的搭配，使整体画面色调极为和谐、统一。将白色作为文字色彩进行使用，提升了文字的明度，使观者目光向文字转移，同时在深色背景元素的衬托下文字更加突出，具有较强的吸引力，使文字信息更好地传递。

### 版面构图

本案例采用重心型的构图方式，将主体文字与水墨元素在画面中央部位呈现，具有较强的视觉冲击力。灰色渐变背景与山川村落背景的切换使画面更显大气，充满中式内涵。中间位置的主体文字“听风”与“水墨丹青”是视觉焦点所在，同时经过晕染的墨痕的点缀，赋予文字生命力，给人以书写、泼墨的感觉，使观者建立对节目打造传统、中式内涵的良好印象，如图6-76和图6-77所示。

图6-76　　图6-77

### 操作思路

本案例通过为纯色图层添加“梯度渐变”效果制作渐变效果的背景，应用“横排文字工具”创建水墨文字，设置关键帧制作“不透明度”属性的动画。

### 操作步骤

#### 1.制作主体文字与水墨元素

❶ 右击“项目”面板空白位置处，在弹出的快捷菜单中选择“新建合成”命令，在弹出的“合成设置”窗口中，设置“合成名称”为Comp 1，设置“预设”为“自定义”，设置“宽度”为1024 px、“高度”为768 px、“像素长宽比”为“方形像素”、“帧速率”为25帧/秒、“持续时间”为10秒，单击“确定”按钮。然后执行“文件”|“导入”|“文件”命令，导入全部素材，如图6-78所示。

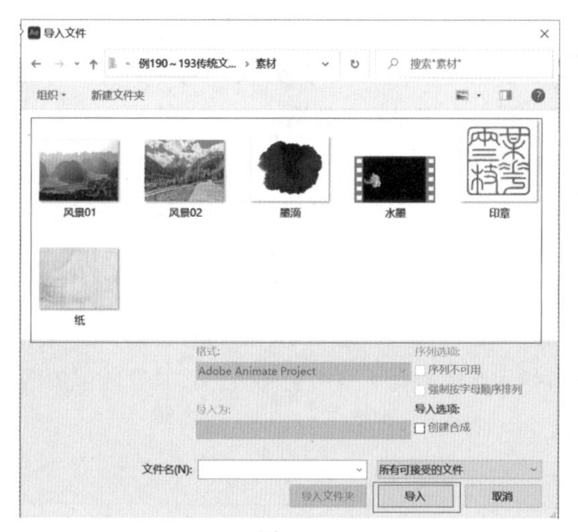


图6-78

❷ 在“时间轴”面板中右键单击空白位置处，在弹出的快捷菜单中执行“新建”|“纯色”命令，如图6-79所示。

新建 ›
合成设置...
在项目中显示合成
预览(P) ›
切换视图布局 ›
切换 3D 视图 ›
重命名
在基本图形中打开
合成流程图
合成微型流程图
查看器(V)
文本(T)
纯色(S)...
灯光(L)...
摄像机(C)...
空对象(N)
形状图层
调整图层(A)
内容识别填充图层...
Adobe Photoshop 文件(H)...
Maxon Cinema 4D 文件(C)...

图6-79

❸ 在弹出的“纯色设置”对话框中设置“名称”为“背景”、“颜色”为黑色，如图6-80所示。

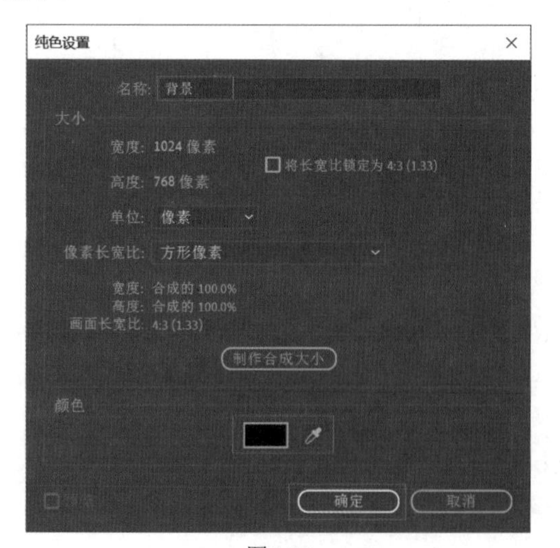


图6-80

❹ 此时画面效果如图6-81所示。

图6-81

❺ 在“效果和预设”面板中搜索“梯度渐变”效果接着将该效果拖曳到“时间轴”面板中的“背景”图层上，如图6-82所示。

图6-82

❻ 在“时间轴”面板中单击“背景”图层，接着在“效果控件”面板中展开“梯度渐变”，设置“渐变起点”为（512.0,384.0）、“起始颜色”为白色、“渐变终点”为（512.0,1200.0）、“结束颜色”为灰色、“渐变形状”为“径向渐变”，如图6-83所示。

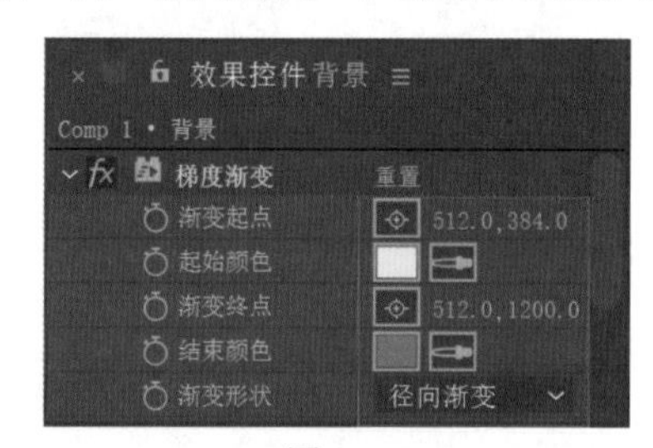


图6-83

❼ 在不选择任何图层的情况下，在工具栏中单击“横排文字工具”🅃，输入文字并设置合适的“字体系列”和“字体样式”，设置“文字颜色”为黑色、“字体大小”为200像素。接着单击🅃（仿粗体）按钮，如图6-84所示。

❽ 单击🅃（横排文字工具）按钮，并输入一组文字，如图6-85所示。

图6-84

⑨ 在“字符”面板中设置合适的字体类型和字体大小，如图6-86所示。

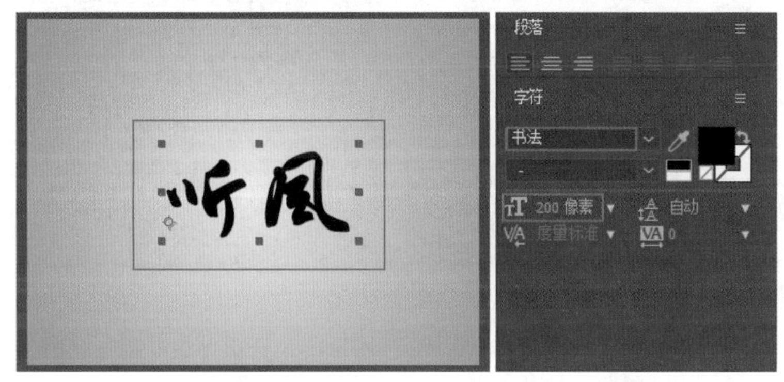

图6-85　　　　图6-86

⑩ 设置该文字图层的结束时间为第1秒16帧，如图6-87所示。

图6-87

⑪ 设置文本的“位置”为（321.2，450.1），如图6-88所示。

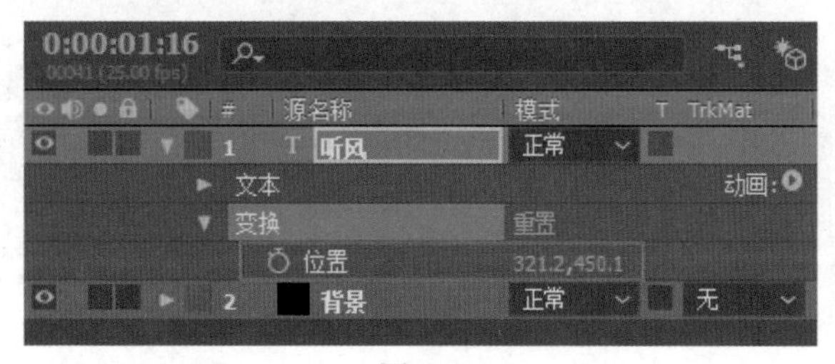

图6-88

⑫ 将素材“水墨.wmv”导入“时间轴”面板中，如图6-89所示，并设置结束时间为第2秒。

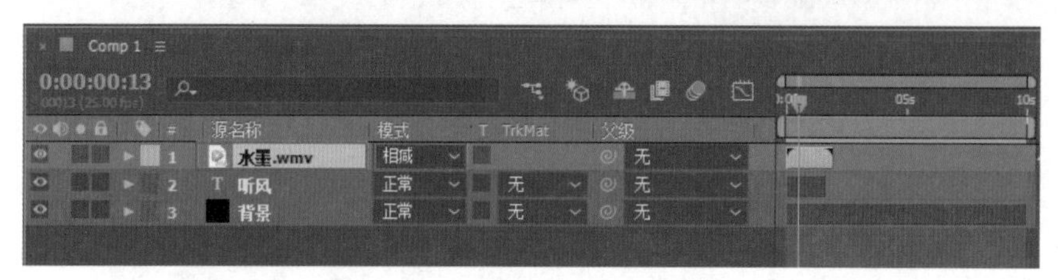


图6-89

⑬ 设置“水墨.wmv”图层的“位置”为（505.0,318.0）、“缩放”为（219.0,219.0%）、“旋转”为（0x+37.0°），如图6-90所示。

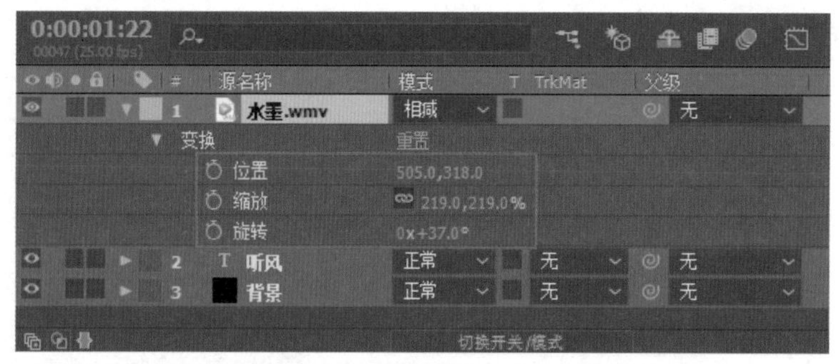


图6-90

⑭ 将时间线拖动到第1秒15帧，单击“水墨.wmv”图层的“不透明度”前面的◎按钮，设置“不透明度”为100%，如图6-91所示。

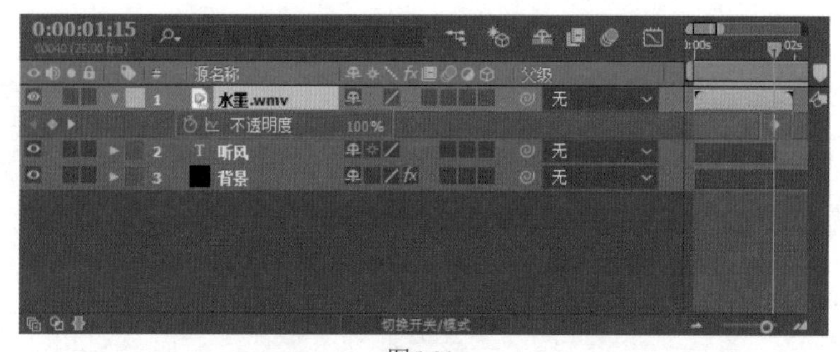


图6-91

⑮ 将时间线拖动到第2秒，设置“不透明度”为0%，如图6-92所示。

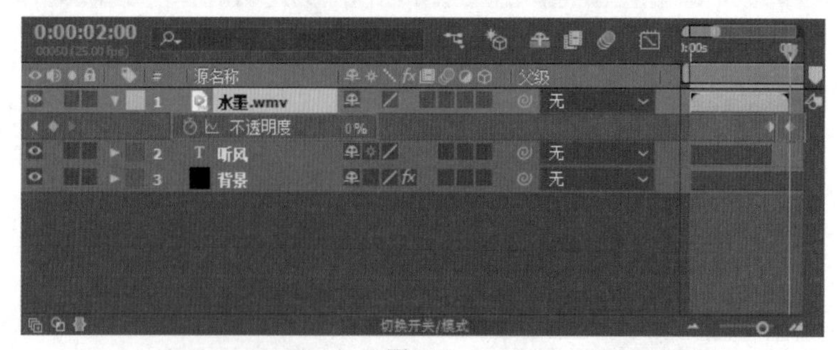


图6-92

⑯ 拖动时间线查看动画效果，如图6-93所示。

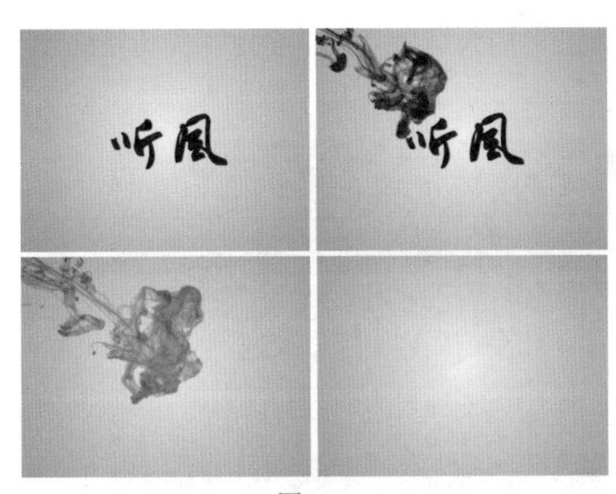

图6-93

### 2. 制作风景转场动画

❶ 将素材“风景01.jpg”导入“时间轴”面板中，设置素材的起始时间为第1秒16帧，结束时间为第6秒，并单击 （3D图层）按钮，如图6-94所示。

❷ 此时的素材“风景01.jpg”效果如图6-95所示。

❸ 为素材“风景01.jpg”添加“亮度和对比度”效果，设置“亮度”为13、“对比度”为12，并为其添加“黑色和白色”效果，设置参数，如图6-96所示。

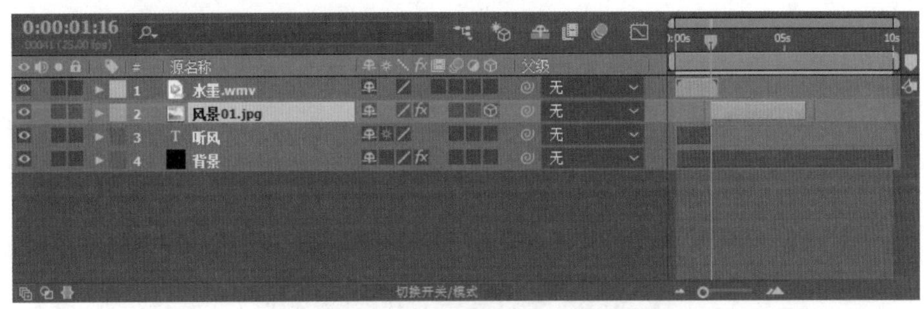

图6-94

图6-95

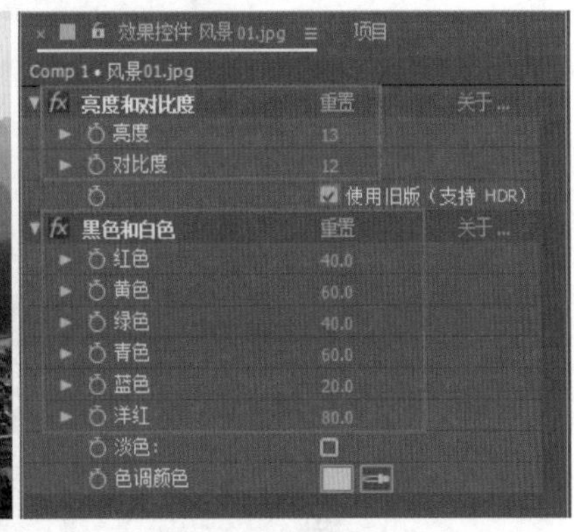

图6-96

❹ 继续为素材“风景01.jpg”添加“高斯模糊（旧版）”效果，设置“模糊度”为1。再为其添加“中间值”效果，并设置“半径”为2，如图6-97所示。

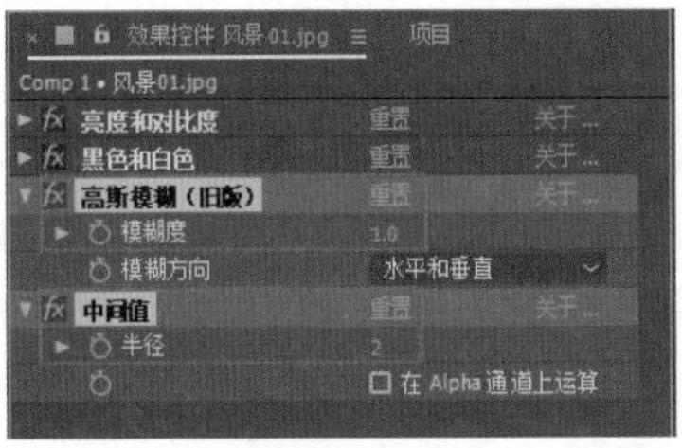

图6-97

❺ 此时的素材“风景01.jpg”效果如图6-98所示。

图6-98

⑥ 将素材“印章.png”导入“时间轴”面板中，设置起始时间为第1秒16帧，结束时间为第6秒，并单击（3D图层）按钮，如图6-99所示。

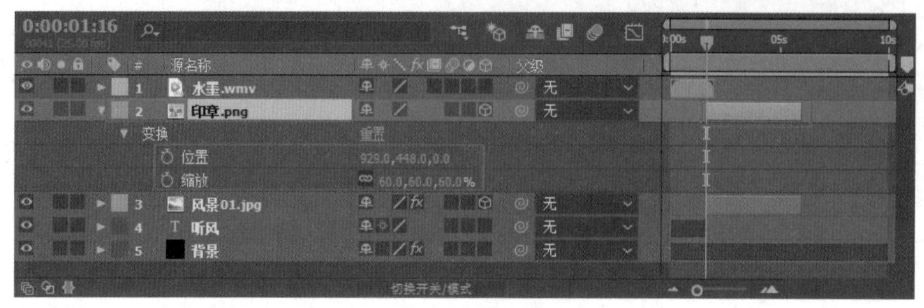


图6-99

⑦ 此时的印章效果，如图6-100所示。

图6-100

⑧ 将素材“风景02.jpg”导入“时间轴”面板中，并设置起始时间为第4秒，结束时间为第8秒，如图6-101所示。

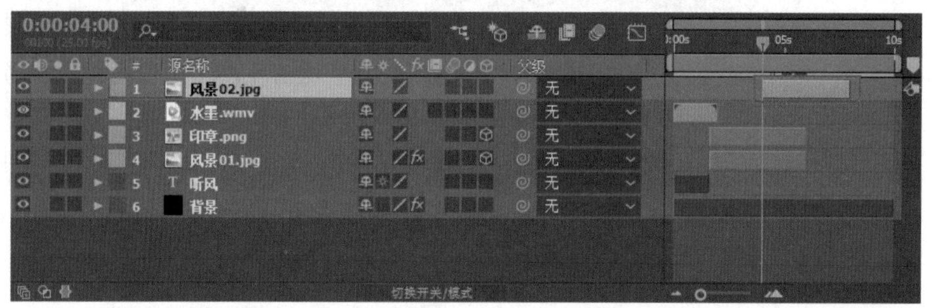


图6-101

⑨ 为素材“风景02.jpg”添加“亮度和对比度”效果，设置“亮度”为-10、“对比度”为30，勾选“使用旧版”复选框，并为其添加“黑色和白色”效果，设置参数，如图6-102所示。

⑩ 继续为素材“风景02.jpg”添加“高斯模糊（旧版）”效果，设置“模糊度”为3，并为其添加“中间值”效果，设置“半径”为3，如图6-103所示。

⑪ 继续为素材“风景02.jpg”添加“线性擦除”效果，设置“擦除角度”为（0x+45.0°）、“羽化”为130。将时间线拖动到第4秒，单击“过渡完成”前面的按钮，设置“过渡完成”为99%，如图6-104所示。

⑫ 将时间线拖动到第6秒，设置“过渡完成”为0%，如图6-105所示。

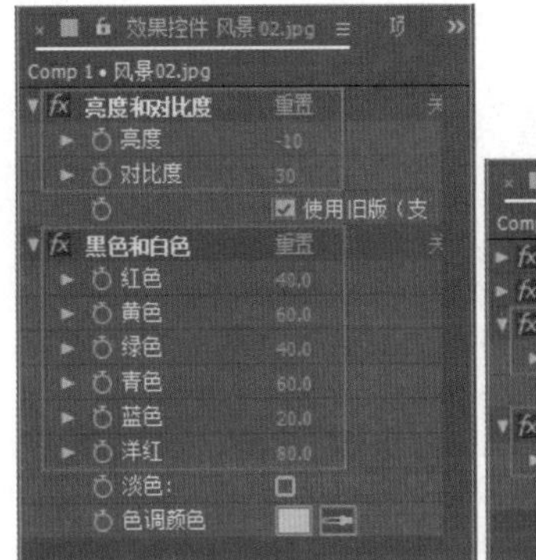


图6-102

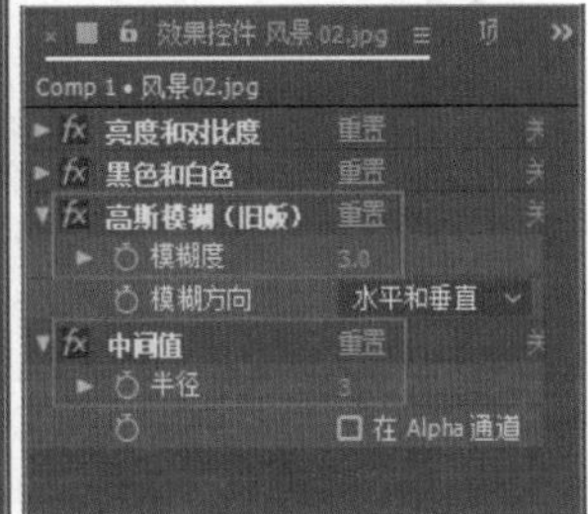


图6-103

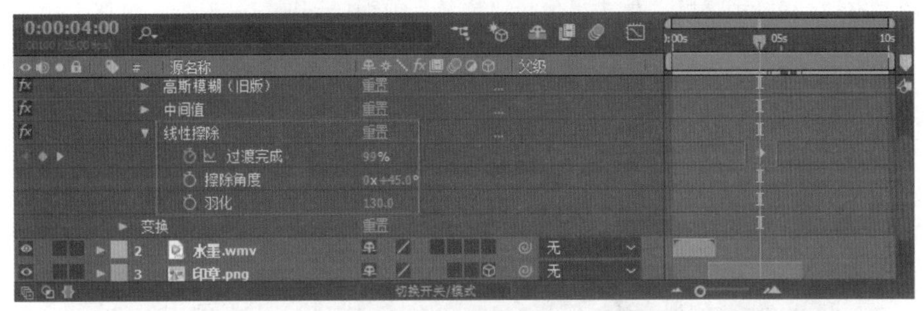


图6-104

图6-105

⑬ 拖动时间线查看效果，如图6-106所示。

图6-106

⑭ 在“时间轴”面板中右击，在弹出的快捷菜单中执行“新建”|“摄像机”命令，如图6-107所示。

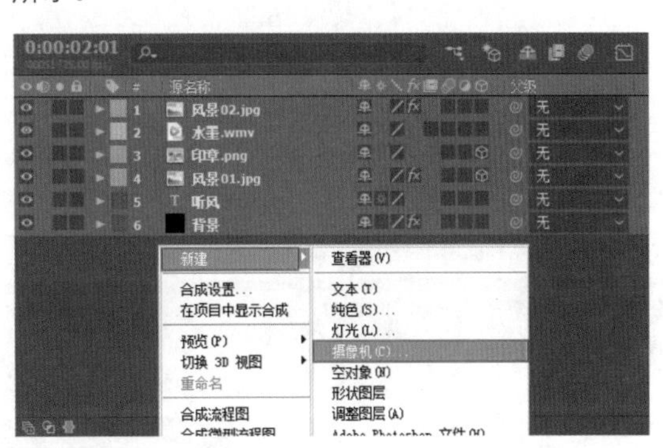


图6-107

⑮ 设置摄像机的“缩放”为796.4像素，“焦

距”为796.4像素，“光圈”为14.2像素，如图6-108所示。

图6-108

⑯ 将时间线拖动到第1秒16帧，单击摄像机“位置”前面的⏱按钮，设置“位置”为（512,384,-523），如图6-109所示。

图6-109

⑰ 将时间线拖动到第2秒16帧，单击摄像机“位置”前面的⏱按钮，设置“位置”为（512,384,-796.4）。如图6-110所示。

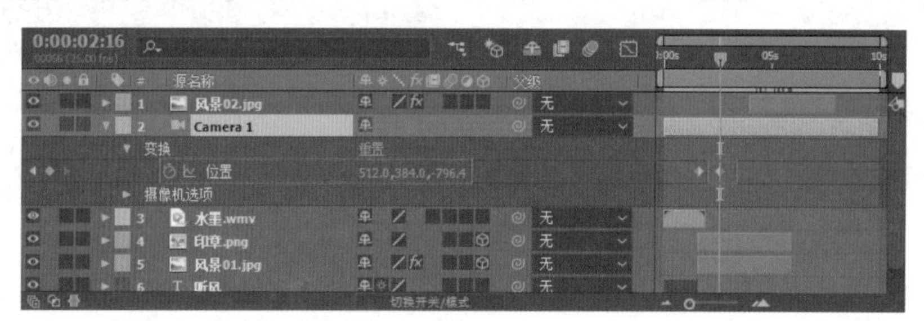

图6-110

⑱ 拖动时间线查看动画效果，如图6-111所示。

图6-111

### 3.制作片尾

❶ 将素材“水墨.wmv”导入到“时间轴”面板中，并设置起始时间为第6秒23帧，结束时间为第8秒23帧，如图6-112所示。

图6-112

❷ 设置素材“水墨.wmv”的“位置”为（505,318），“缩放”为（300,300%），“旋转”为（0x-212°）。将时间线拖动到第8秒13帧，单击“不透明度”前面的按钮，设置“不透明度”为100%，如图6-113所示。

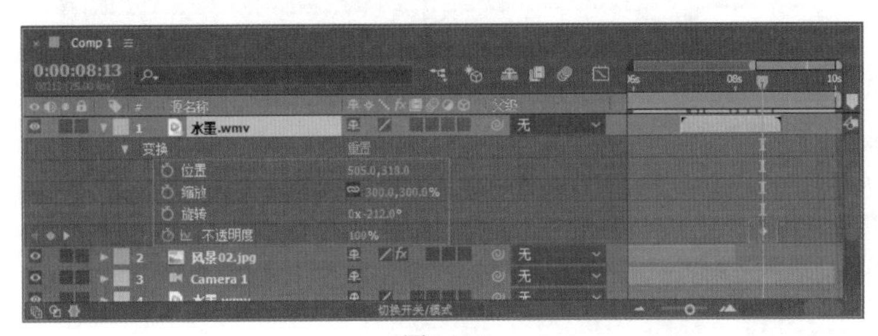


图6-113

❸ 将时间线拖动到第8秒23帧，设置“不透明度”为0%，如图6-114所示。

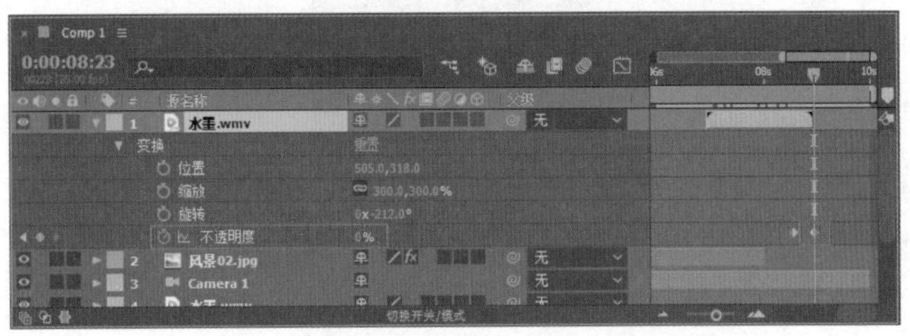


图6-114

❹ 拖动时间线查看动画效果，如图6-115所示。

图6-115

❺ 将素材“墨滴.jpg”导入“时间轴”面板中，设置起始时间为第8秒，结束时间为第9秒24帧，设置“缩放”为（75.0,75.0%），如图6-116所示。

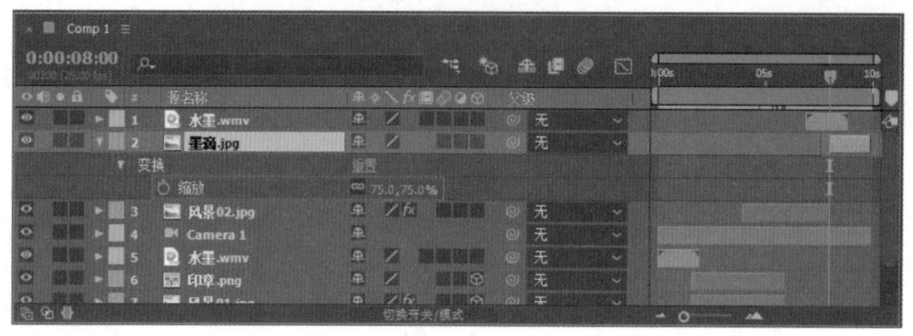

图6-116

❻ 拖动时间线查看效果，如图6-117所示。

❼ 单击🅃（横排文字工具）按钮，并输入一组文字，如图6-118所示。

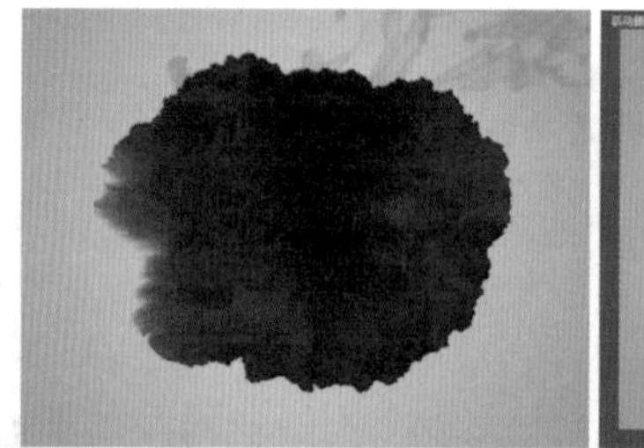

图6-117

图6-118

❽ 在“字符”面板中设置合适的字体类型和字体大小，如图6-119所示。

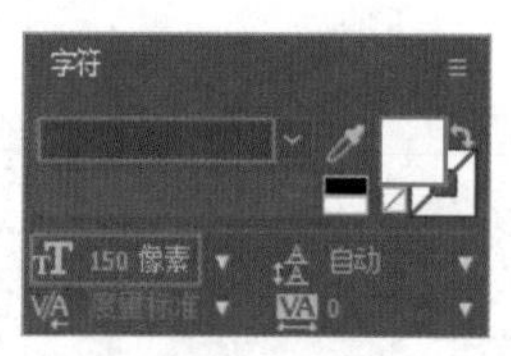


图6-119

❾ 为该组文本添加“波形变形”效果。将时间线拖动到第8秒23帧，单击“波形高度”前面的⏱按钮，设置“波形高度”为5，如图6-120所示。

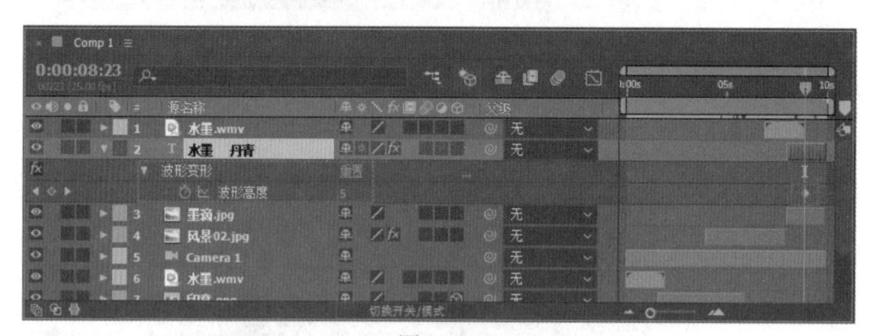

图6-120

❿ 将时间线拖动到第9秒12帧，设置“波形高度”为0，如图6-121所示。

⓫ 设置文本的“位置”为（333.3,353.2），如图6-122所示。

⓬ 至此，本案例制作完成，拖动时间线查看动画效果，如图6-123所示。

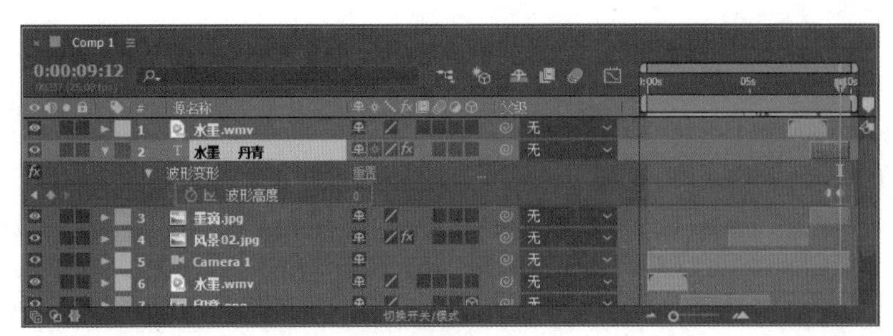

图6-121

图6-122 图6-123

## 6.2.4 实例：汽车栏目动画设计

### 设计思路

**案例类型：**

本案例是汽车栏目动画设计作品，如图6-124所示。

图6-124

**项目诉求：**

本案例制作一个时尚汽车宣传动画。通过改变光照元素的位置，以及文字内容进入画面的过程，向观者传递信息，让人一目了然，呈现出简约、利落的视觉效果。

设计定位：

本案例采用图像为主、文字为辅的画面布置方式，给人以真实、生动的视觉感受。背景中光照元素的移动呈现出时间变化的效果，同时文字进入画面，使观者对汽车有更加深入的了解。

## 配色方案

灰色作为无彩色的一种，具有内敛、冷静、含蓄的特质，与深灰色结合，赋予画面高端、商务的风格，具有较强的说服力，如图6-125所示。

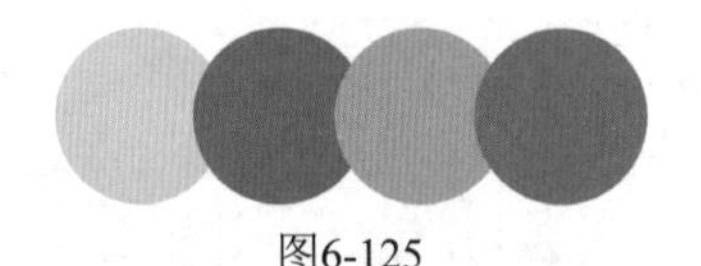

图6-125

主色：

灰色作为背景色，占据画面较大的面积，奠定了作品含蓄、内敛、沉稳的视觉效果，给人以高端、不凡的视觉感受，有助于提升产品格调。

辅助色：

使用明度较低的深灰色作为辅助色，与灰色背景形成纯度与明度的对比，丰富了画面的色彩层次，使画面整体更具细节感，增添了商务、冷静的气息。

点缀色：

深黄色与深蓝色作为作品点缀色，形成强烈的互补色，带来极强的视觉刺激；同时这两种色彩较为饱满、鲜艳，可赋予画面鲜活的生命力，给人眼前一亮的感觉。

## 版面构图

本案例采用重心型的构图方式，将主体图像与文字摆放在画面中间位置，可集中使观者的目光。背景中的光照元素丰富了画面细节，使画面更加生动、鲜活，富有吸引力。同时文字底层的四边形图形将文字与图像进行分割，形成不同层次与板块，使画面布局更加规整有序；由于主体物位于画面的视觉焦点处，可以使信息内容更加迅速地传达，如图6-126和图6-127所示。

图6-126　　图6-127

## 操作思路

本案例主要应用“梯度渐变”效果、“镜头光晕”效果、“斜面Alpha”效果、钢笔工具、关键帧动画制作汽车栏目包装设计。

### 操作步骤

❶ 在“时间轴”面板中新建一个黑色的纯色图层，如图6-128所示。

图6-128

❷ 为该层添加“梯度渐变”效果，设置“起始颜色”为浅灰色、“渐变终点”为（360,1304）、“结束颜色”为灰色、“渐变形状”为“径向渐变”，如图6-129所示。

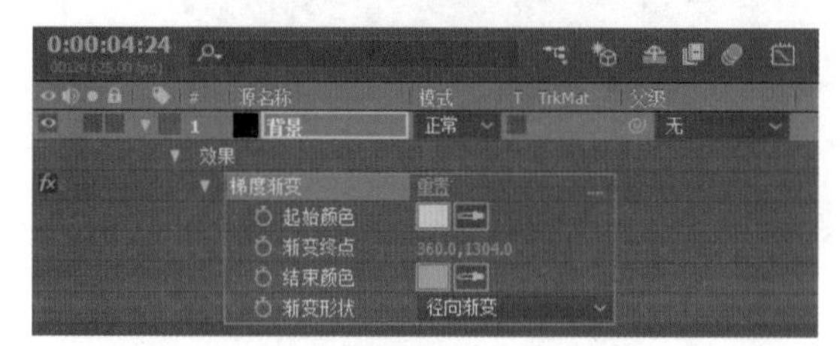

图6-129

❸ 此时效果如图6-130所示。

图6-130

❹ 继续为该层添加“镜头光晕”效果，设置“光晕中心”为（360,0）、“光晕亮度”为160%、“镜头类型”为“35毫米定焦”，如图6-131所示。

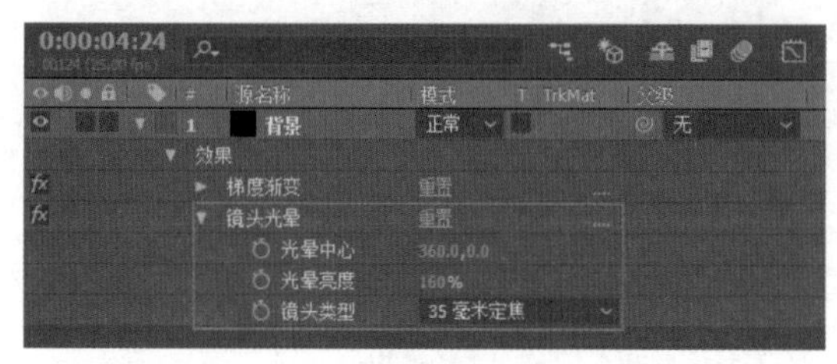

图6-131

❺ 此时已经产生了光晕效果，如图6-132所示。

图6-132

❻ 在“时间轴”面板中导入素材“01.jpg”，设置“位置”为（366,329），“缩放”为（50.5,50.0%），如图6-133所示。

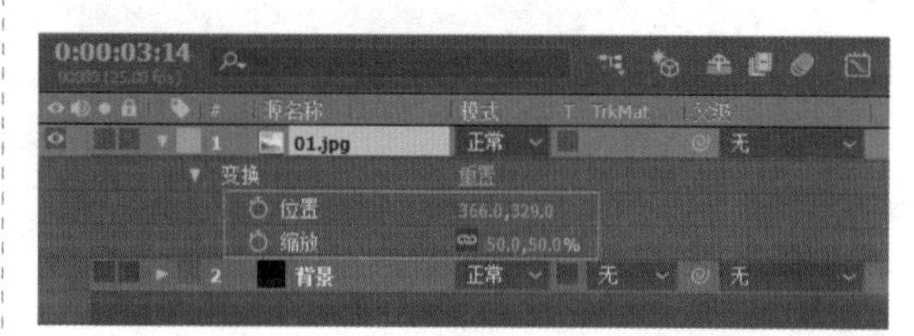

图6-133

❼ 选择“01.jpg”图层，单击■（圆角矩形）按钮，并拖动产生一个遮罩，如图6-134所示。

图6-134

❽ 将时间线拖动至第0秒，单击素材“01.jpg”中“位置”前面的■按钮，设置“位置”为（366,-424），如图6-135所示。

❾ 将时间线拖动至第2秒，设置“位置”为（366,329），如图6-136所示。

❿ 为“01.jpg”图层添加“斜面Alpha”效果，设置“边缘厚度”为5，“灯光角度”为（0x+50°），“灯光强度”为0.6，如图6-137所示。

图6-135

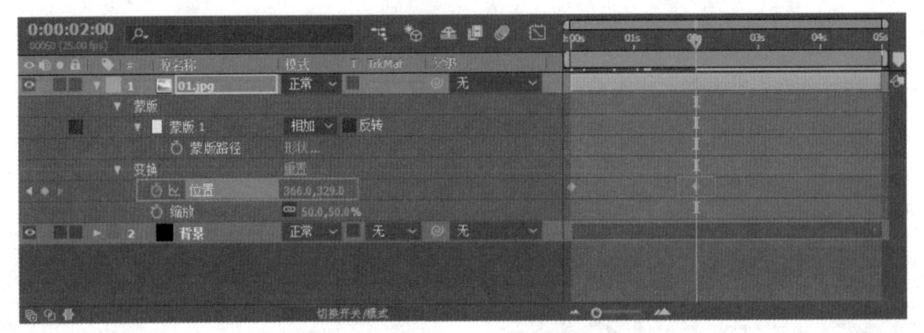


图6-136

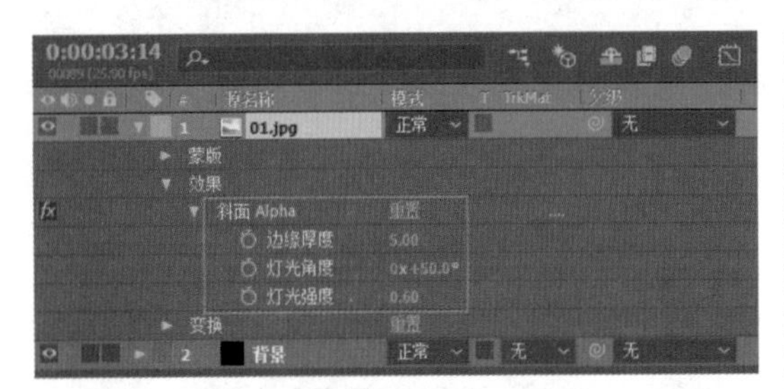


图6-137

⑪ 此时产生了厚度效果，如图6-138所示。

图6-138

⑫ 在不选择任何图层的情况下，单击（钢笔工具）按钮，绘制一个闭合图形，如图6-139所示。

图6-139

⑬ 为新绘制的图形添加“梯度渐变”效果，设置“渐变起点”为（-42,396）、“起始颜色”为青色、“渐变终点”为（629,382）、“结束颜色”为深蓝色，如图6-140所示。

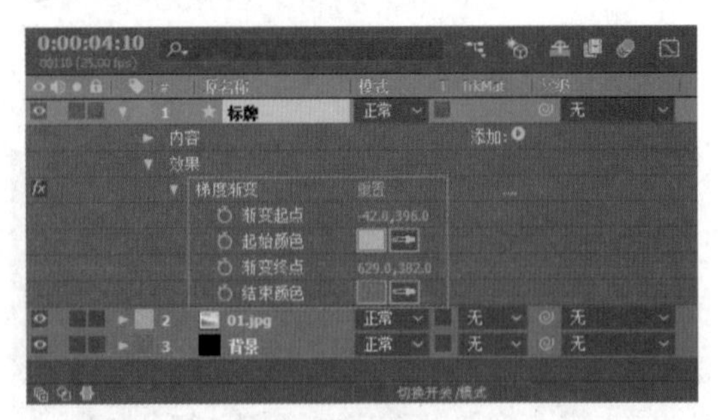


图6-140

⑭ 继续为新绘制的图形添加“投影”效果，设置“柔和度”为50，如图6-141所示。

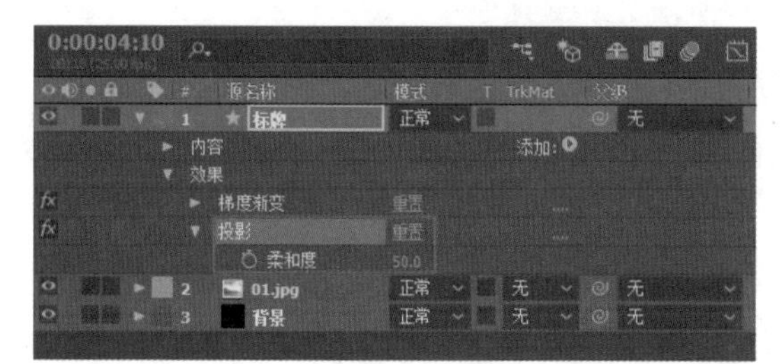


图6-141

⑮ 选择“横排文字工具”T，单击并输入白色文字，如图6-142所示。

图6-142

⑯ 选中此时的文字和图形两个图层，如图6-143所示。

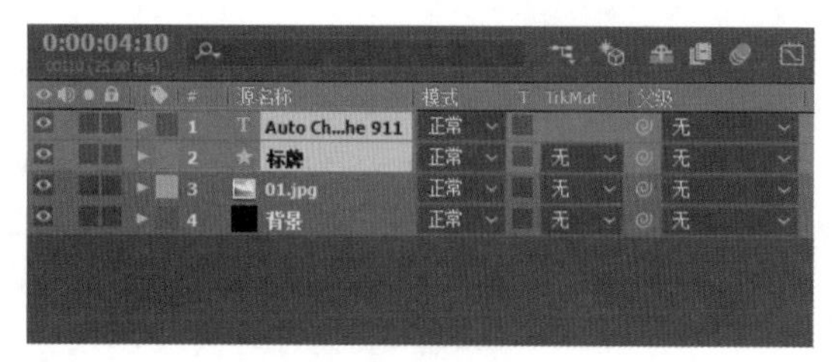


图6-143

⑰ 按快捷键Ctrl+Shift+C进行预合成，命名为“文字合成”，如图6-144所示。

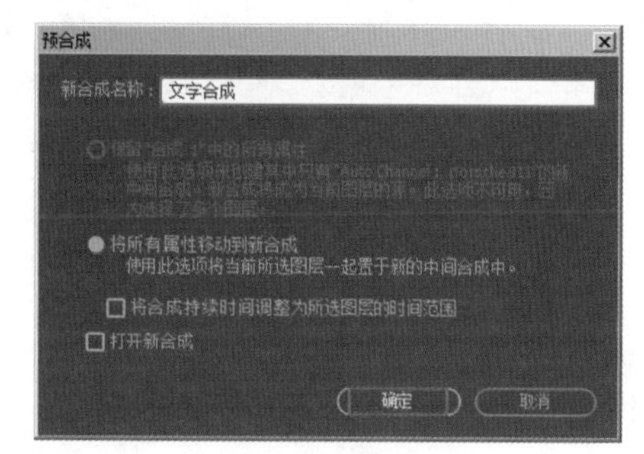


图6-144

⑱ 将时间线拖动至第2秒，单击“文字合成”“位置”前面的按钮，设置“位置”为（-494,288），如图6-145所示。

⑲ 将时间线拖动至第3秒，设置“位置”为（429,288），如图6-146所示。

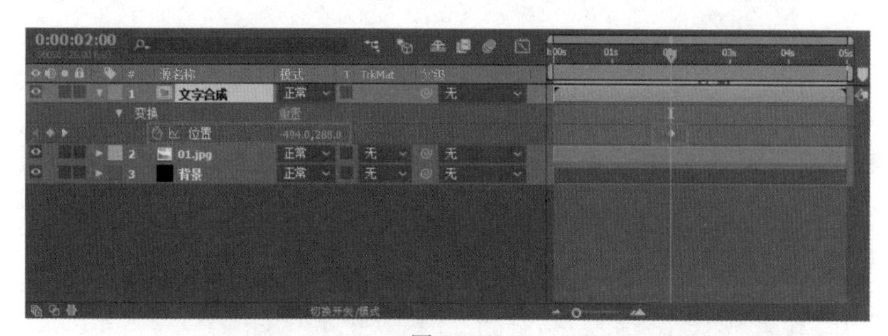


图6-145

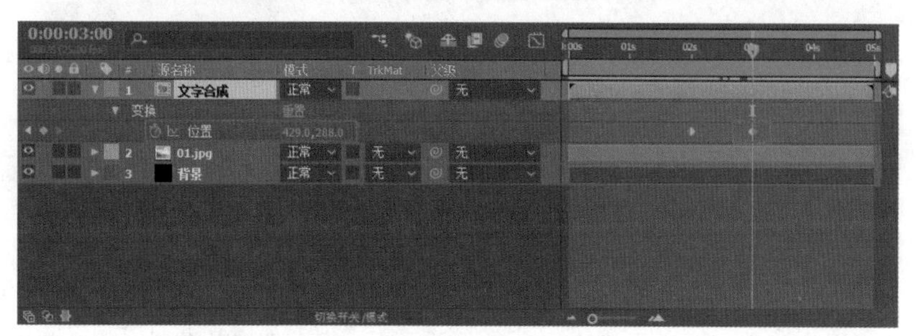


图6-146

⑳ 最终动画效果如图6-147所示。

图6-147

## 6.2.5 实例：动感时尚栏目动画

### 设计思路

案例类型：

本案例是时尚栏目包装动画效果设计项目，如图6-148所示。

图6-148

项目诉求：

本案例制作动感时尚栏目动画效果。通过色块与线条的添加，展现出富含动感与韵律感的画面效果，充满时尚与个性的气息，给人以鲜活、青春的印象，可以更好地建立观者对时尚节目的理解与印象。

设计定位：

本案例采用图像为主、文字为辅的画面布置方式。选择人像照片作为背景，给人以生动、真实的感觉。在背景之上的大面积色块逐渐拉开露出人像的过程中，给人以明亮、鲜活的感觉，并用线条作为装饰，丰富了画面的细节。

## 配色方案

玫红色与白色两种色彩搭配，具有极强的视觉冲击力，可打造出鲜活、明亮、时尚的画面，奠定栏目整体的调性，如图6-149所示。

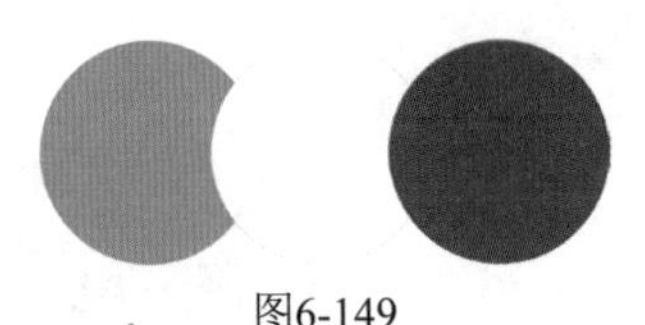

图6-149

主色：

玫红色色彩饱满、鲜艳，大量使用后呈现出时尚、艳丽的视觉效果，具有较强的视觉冲击力，同时玫红色色块的变化展现出拉开序幕的效果，增添了高端感。

辅助色：

使用明度极高的白色作为辅助色，与鲜艳、浓烈的玫红色搭配具有较强的视觉刺激性，可打造出明亮、醒目的画面。白色作为无彩色，可减轻大面积玫红色带来的刺激感，使画面色彩更加舒适、自然。

## 版面构图

本案例采用框架式的构图方式，通过色块的变化将人像照片在中间位置进行呈现，同时引导观者目光向中央集中。整个画面以玫红色色块作为开场，塑造栏目的神秘感，而不断向对角缩小的色块将画面呈现，给人以明亮、一目了然的感觉。同时底部倾斜线条的规整排列，将画面底部进行分割，丰富了画面细节，具有较强的装饰性。色块上的文字字体简单、利落，具有较强的辨识性，将栏目信息清晰有效地进行传达，如图6-150和图6-151所示。

图6-150　　图6-151

### 操作思路

本案例首先运用矩形工具绘制矩形，再使用“百叶窗”效果制作动画，然后添加“投影”效果制作阴影，从而完成动感时尚栏目动画的制作。

## 操作步骤

01 将素材“01.jpg”导入“时间轴”面板中，并设置“缩放”为（54,54%），如图6-152所示。

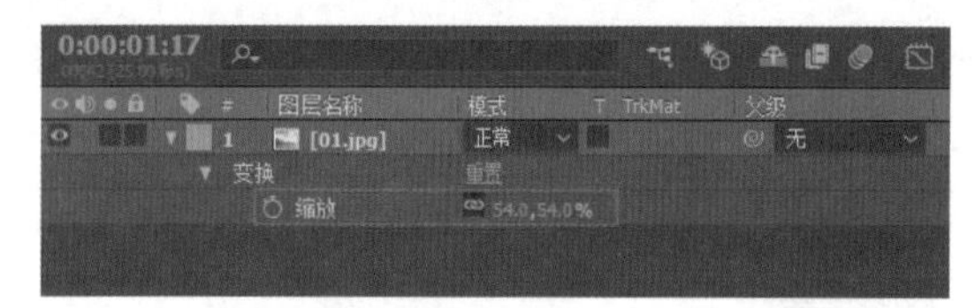

图6-152

02 此时背景效果如图6-153所示。

图6-153

03 在“时间轴”面板中新建一个白色纯色图层，命名为“斜线”，如图6-154所示。

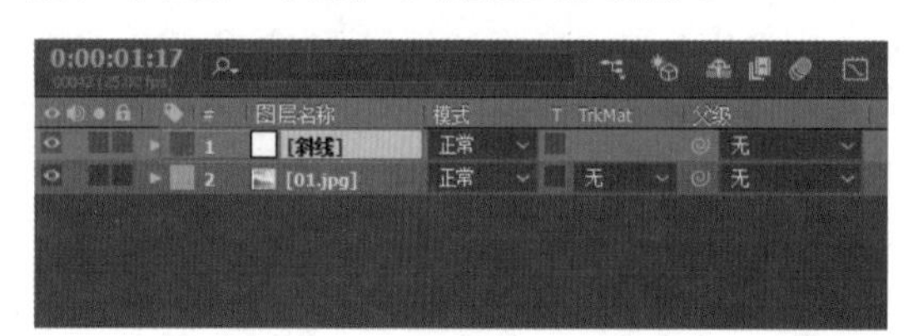

图6-154

04 选择白色的“斜线”图层，单击■（矩形工具）按钮，拖动出一个矩形遮罩，如图6-155所示。

05 勾选“反转”复选框，设置“蒙版羽化”为（75，75像素），如图6-156所示。

图6-155

图6-156

06 拖动时间线，查看此时的画面效果，如图6-157所示。

图6-157

07 为“斜线”图层添加“百叶窗”效果，设置“方向”为（0x+35°）。将时间线拖动至第0秒，单击“过渡完成”前面的按钮，并设置数值为0%。单击“宽度”前面的按钮，并设置数值为30，如图6-158所示。

图6-158

8 将时间线拖动至第3秒，设置“过渡完成”为50%，设置“宽度”为15，如图6-159所示。

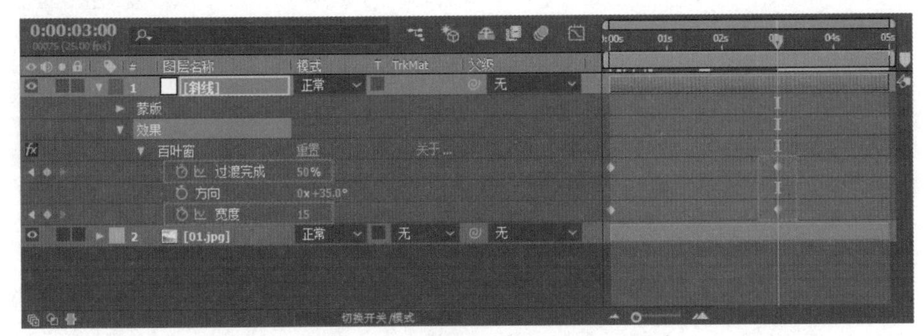

图6-159

9 拖动时间线，查看此时的百叶窗动画效果，如图6-160所示。

图6-160

10 在不选择任何图层的情况下，单击■（矩形工具）按钮，并拖动出一个矩形遮罩。在“内容”中，设置“大小”为（737,176.5）、Stroke 1为“正常”、“描边宽度”为0、Fill 1为“正常”、“颜色”为粉色，设置“位置”为（-258.1,-128.5）。在“变换”中，设置“位置”为（376,74）、“缩放”为（81,84.2%）、“旋转”为（0x-40°）。将时间线拖动至第0秒，单击“比例”前面的■按钮，并设置数值为（257.4,600%），如图6-161所示。

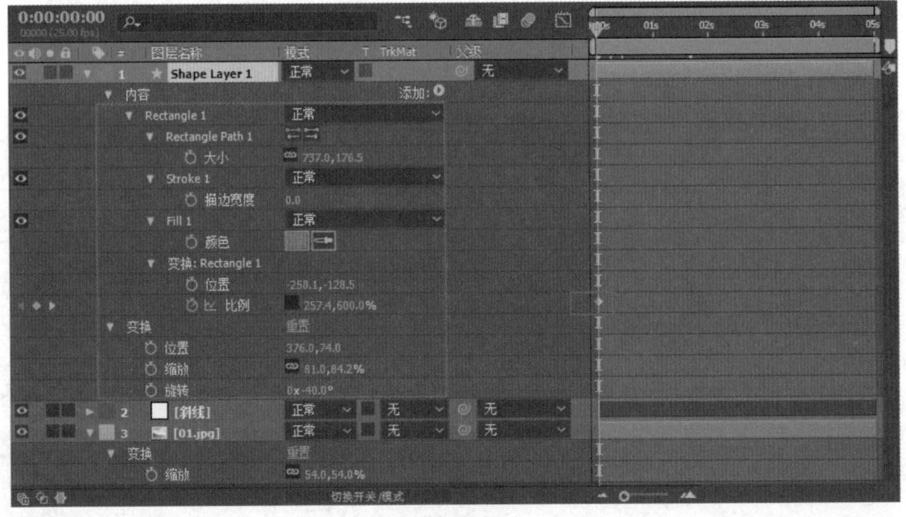

图6-161

11 将时间线拖动至第1秒，设置“比例”为（257.4,100%），如图6-162所示。

12 拖动时间线，查看此时的时尚动画效果，如图6-163所示。

图6-162

图6-163

⑬ 在不选择任何图层的情况下，单击■（矩形工具）按钮，并拖动出一个矩形遮罩。在“内容”中，设置“大小”为（737,176.5）、Stroke 1为“正常”、“描边宽度”为0、Fill 1为“正常”、“颜色”为粉色，设置“位置”为（-258.1,-128.5）。在“变换”中，设置“位置”为（1097.1,591.2）、“缩放”为（81,88.3%）、“旋转”为（0x-40°）。将时间线拖动至第0秒，单击“比例”前面的◙按钮，并设置数值为（255.5,600%），如图6-164所示。

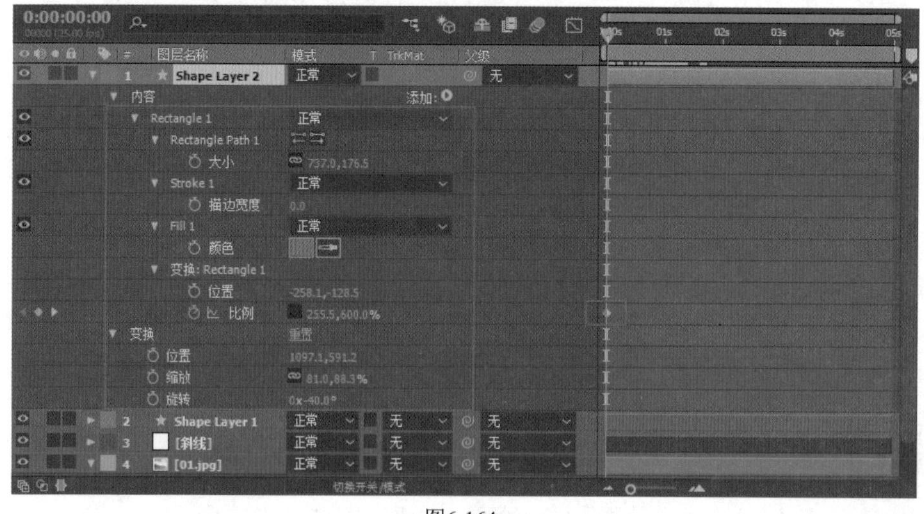


图6-164

14 将时间线拖动至第1秒，设置“比例”为（255.5,100%），如图6-165所示。

图6-165

15 拖动时间线，查看此时的时尚动画效果，如图6-166所示。

图6-166

16 选择“横排文字工具” T，单击并输入文字，如图6-167所示。

图6-167

17 在“字符”面板中设置相应的字体类型，设置“字体大小”为90像素，字体颜色为白色，如图6-168所示。

18 选择此时的文本图层，设置“位置”为（104,206）、“旋转”为（0x-40°），如图6-169所示。

19 为此时的文本图层添加“投影”效果，设置“方向”为（0x+300°）、“距离”为8、“柔和度”为15，如图6-170所示。

图6-168

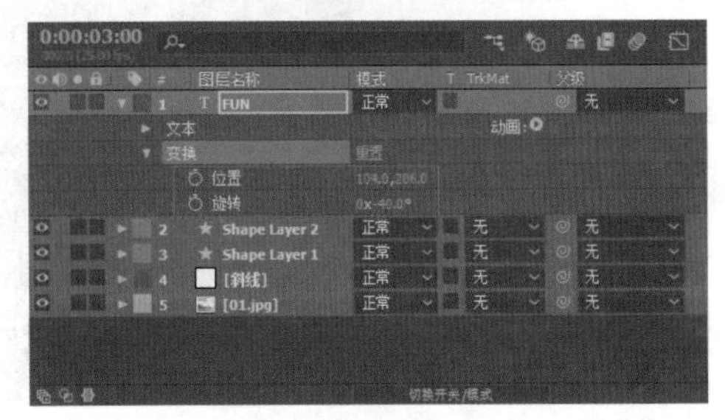


图6-169

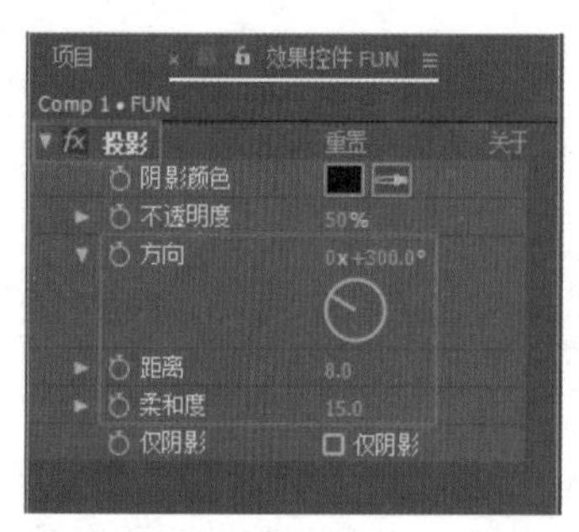


图6-170

⑳ 此时的上方文字效果如图6-171所示。

图6-171

㉑ 使用同样的方法继续制作下方的文字，如图6-172所示。

图6-172

㉒ 拖动时间线，查看最终动画效果，如图6-173所示。

图6-173

## 6.2.6 实例：美食栏目包装

### 设计思路

案例类型：

本案例是美食栏目的转场动画设计作品，如图6-174所示。

图6-174

**项目诉求：**

本案例制作一个展示各种美食制作宣传的栏目转场动画。其展现多张美食的照片，给人以美味、诱人的视觉感受，通过照片吸引观者观看栏目，并通过文字的介绍直接展示栏目主题。

**设计定位：**

本案例采用图像为主、文字为辅的构图方式。选择美食照片作为背景，展现出诱人、美味的视觉效果，刺激观者的食欲，吸引观者的兴趣。背景之上的文字字号较大，清晰直观地传达信息，便于观者了解栏目内容与主题。

## 配色方案

低明度的黑色很好地诠释出高端、华贵的风格，体现出该美食节目的档次非凡。如图6-175所示。

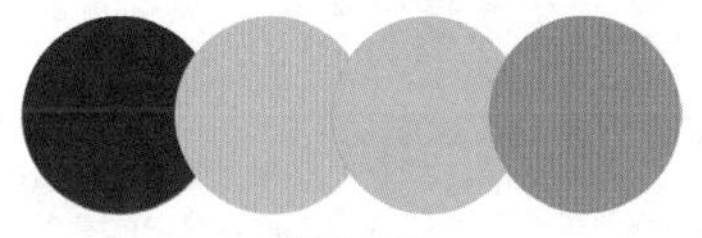

图6-175

**主色：**

将低明度的黑色作为背景色进行呈现，既体现出华丽、高端的节目品质，同时使美食照片与主题文字更加突出、醒目，提升了作品的宣传效果。

**辅助色：**

蓝色、茉莉黄色、粉色作为辅助色，色彩的视觉重量感较轻，形成欢快、清新的风格，视觉感染力较强。

## 版面构图

本案例采用了居中的构图方式，将文字与图像在画面中心位置进行展示，通过丰富绚丽的色彩与色泽饱满的美食照片吸引观众目光，具有较强的视觉吸引力，如图6-176和图6-177所示。

图6-176　　图6-177

## 操作思路

本案例通过为素材添加CC Light Sweep效果制作扫光动画，应用钢笔工具绘制图形，添加“斜面Alpha”效果、“快速模糊”效果制作三维质感和倒影效果。

## 操作步骤

### 1. 图片合成01

❶ 将素材“1.jpg”导入“时间轴”面板中，并设置“缩放”为（100，100%）。将时间线拖动到第0秒，单击“位置”前面的按钮，并设置“位置”为（960,1703）。最后激活按钮，如图6-178所示。

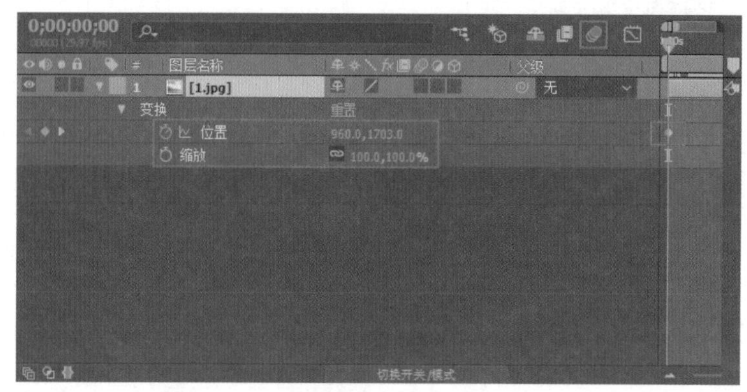

图6-178

❷ 将时间线拖动到第15帧，并设置“位置”为（960,540），如图6-179所示。

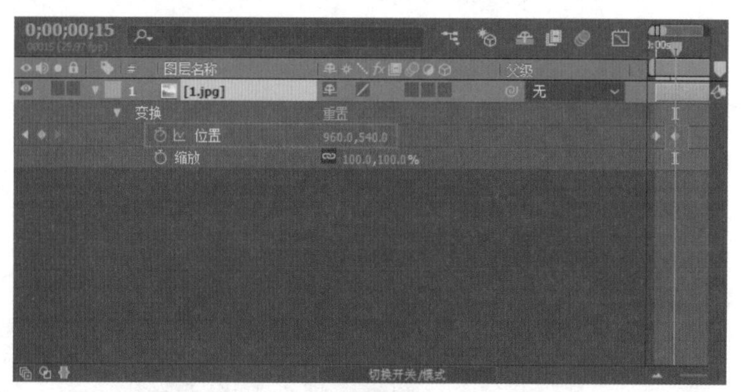

图6-179

❸ 拖动时间线，查看此时动画效果，如图6-180所示。

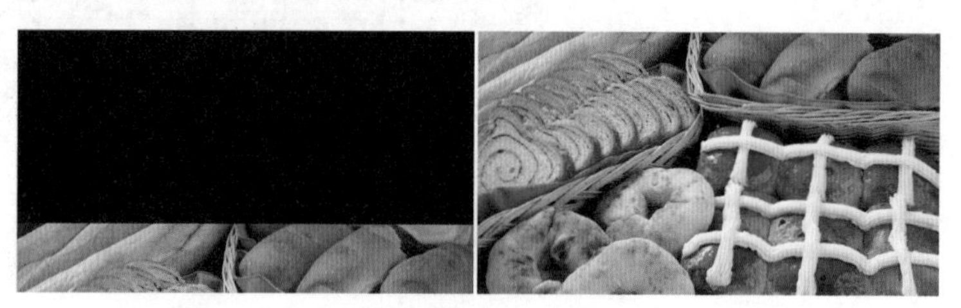

图6-180

❹ 为素材“1.jpg”添加CC Light Sweep效果，设置Direction为（0x−15°）、Width为228、Sweep Intensity为43、Edge Thickness为3.7。将时间线拖动到第22帧，单击Center前面的按钮，并设置Center为（−736,470），如图6-181所示。

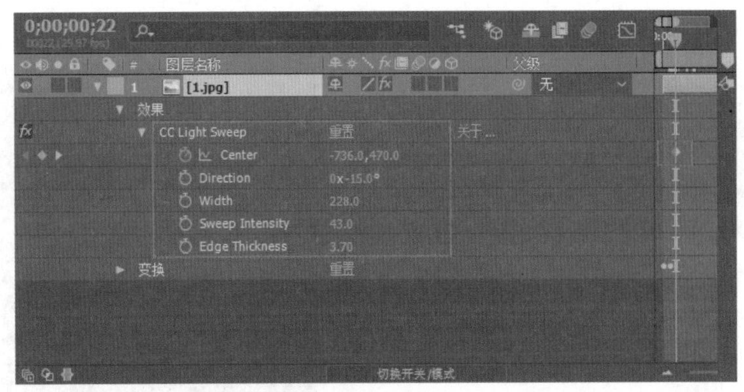


图6-181

5 将时间线拖动到第2秒12帧，设置Center为（2814,470），如图6-182所示。

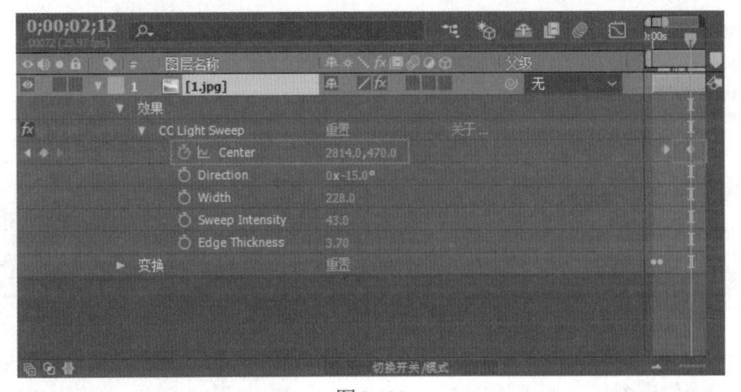


图6-182

6 拖动时间线，查看此时的动画效果，如图6-183所示。

图6-183

7 在“时间轴”面板中新建一个粉色的纯色图层，命名为“图片形状”，如图6-184所示。

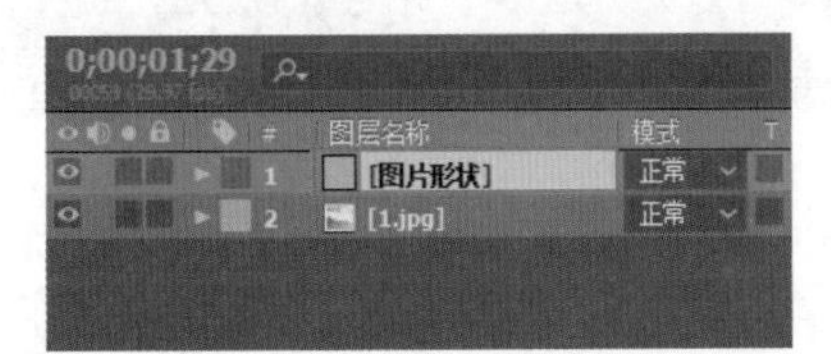


图6-184

8 选择“图片形状”图层，并使用钢笔工具绘制一个遮罩，如图6-185所示。

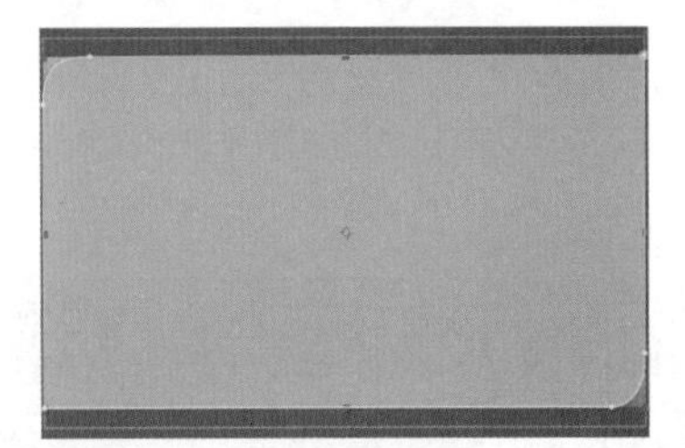

图6-185

9 设置“1.jpg”图层的TrkMat为Alpha，如图6-186所示。

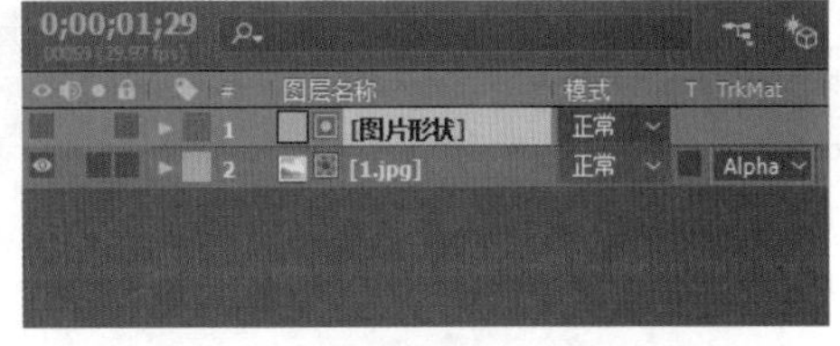


图6-186

⑩ 单击激活“图片形状”图层的（运动模糊）按钮，如图6-187所示。

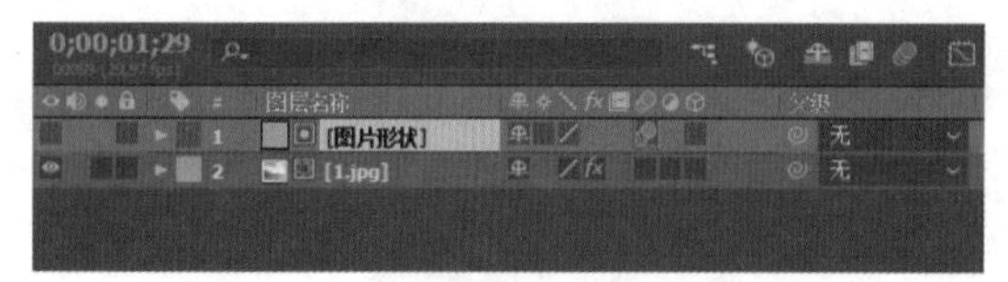


图6-187

⑪ 选中当前的“图片形状”图层和“1.jpg”图层，执行快捷键Ctrl+Shift+C进行预合成，如图6-188所示。

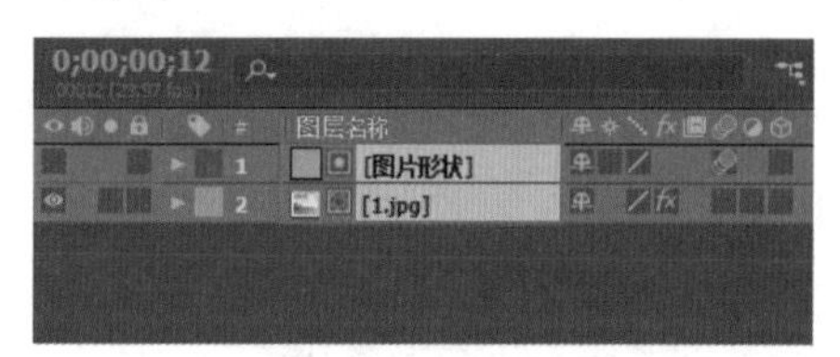


图6-188

⑫ 将预合成命名为“图片01”，单击（3D图层）按钮，如图6-189所示。

图6-189

⑬ 为预合成“图片01”添加“斜面Alpha”效果，设置“边缘厚度”为3、“灯光角度”为（0x+40°），“位置”为（994,672,0），如图6-190所示。

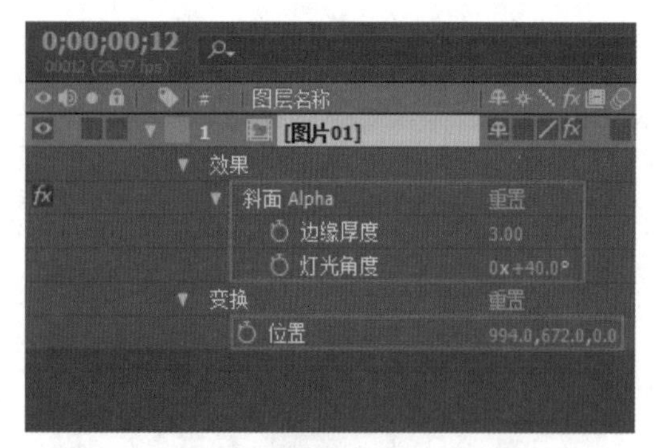


图6-190

⑭ 此时的画面效果如图6-191所示。

⑮ 选择“图片01”图层，执行快捷键Ctrl+D，将其复制一份，并命名为“图片倒影01”，如图6-192所示。

图6-191

⑯ 为“图片倒影01”图层添加“快速模糊”效果，设置“模糊度”为30。添加“色调”效果，设置“将白色映射到”为黑色、“着色数量”为71%、“位置”为（994,1760,0）、“方向”为（180°,0°,0°），如图6-193所示。

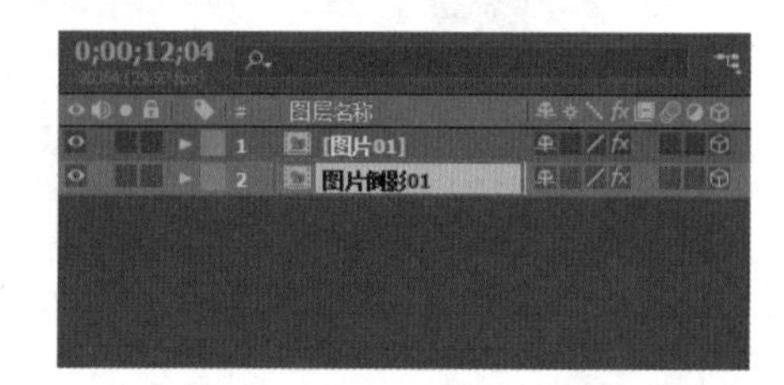


图6-192

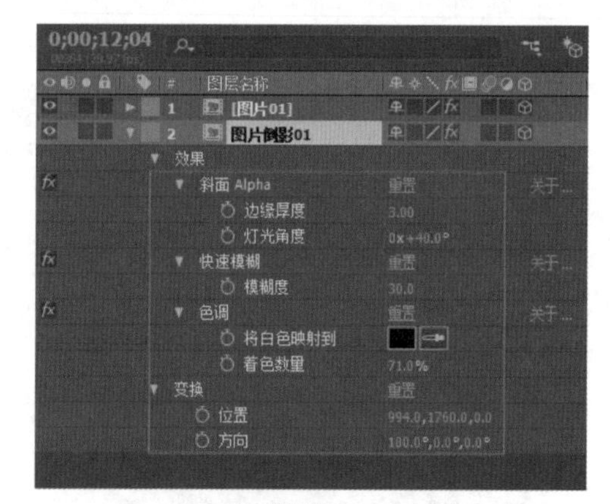


图6-193

⑰ 选中当前的“图片01”图层和“图片倒影01”图层，执行快捷键Ctrl+Shift+C进行预合成，并命名为“图片合成01”。最后设置结束时间为第2秒21帧，如图6-194所示。

⑱ 拖动时间线，查看此时的效果，如图6-195所示。

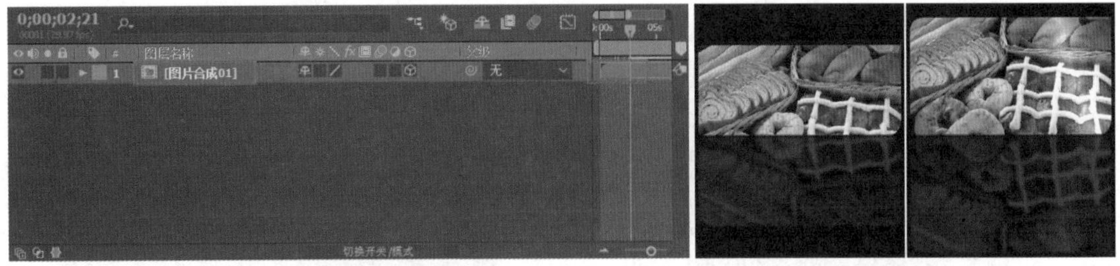


图6-194

图6-195

## 2.图片合成02

❶ 将素材“2.jpg”导入“时间轴”面板中，并为其添加CC Light Sweep效果，设置Width为262、Sweep Intensity为37、Edge Thickness为2.2。将时间线拖动到第0秒，单击Center前面的◙按钮，并设置Center为（-665,470），最后激活◙按钮，如图6-196所示。

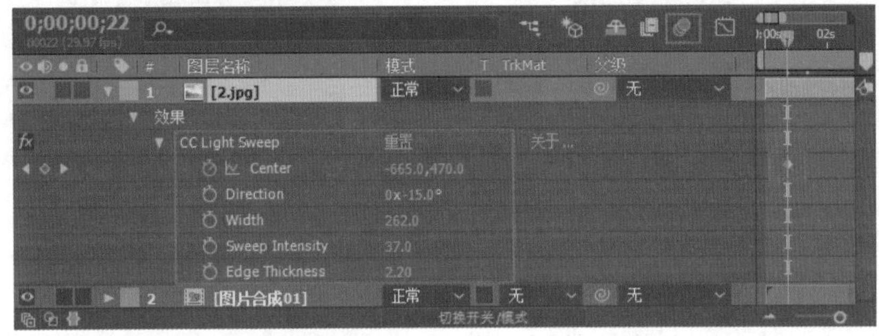


图6-196

❷ 将时间线拖动到第2秒11帧，并设置Center为（2814,470），如图6-197所示。

图6-197

❸ 拖动时间线，查看此时的动画效果，如图6-198所示。

图6-198

❹ 在“时间轴”面板中新建一个粉色的纯色图层，命名为“图片形状”，如图6-199所示。

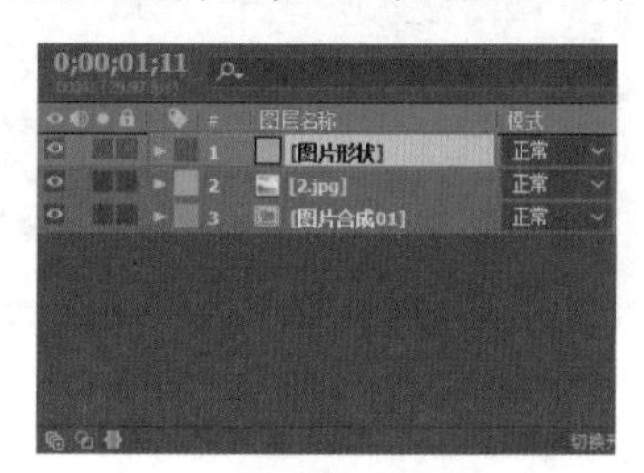

图6-199

❺ 选择“图片形状”图层，并使用钢笔工具绘制一个遮罩，如图6-200所示。

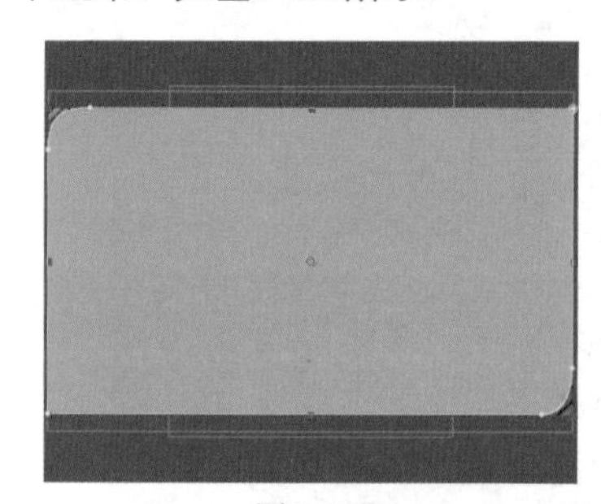

图6-200

❻ 设置“2.jpg”图层的TrkMat为Alpha，如图6-201所示。

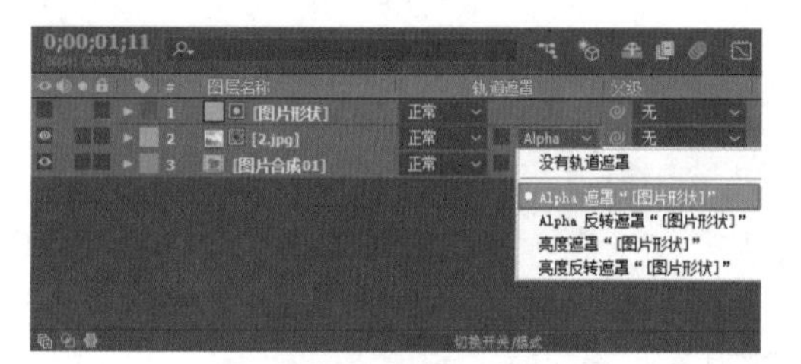

图6-201

❼ 单击激活“图片形状”图层的（运动模糊）按钮，如图6-202所示。

❽ 选中当前的“图片形状”图层和“2.jpg”图层，执行快捷键Ctrl+Shift+C进行预合成，如图6-203所示。

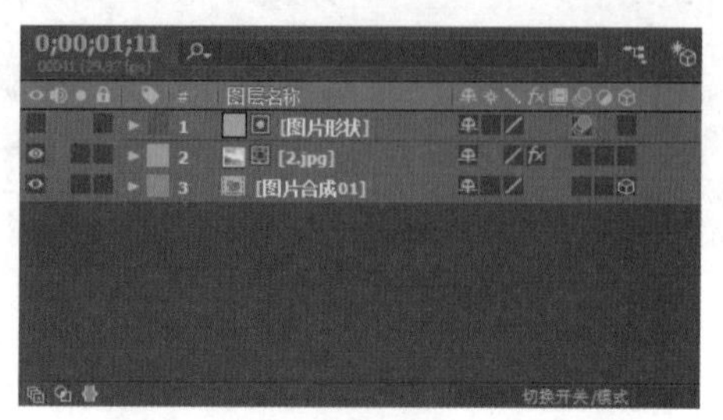

图6-202

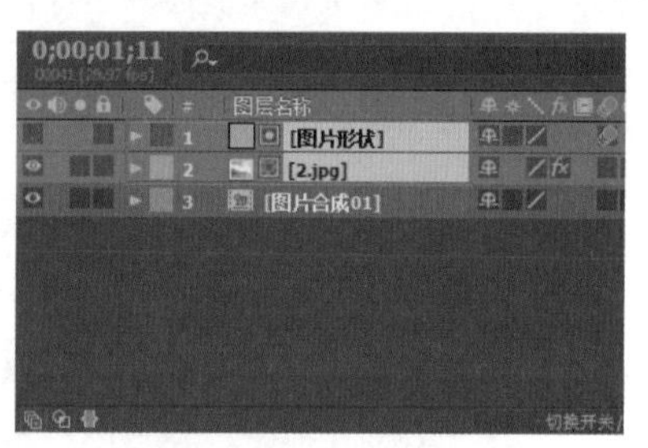

图6-203

❾ 将此时的预合成命名为“图片02”，单击（3D图层）按钮，如图6-204所示。

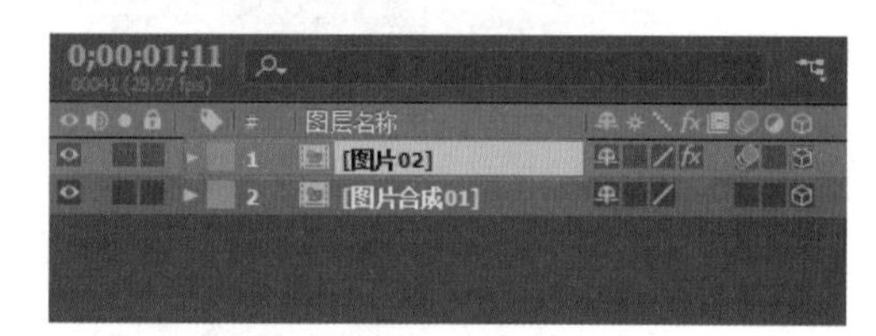

图6-204

❿ 为预合成“图片02”添加“斜面Alpha”效果，设置“边缘厚度”为3、“灯光角度”为（0x+40°）、“位置”为（994,672,0）。将时间线拖动到第2秒24帧，单击“X轴旋转”前面的按钮，并设置“X轴旋转”为（0x+0°），最后激活按钮，如图6-205所示。

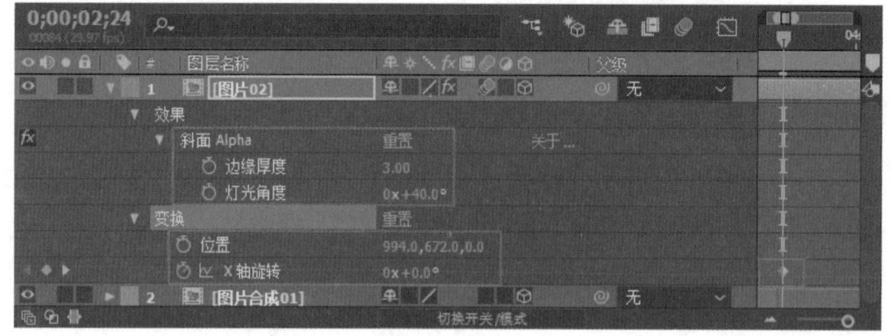

图6-205

⑪ 将时间线拖动到第3秒14帧，设置“X轴旋转”为（0x-180°），如图6-206所示。

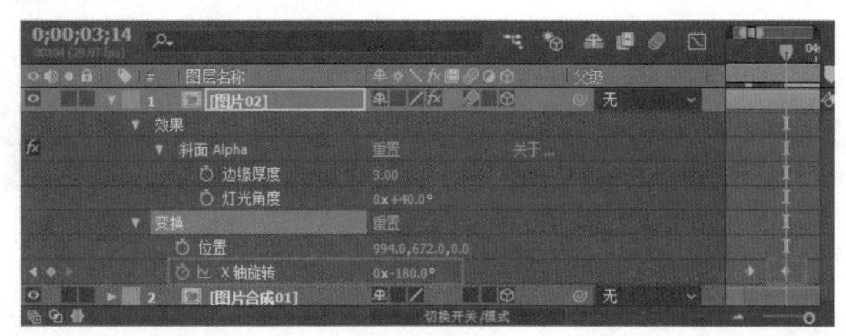


图6-206

⑫ 选择“图片02”图层，执行快捷键Ctrl+D，将其复制一份，并命名为“图片倒影02”，如图6-207所示。

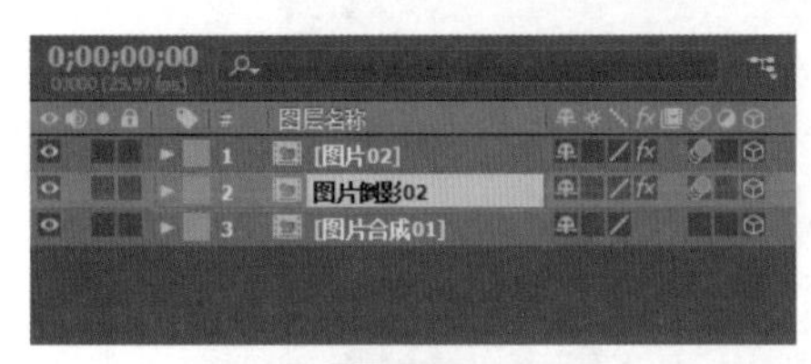


图6-207

⑬ 为“图片倒影02”图层添加“快速模糊”效果，设置“模糊度”为48。添加“色调”效果，设置“将白色映射到”为黑色、“着色数量”为71%、“位置”为（994,1760,0）、“方向”为（180°,0°,0°）。将时间线拖动到第2秒24帧，单击“X轴旋转”前面的■按钮，并设置“X轴旋转”为（0x+0°），如图6-208所示。

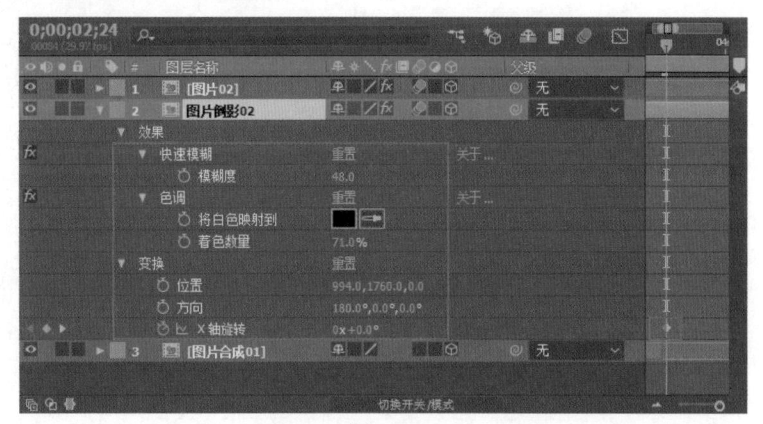


图6-208

⑭ 将时间线拖动到第3秒14帧，设置“X轴旋转”为（0x+180°），如图6-209所示。

图6-209

⑮ 选中“图片02”图层和“图片倒影02”图层，执行快捷键Ctrl+Shift+C进行预合成，并命名为“图片合成02”，如图6-210所示。

⑯ 选中当前的“图片合成02”，设置“位置”为（960,540,2407）、“方向”为（0°,0°,0°）。最后设置开始时间为第2秒24帧，结束时间为第5秒26帧，如图6-211所示。

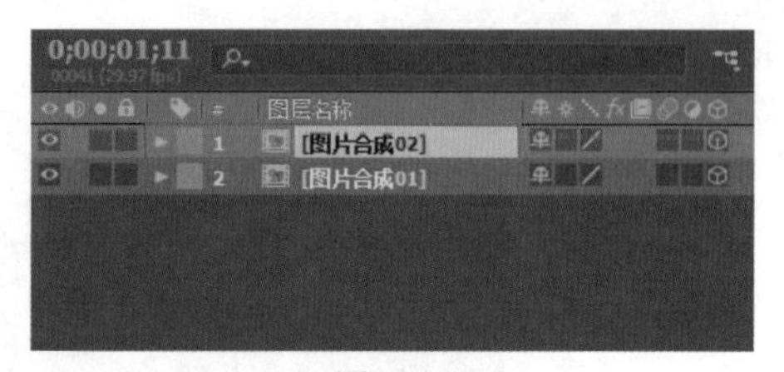

图6-210

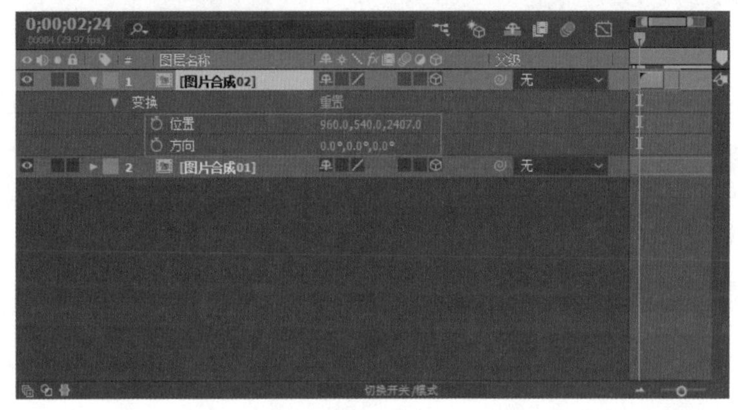

图6-211

⑰ 拖动时间线，查看此时的动画效果，如图6-212所示。

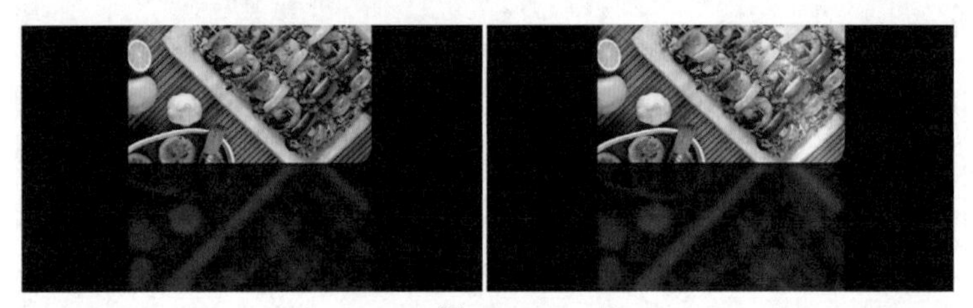

图6-212

### 3.图片合成03

❶ 将素材“3.jpg”导入“时间轴”面板中，并为其添加CC Light Sweep效果，设置Direction为（0x-15°）、Width为262、Sweep Intensity为37、Edge Thickness为2.2。将时间线拖动到第20帧，单击Center前面的按钮，并设置Center为（-736,470），最后激活按钮，如图6-213所示。

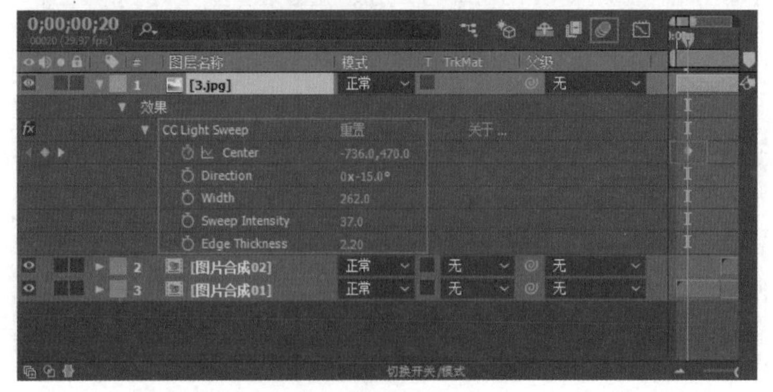

图6-213

❷ 将时间线拖动到第2秒10帧，并设置Center为（2814,470），如图6-214所示。

图6-214

❸ 在“时间轴”面板中新建一个粉色的纯色图层，命名为“图片形状”，如图6-215所示。

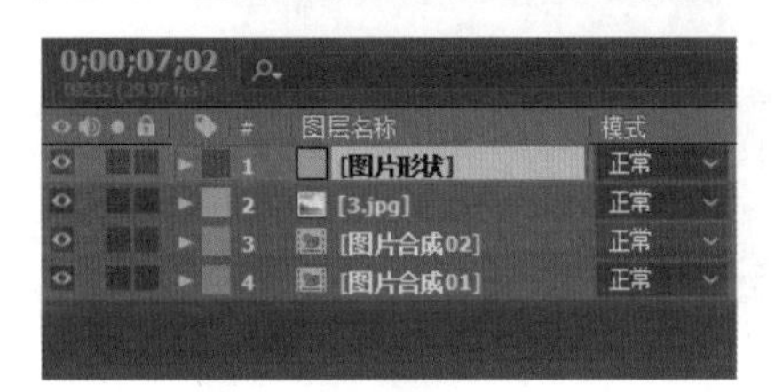

图6-215

❹ 选择“图片形状”图层，并使用钢笔工具绘制一个遮罩，如图6-216所示。

图6-216

❺ 设置“3.jpg”图层的TrkMat为Alpha，如图6-217所示。

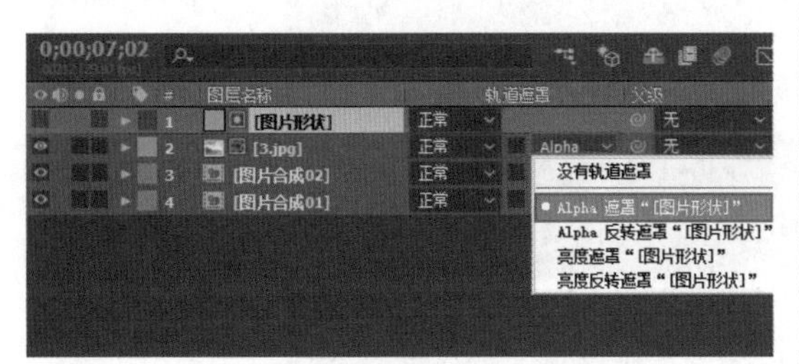

图6-217

❻ 选中“图片形状”图层和“3.jpg”图层，如图6-218所示。

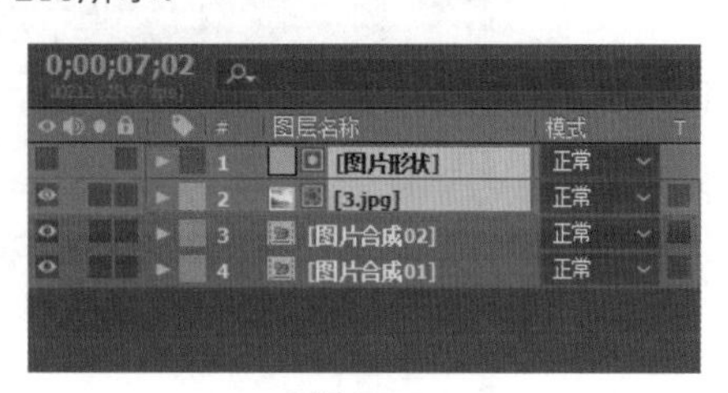

图6-218

❼ 执行快捷键Ctrl+Shift+C进行预合成，命名为“图片03”。单击激活“图片03”图层的（运动模糊）按钮，开启（3D图层）功能，如图6-219所示。

图6-219

❽ 为预合成“图片03”添加“斜面Alpha”效果，设置“边缘厚度”为3、“灯光角度”为（0x+40°）、“位置”为（994,672,0）、“方向”为（180°,0°,0°）。将时间线拖动到第0秒，单击“X轴旋转”前面的按钮，并设置“X轴旋转”为（0x+0°），如图6-220所示。

❾ 将时间线拖动到第20帧，设置“X轴旋转”为（0x-180°），如图6-221所示。

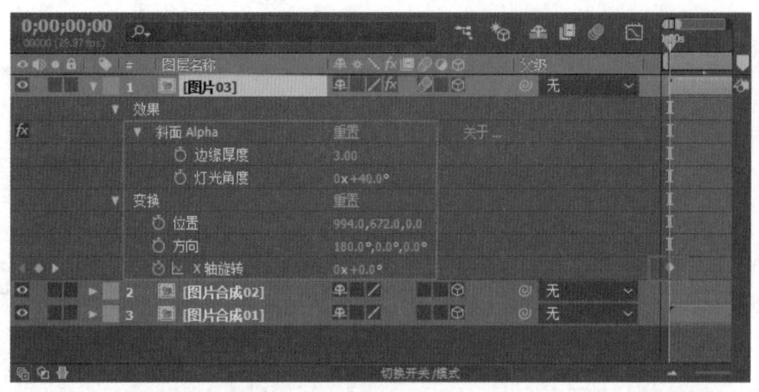


图6-220

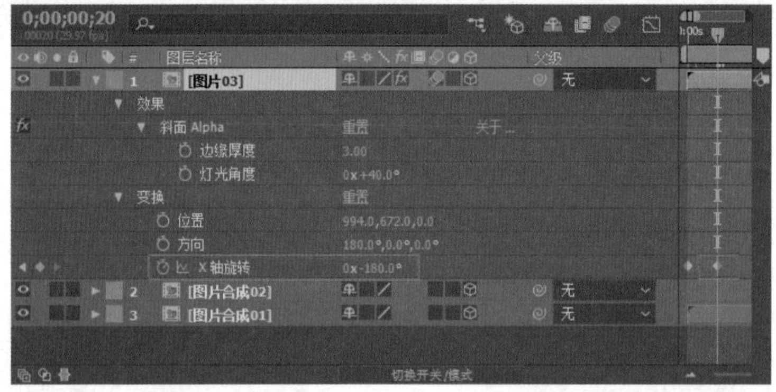


图6-221

⑩ 选择“图片03”图层，执行快捷键Ctrl+D，将其复制一份，并命名为“图片倒影03”，如图6-222所示。

⑪ 为“图片倒影03”图层添加“快速模糊”效果，设置“模糊度”为48。添加“色调”效果，设置“将白色映射到”为黑色、“着色数量”为71%、“位置”为（994,1760,0）、“方向”为（180°,0°,0°）。将时间线拖动到第0秒，单击“X轴旋转”前面的按钮，并设置“X轴旋转”为（0x-180），如图6-223所示。

图6-222

图6-223

⑫ 将时间线拖动到第20帧，设置“X轴旋转”为（0x+0°），如图6-224所示。

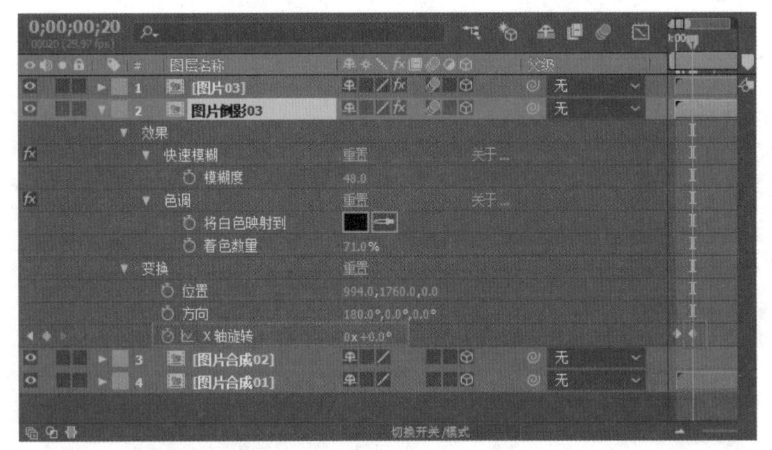

图6-224

⑬ 选中“图片03”图层和“图片倒影03”图层，执行快捷键Ctrl+Shift+C进行预合成，并命名为“图片合成03”，如图6-225所示。

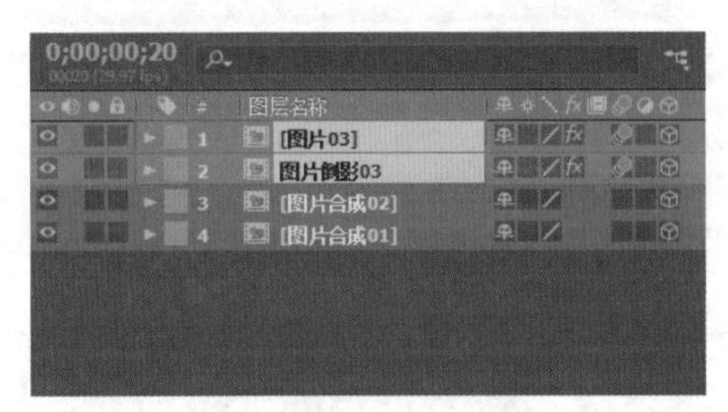

图6-225

⑭ 选中“图片合成03”，设置“位置”为（960,540,2407）、“方向”为（0°,0°,0°）。最后设置开始时间为第5秒27帧，结束时间为第9秒09帧，如图6-226所示。

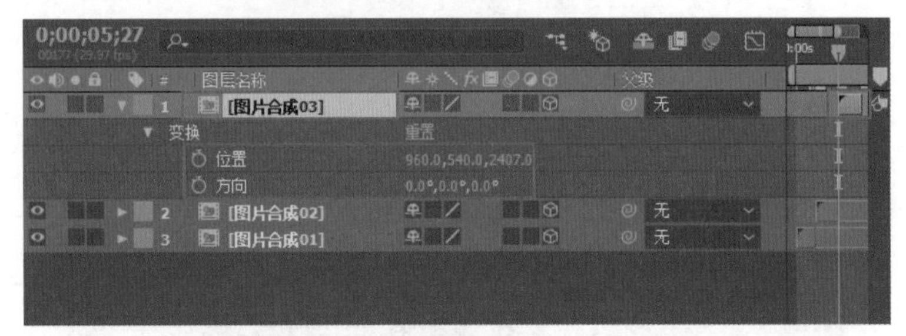

图6-226

⑮ 拖动时间线，查看此时的动画效果，如图6-227所示。

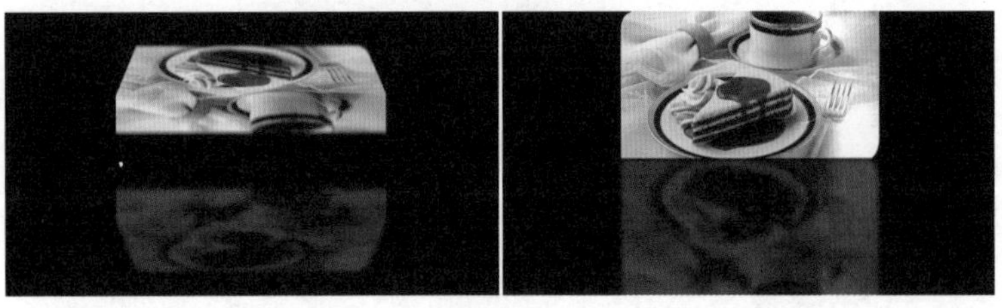

图6-227

### 4.结尾合成

❶ 在“时间轴”面板中新建一个黄色的纯色图层，然后单击激活◪（运动模糊）按钮和◪（3D图层）按钮，如图6-228所示。

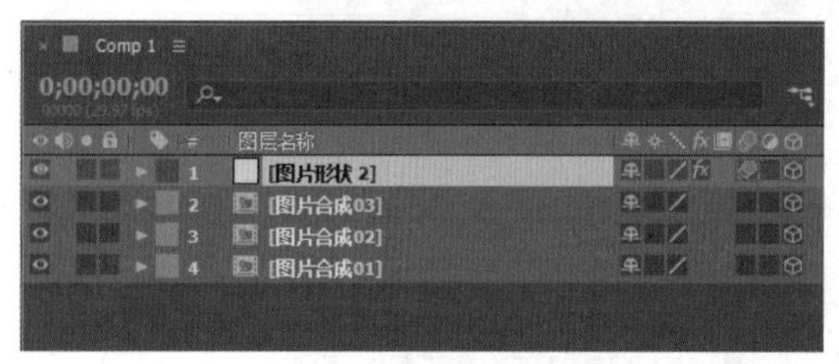


图6-228

❷ 选择当前的纯色图层，并使用钢笔工具◪绘制一个遮罩，如图6-229所示。

❸ 为新建的纯色图层添加CC Light Sweep效果，设置Direction为（0x-15°）、Width为262、Sweep Intensity为37、Edge Thickness为2.2。将时间线拖动到第1秒16帧，单击Center前面的◪按钮，并设置Center为（-736,470），如图6-230所示。

图6-229

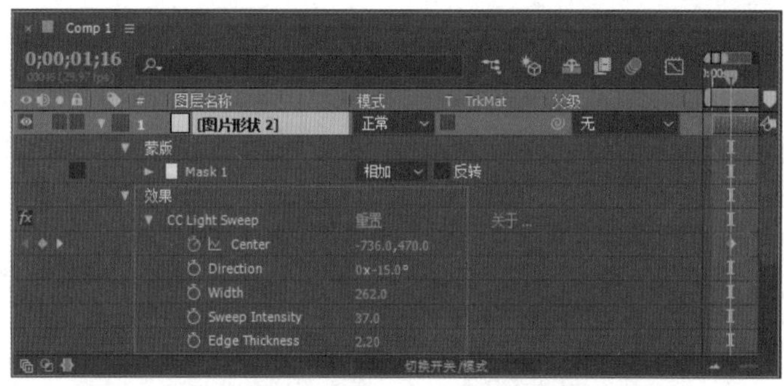


图6-230

❹ 将时间线拖动到第3秒06帧，设置Center为（2814,470），如图6-231所示。

图6-231

❺ 拖动时间线查看此时的动画效果，如图6-232所示。

图6-232

❻ 选择“横排文字工具”◪，单击并输入文字，如图6-233所示。

❼ 在“字符”面板中设置相应的字体类型，设置“字体大小”为390像素，如图6-234所示。

❽ 设置纯色图层的“轨道遮罩”为“Alpha 反转遮罩”，如图6-235所示。

图6-233

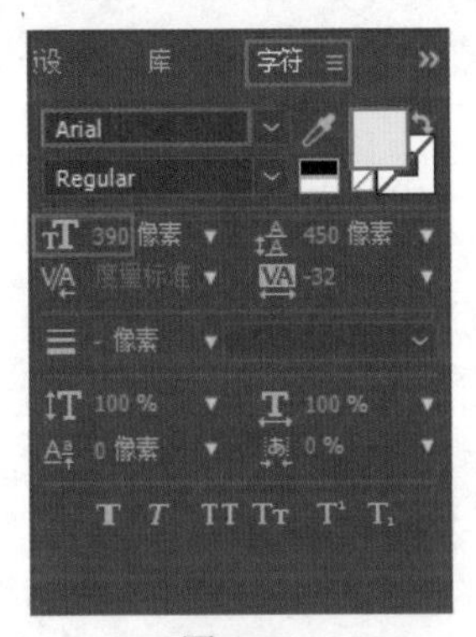

图6-234

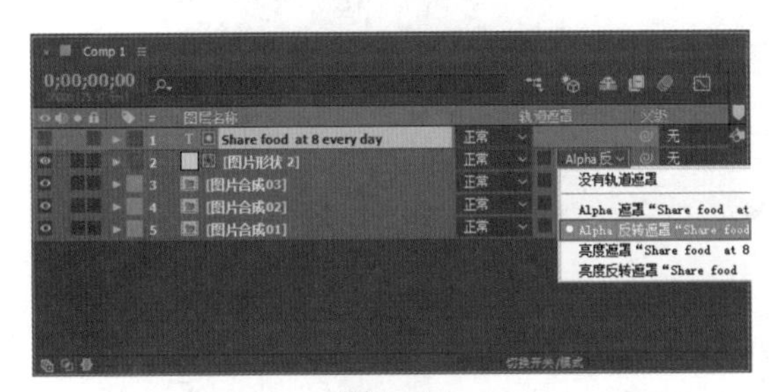

图6-235

⑨ 此时的文字效果如图6-236所示。

图6-236

⑩ 在“时间轴”面板中新建一个灯光图层，如图6-237所示。

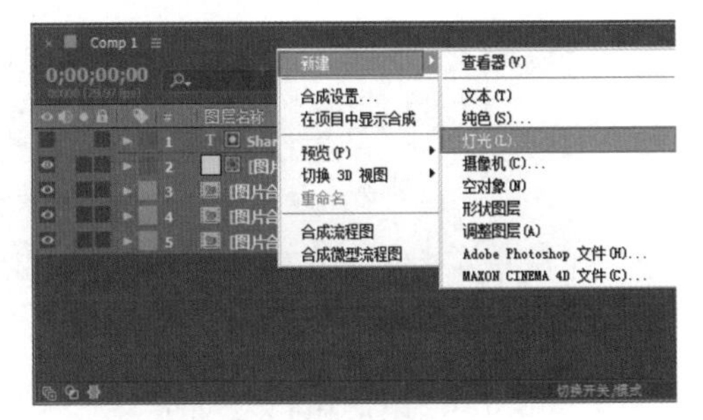

图6-237

⑪ 设置灯光的“位置”为（992,460,-666.7）。设置“灯光选项”为“点”、“强度”为103%、“投影”为“开”、“阴影深度”为50%、“阴影扩散”为72像素，如图6-238所示。

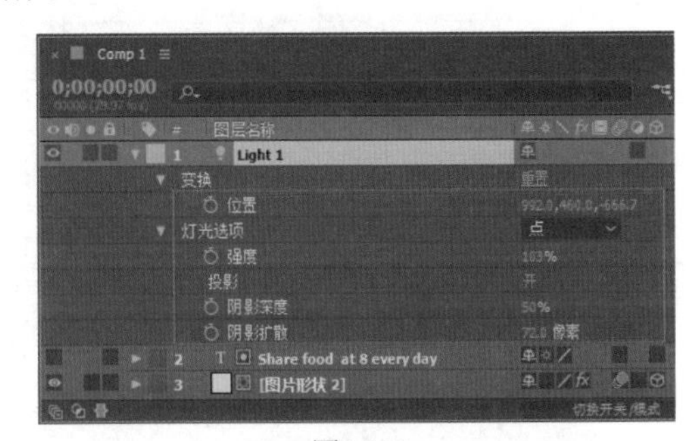

图6-238

⑫ 选择刚才的3个图层，执行快捷键Ctrl+Shift+C进行预合成，并命名为“结尾”，如图6-239所示。

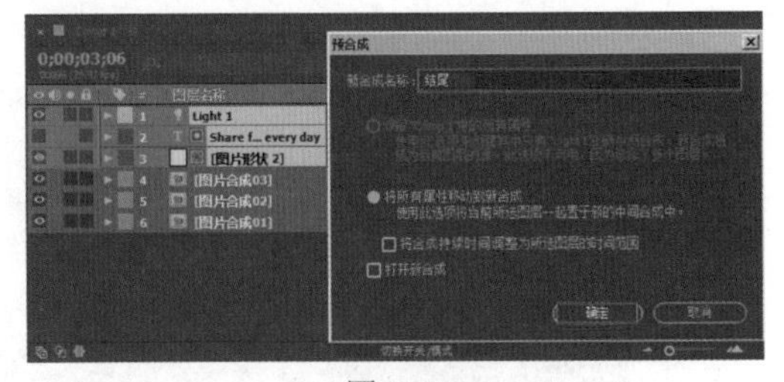

图6-239

⑬ 选择“结尾”图层，然后单击激活（运动模糊）按钮和（3D图层）按钮。为“结尾”图层添加“斜面Alpha”效果，设置“边缘厚度”为3、“灯光角度”为（0x+40°）。将时间线拖动到第3帧，单击“位置”和“X轴旋转”前面的按钮，并设置“位置”为（994,-669.5,0）、“X轴旋转”为（0x+0°），如图6-240所示。

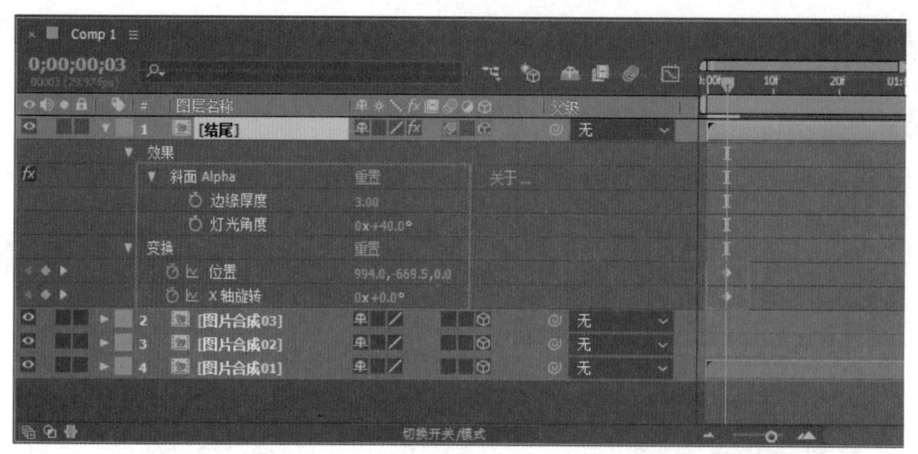


图6-240

⑭ 将时间线拖动到第13帧，设置“位置”为（994,1280,0），如图6-241所示。

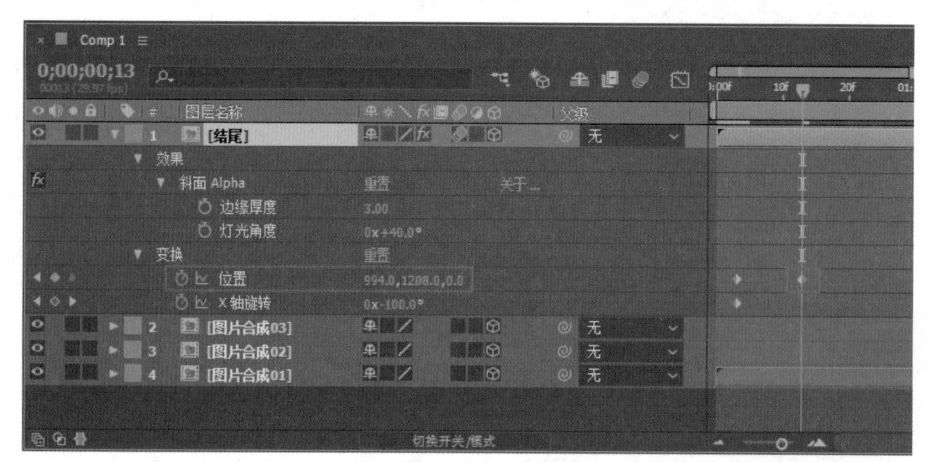


图6-241

⑮ 将时间线拖动到第21帧，设置“X轴旋转”为（0x−180°），如图6-242所示。

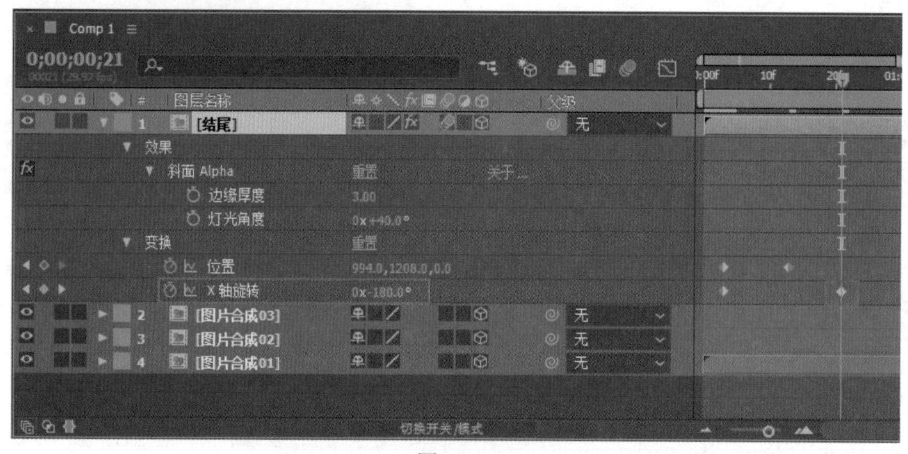


图6-242

⑯ 将时间线拖动到第23帧，设置“X轴旋转”为（1x+0°），如6-243所示。

⑰ 拖动时间线查看此时的动画效果，如图6-244所示。

18 选择“结尾”图层，按快捷键Ctrl+D复制一份，并将其命名为“结尾倒影”，最后将其效果和关键帧删除，如图6-245所示。

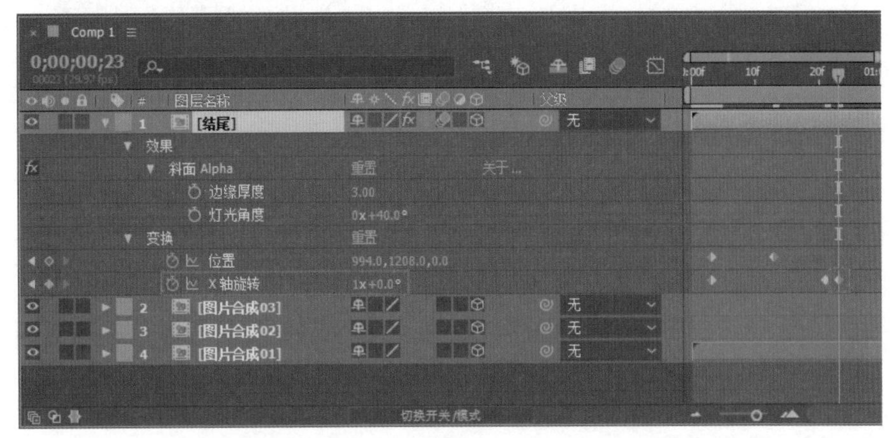


图6-243

图6-244　　图6-245

19 选择“结尾倒影”图层，为其添加“快速模糊”效果，设置“模糊度”为48。然后为其添加“色调”效果，设置“将白色映射到”为黑色、“着色数量”为71%，设置“方向”为（180°,0°,0°）。将时间线拖动到第3帧，单击“位置”和“X轴旋转”前面的按钮，并设置“位置”为（994,4222.5,0）、“X轴旋转”为（0x+0°），如图6-246所示。

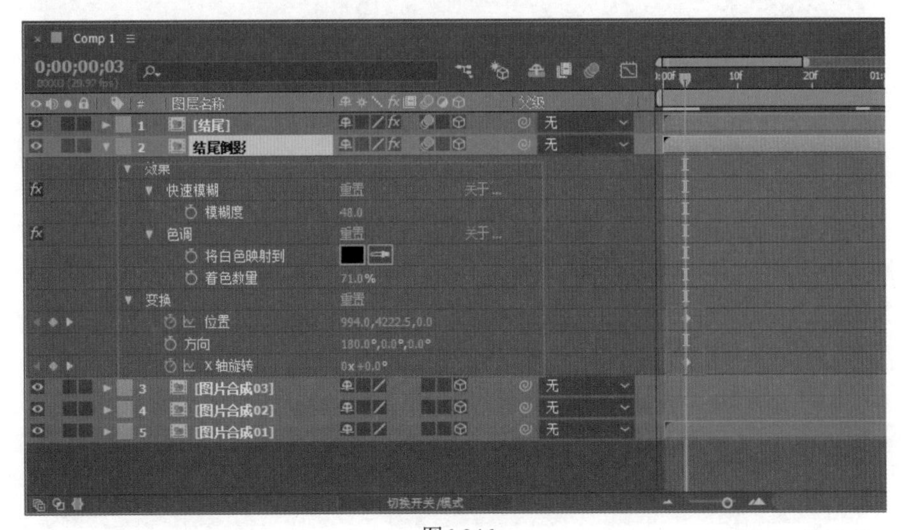


图6-246

20 将时间线拖动到第13帧，设置“位置”为（994,2352.5,0），如图6-247所示。

21 将时间线拖动到第21帧，设置“X轴旋转”为（0x+180°），如图6-248所示。

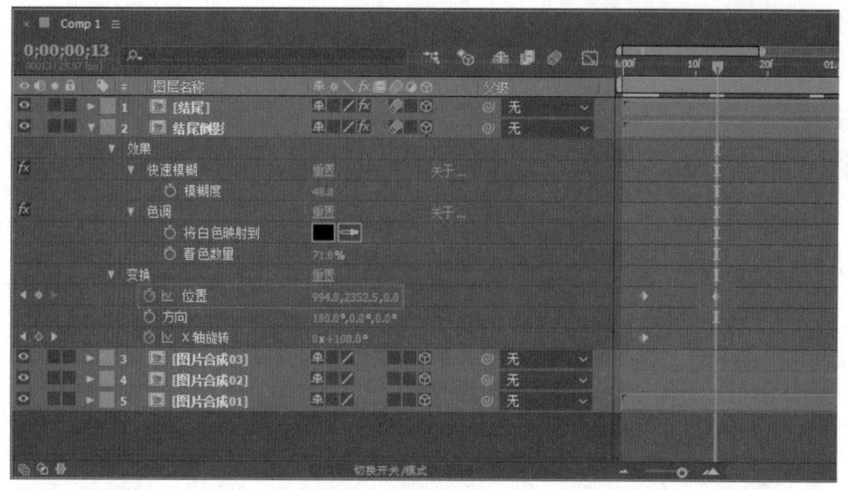


图6-247

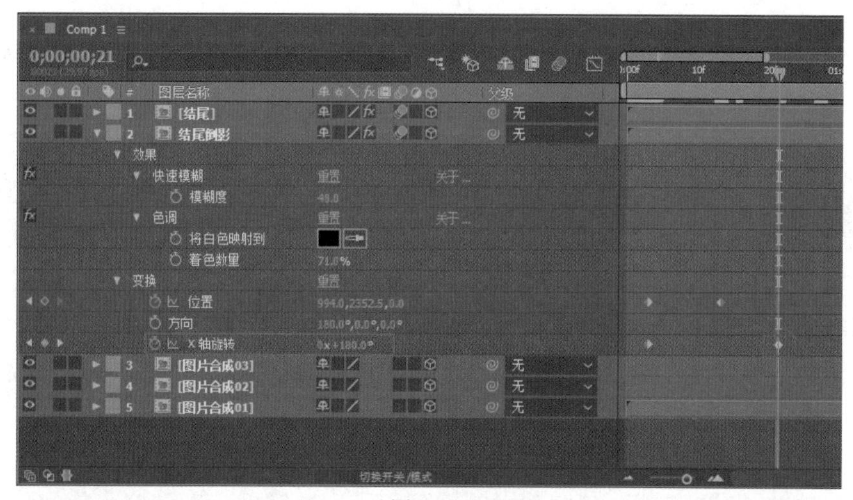


图6-248

㉒ 将时间线拖动到第23帧，设置“X轴旋转”为（1x+0°），如图6-249所示。

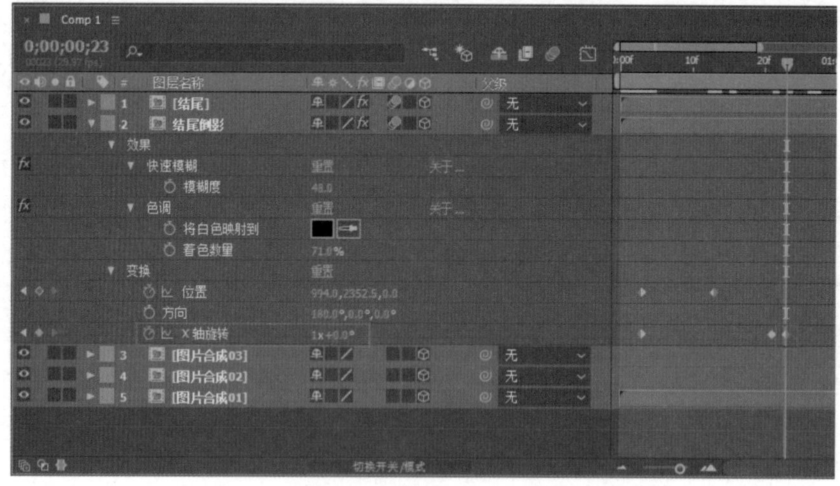


图6-249

㉓ 选择刚才的两个图层，执行快捷键Ctrl+Shift+C进行预合成，并命名为“结尾合成”，如图6-250所示。

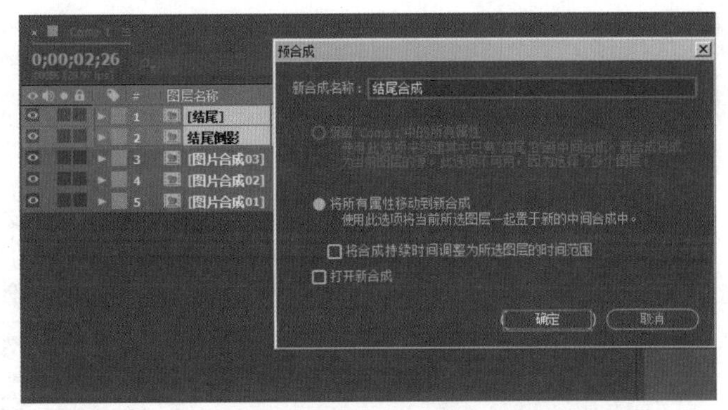

图6-250

㉔ 设置“结尾合成”的起始时间为第9秒10帧，然后单击激活■（3D图层）按钮。设置“位置”为（960,540,2407），将时间线拖动到第10秒06帧，单击“Y轴旋转”前面的■按钮，设置“Y轴旋转”为（0x+0°），如图6-251所示。

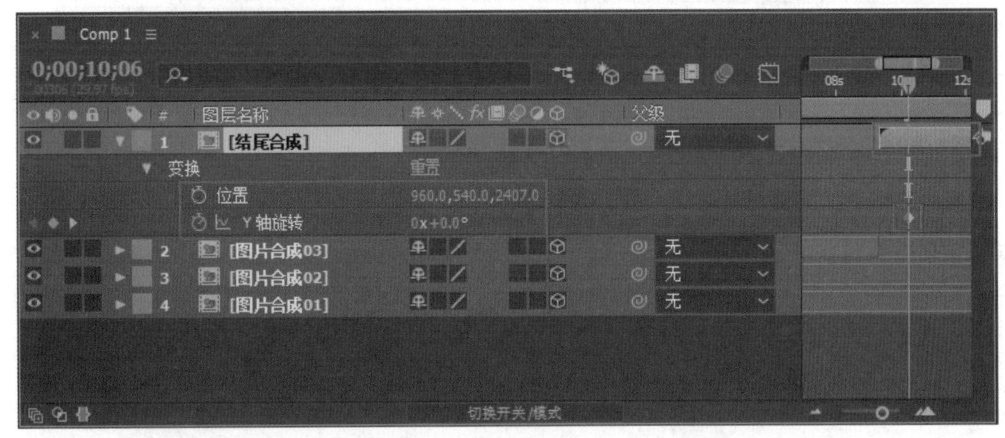

图6-251

㉕ 将时间线拖动到第10秒26帧，设置“Y轴旋转”为（1x+0°），如图6-252所示。

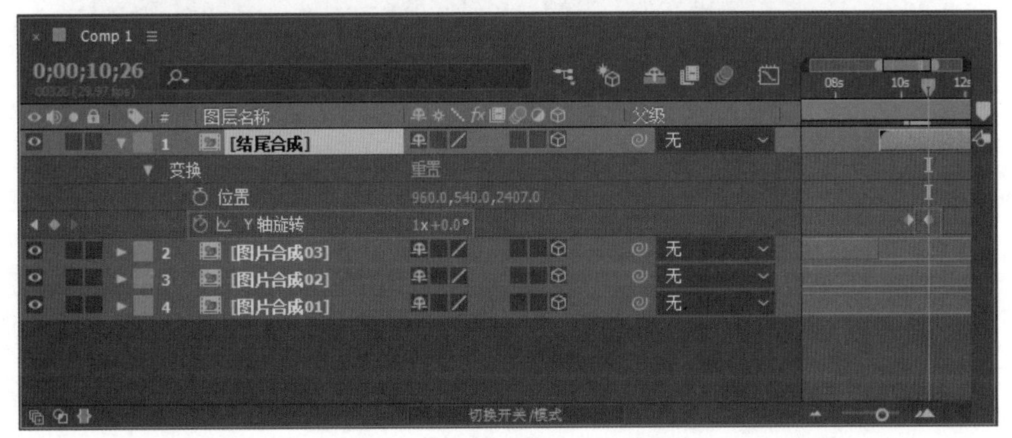

图6-252

㉖ 拖动时间线，查看最终动画效果，如图6-253所示。

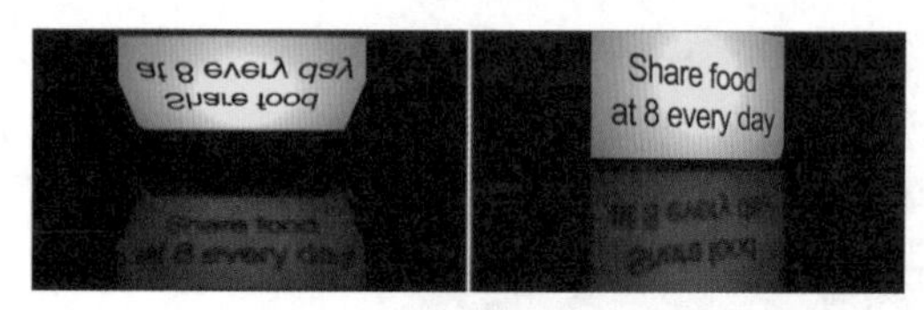


图6-253

5. 文字合成

❶ 在“时间轴”面板中新建一个青色的纯色图层，命名为“文字背景2”，然后设置“位置”为（960,986.5），并设置图层的结束时间为第2秒22帧，如图6-254所示。

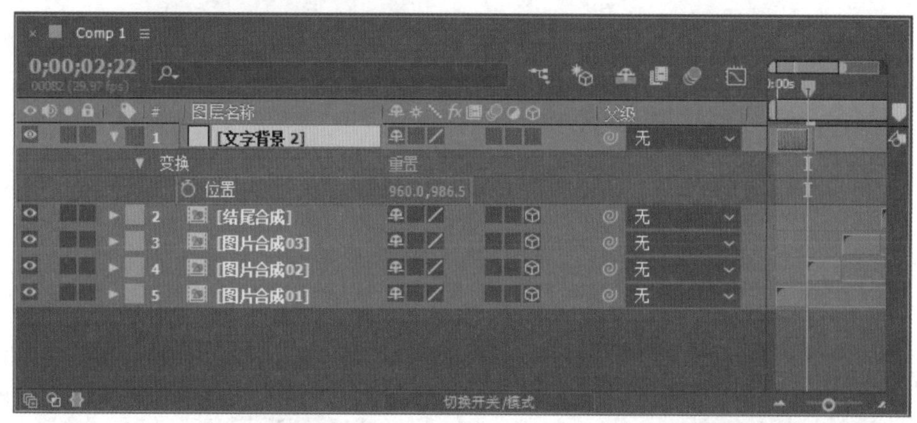


图6-254

❷ 选择当前的纯色图层，单击■（圆角矩形）工具绘制一个遮罩，如图6-255所示。

❸ 为刚才的纯色图层添加CC Spotlight效果，设置From为（992,536）、Cone Angle为75、Edge Softness为100%，如图6-256所示。

❹ 此时的青色彩条效果如图6-257所示。

❺ 使用“横排文字工具”T，单击并输入文字，如图6-258所示。

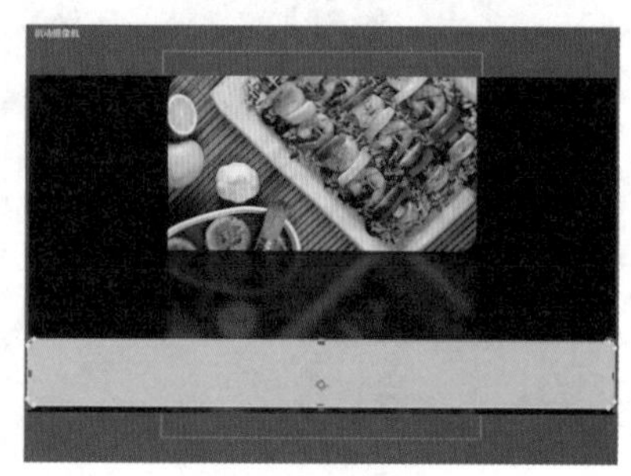

图6-255

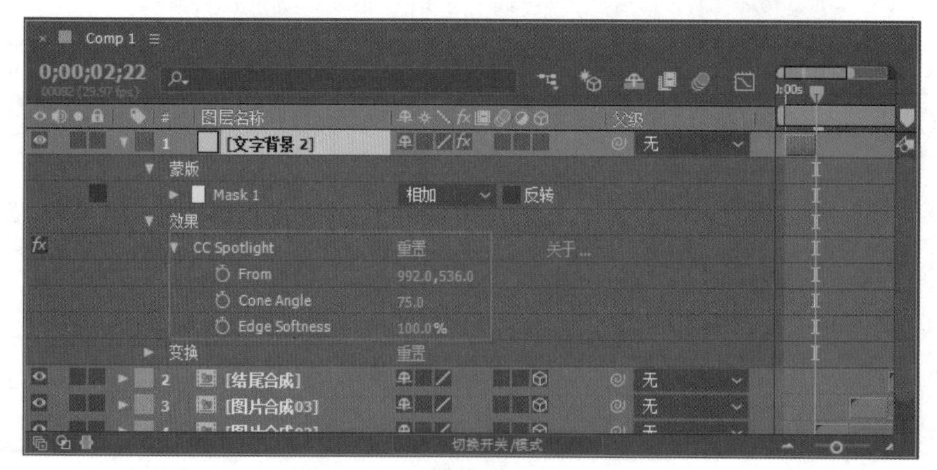


图6-256

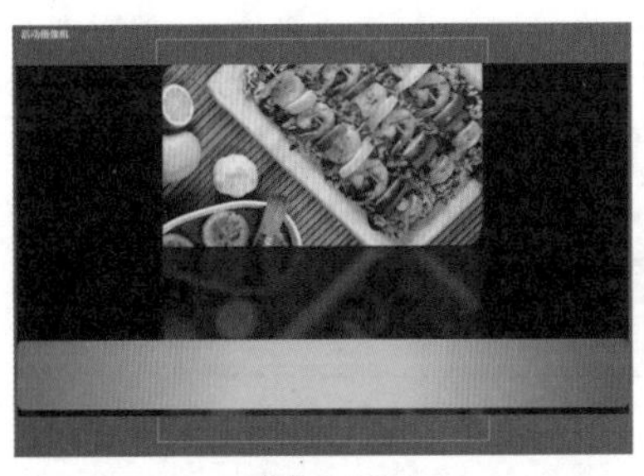
图6-257

图6-258

⑥ 在“字符”面板中设置相应的字体类型，设置“字体大小”为550像素，如图6-259所示。

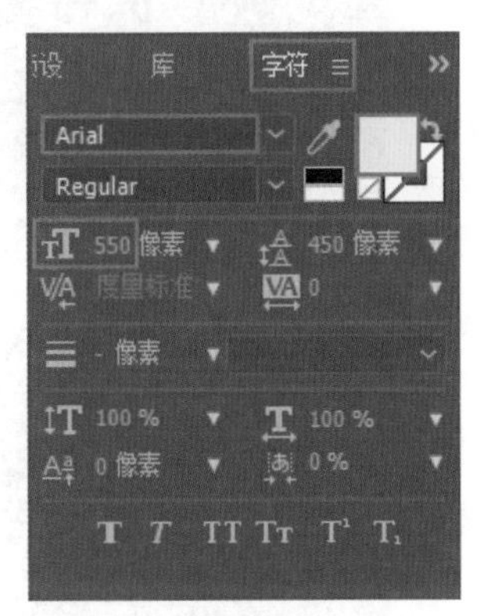

图6-259

⑦ 设置刚才纯色图层的“轨道遮罩”为“Alpha反转遮罩”，如图6-260所示。

⑧ 此时的文字效果如图6-261所示。

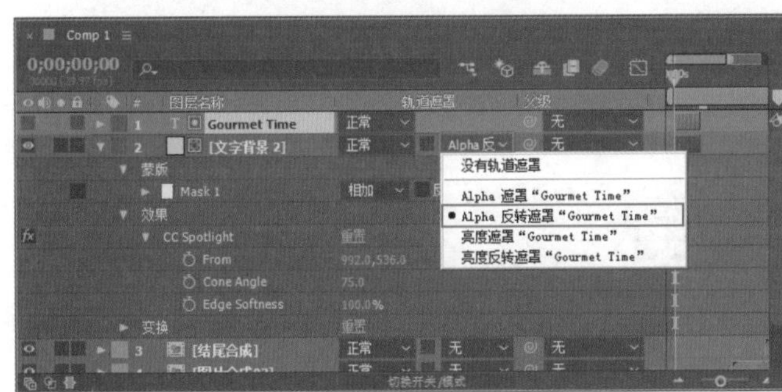

图6-260

图6-261

⑨ 继续使用同样的方法制作另外两组文字，并分别设置它们的起始时间和结束时间，如图6-262所示。

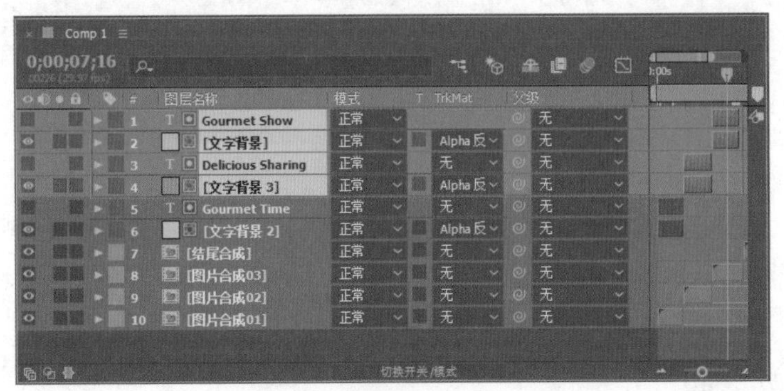

图6-262

⑩ 拖动时间线查看此时动画效果，如图6-263所示。

⑪ 选择刚才的6个图层，执行快捷键Ctrl+Shift+C进行预合成，并命名为“文字层”，如图6-264所示。

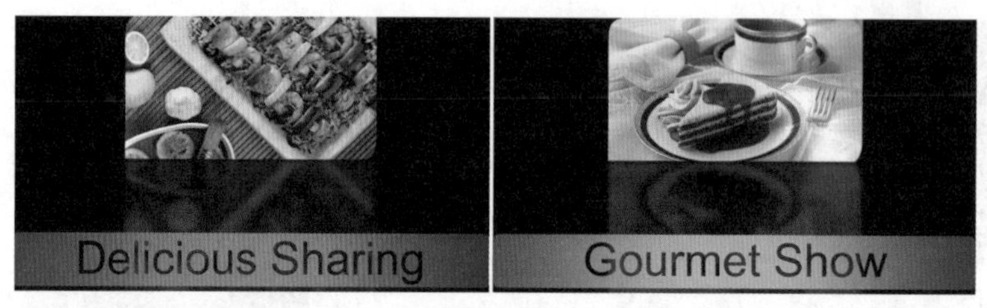


图6-263

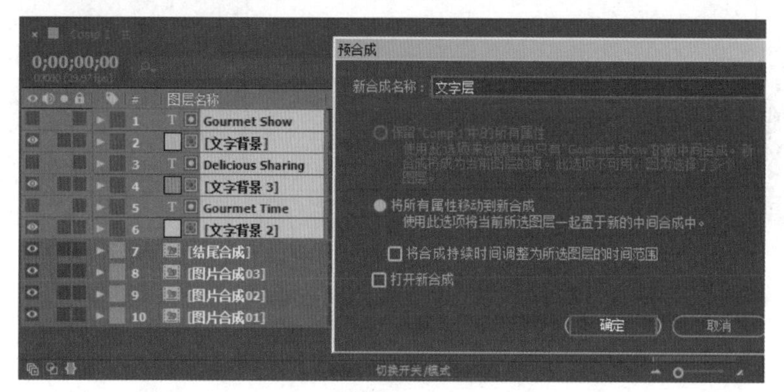


图6-264

⑫ 选择“文字层”图层，然后单击激活 （3D图层）按钮，为其添加“斜面Alpha”效果，设置“边缘厚度”为3、“灯光角度”为（0x+40°）、“位置”为（975,543,0），如图6-265所示。

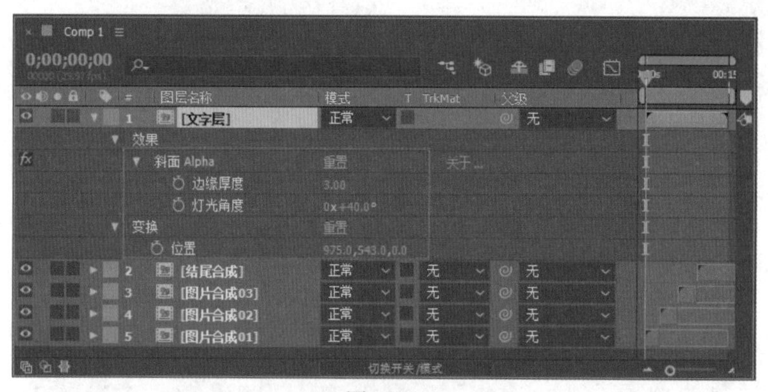


图6-265

⑬ 选择“文字层”图层，执行快捷键Ctrl+D复制一份，并命名为“文字倒影”，为其添加“斜面Alpha”效果，设置“边缘厚度”为3、“灯光角度”为（0x+40°）。添加“快速模糊”效果，设置“模糊度”为33、“重复边缘像素”为“开”。添加“色调”效果，设置“将白色映射到”为黑色、“着色数量”为42%，并设置“位置”为（975,1596,0）、“方向”为（180°,0°,0°），如图6-266所示。

⑭ 选择刚才的两个图层，执行快捷键Ctrl+Shift+C进行预合成，并命名为“文字合成”，如图6-267所示。

⑮ 选择“文字合成”图层，然后单击激活 （3D图层）按钮。设置“缩放”为（76,76,76%）“方向”为（0°,0°,0°）。将时间线拖动到第2秒，单击“位置”前面的 按钮，设置“位置”为（1222,470,1495），如图6-268所示。

图6-266

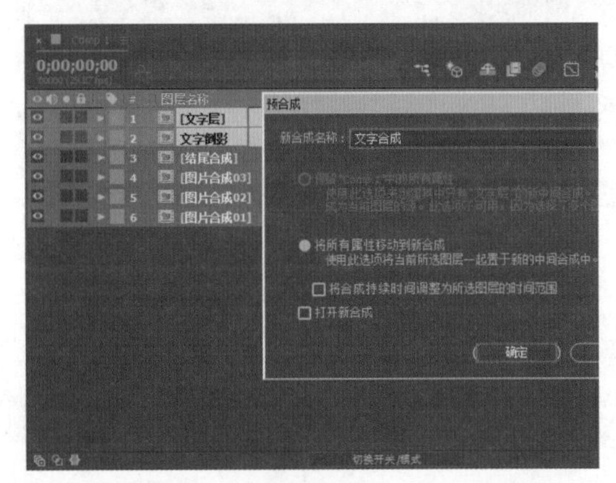

图6-267

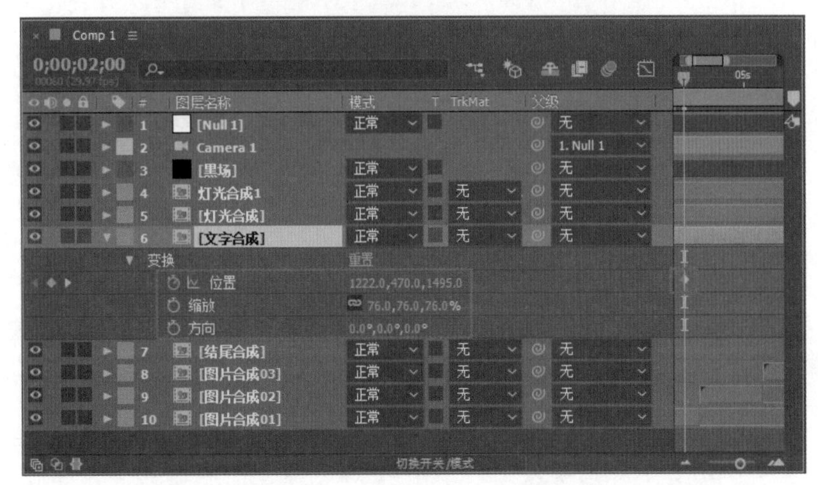

图6-268

⑯ 将时间线拖动到第2秒20帧，设置“位置”为（802,470,1495），如图6-269所示。

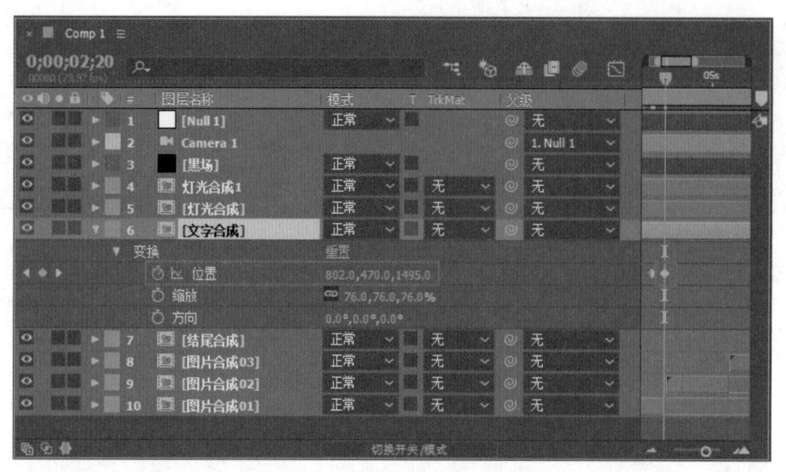


图6-269

⑰ 将时间线拖动到第5秒27帧，设置“位置”为（802,470,1495），如图6-270所示。

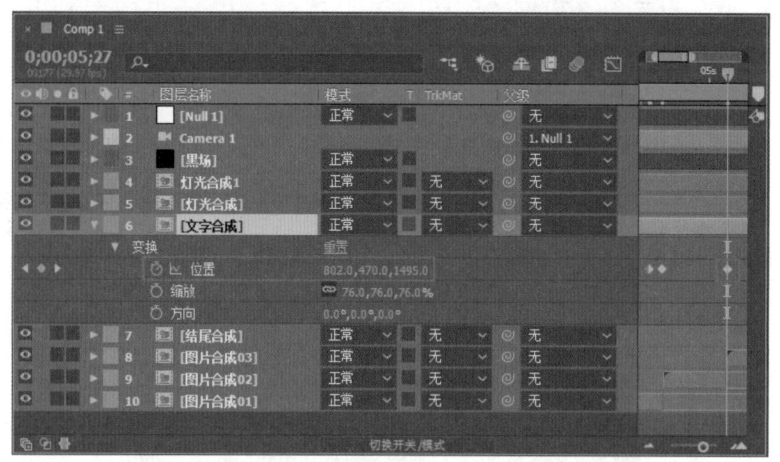


图6-270

⑱ 将时间线拖动到第6秒17帧，设置“位置”为（1052,470,1495），如图6-271所示。

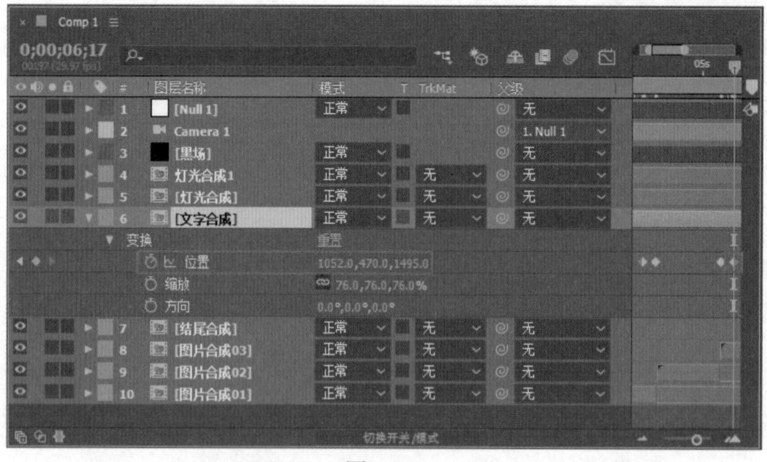


图6-271

⑲ 拖动时间线查看此时的文字动画效果，如图6-272所示。

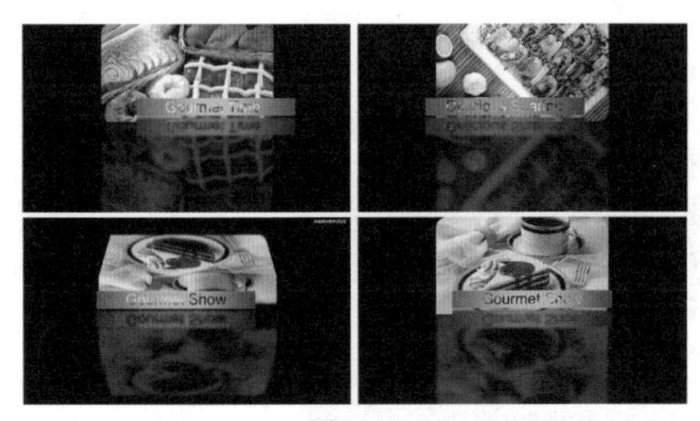

图6-272

### 6. 灯光合成

❶ 在“时间轴”面板中新建一个黑色的纯色图层，命名为“灯光”，如图6-273所示。

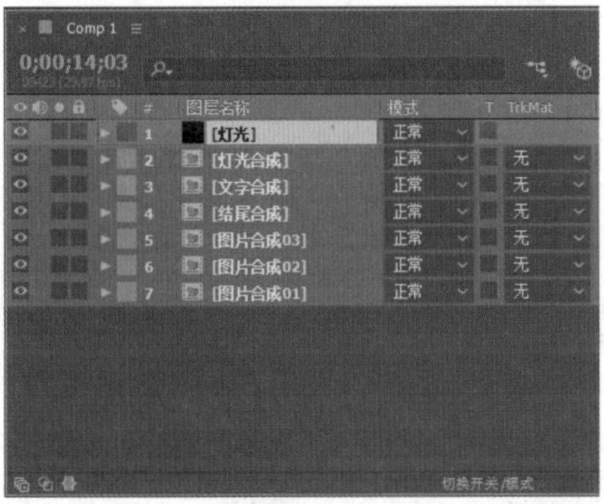

图6-273

❷ 为“灯光”图层添加“镜头光晕”效果，设置“光晕中心”为（872,407）、“光晕亮度”为70%、“镜头类型”为“105毫米定焦”。添加CC Light Rays效果，设置Radius为40，如图6-274所示。

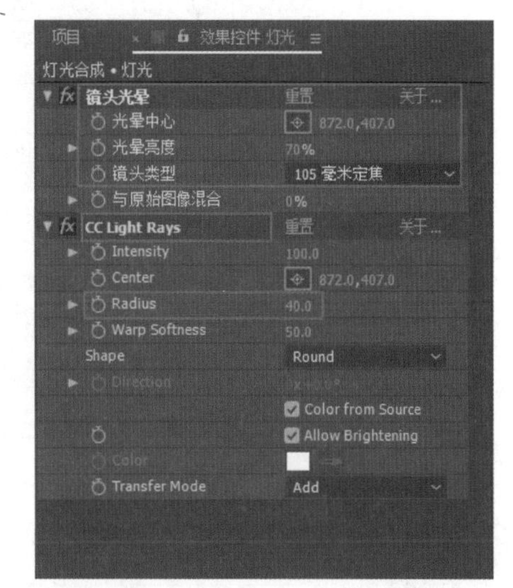


图6-274

❸ 此时的灯光效果如图6-275所示。

图6-275

❹ 选择“灯光”图层，执行快捷键Ctrl+Shift+C进行预合成，命名为“灯光合成”，如图6-276所示。

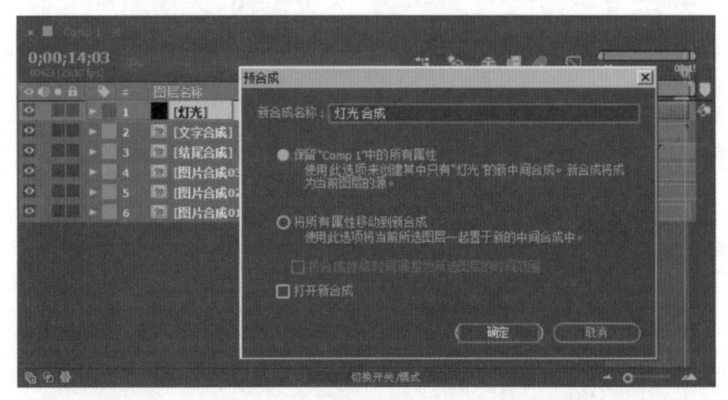


图6-276

❺ 选择“灯光合成”，然后单击激活（3D图层）按钮，并设置“位置”为（4518,492,6467）、“缩放”为（277,277,277%）、“Y轴旋转”为（0x+34°），如图6-277所示。

❻ 此时的灯光效果如图6-278所示。

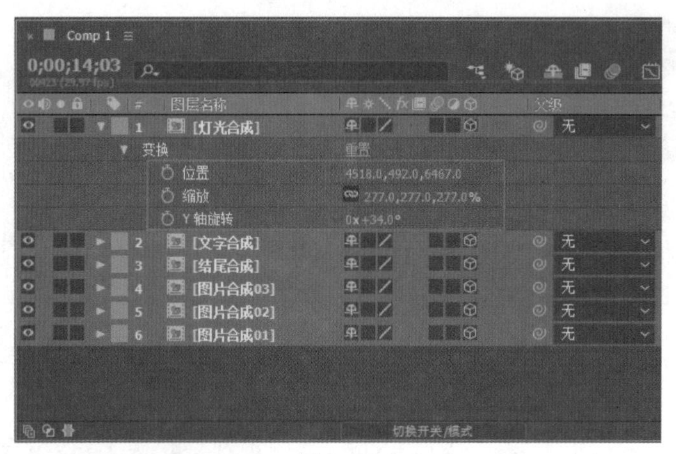


图6-277

图6-278

7 继续新建一个黑色纯色图层，命名为“灯光”，如图6-279所示。

8 为“灯光”图层添加“镜头光晕”效果，设置“光晕中心”为（872,407）、“光晕亮度”为70%、“镜头类型”为“105毫米定焦”。为其添加CC Light Rays效果，设置Center为（872,407）、“位置”为（960,1031.5），如图6-280所示。

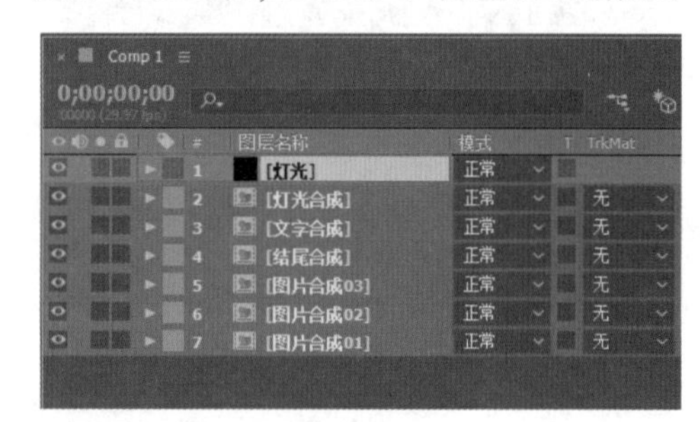


图6-279

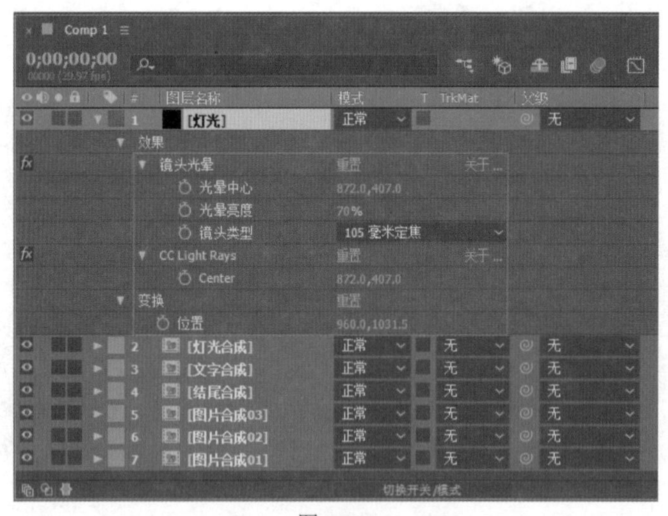


图6-280

9 选择“灯光”图层，执行快捷键Ctrl+Shift+C进行预合成，命名为“灯光合成1”，如图6-281所示。

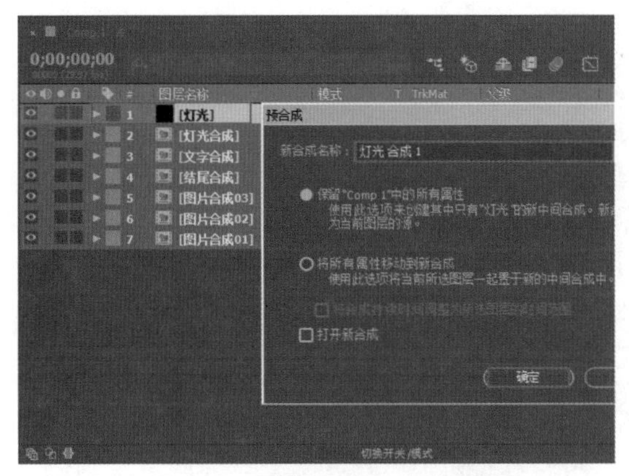

图6-281

⑩ 选择“灯光合成1”，然后单击激活▣（3D图层）按钮，并设置“位置”为（-2480,532,6467）、“缩放”为（278,278,278%）、“Y轴旋转”为（0x-34°），如图6-282所示。

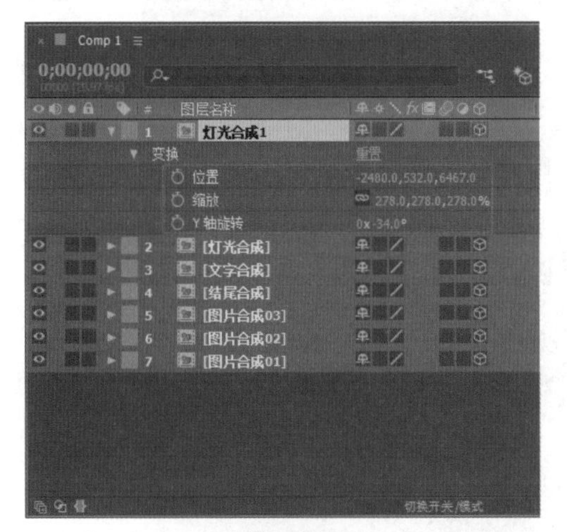

图6-282

⑪ 拖动时间线，查看最终动画效果。如图6-283所示。

图6-283

### 7. 摄影机动画

① 在“时间轴”面板中新建一个黑色的纯色图层，命名为“黑场”。将时间线拖动到第0帧，单击“不透明度”前面的▣按钮，设置“不透明度”为100%，如图6-284所示。

② 将时间线拖动到第6帧，设置“不透明度”为0%，如图6-285所示。

③ 将时间线拖动到第14秒20帧，设置“不透明度”为0%，如图6-286所示。

④ 将时间线拖动到第14秒29帧，设置“不透明度”为100%，如图6-287所示。

⑤ 在“时间轴”面板中，单击右键新建一个摄影机图层，如图6-288所示。

⑥ 设置“目标点”为（960.0,120.0,-3626.0），“位置”为（960.0,120.0,-5492.7），“缩放”为1866.7像素，“焦距”为1866.7像素，“光圈”为17.7像素，如图6-289所示。

图6-284

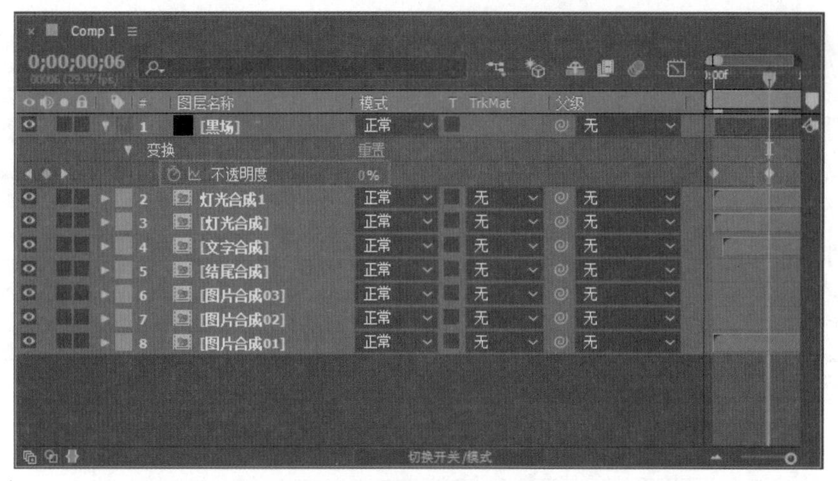

图6-285

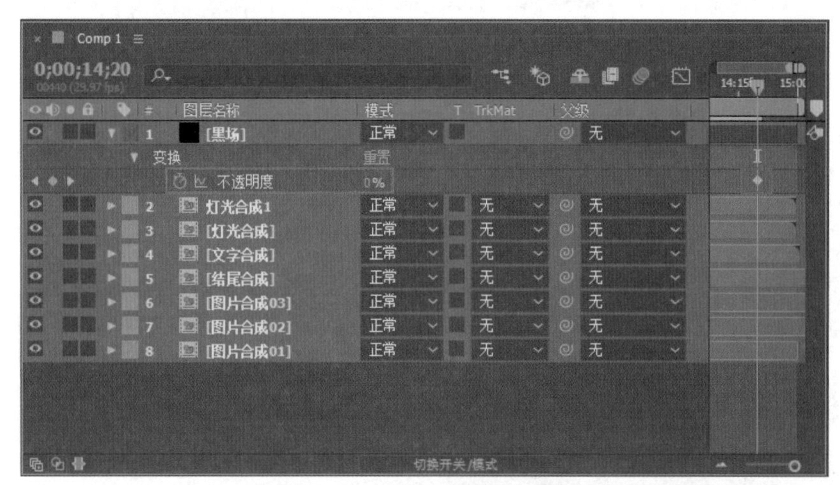

图6-286

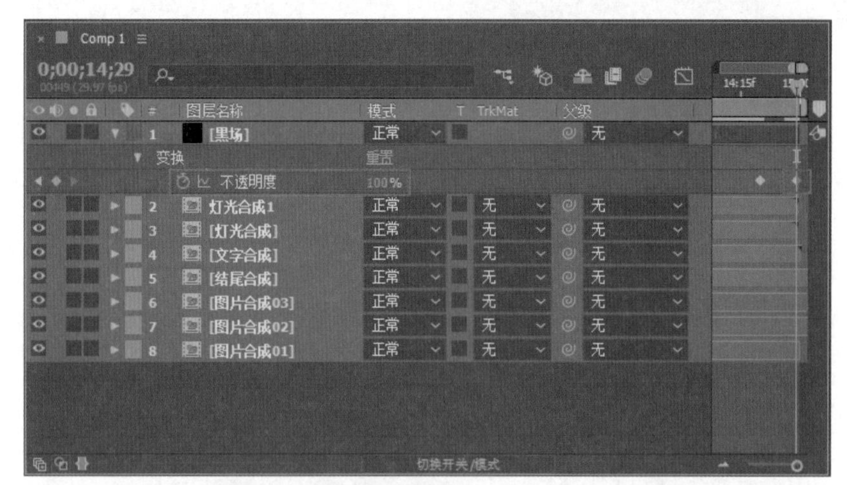

图6-287

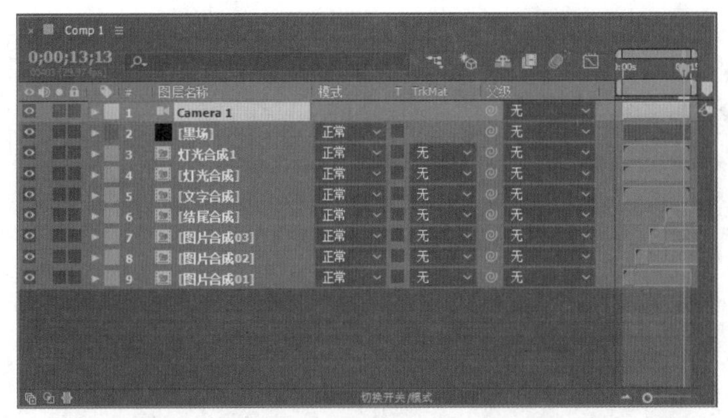


图6-288

图6-289

❼ 此时的画面效果如图6-290所示。

❽ 在“时间轴”面板中单击右键，执行“新建”|“空对象”命令，如图6-291所示。

图6-290

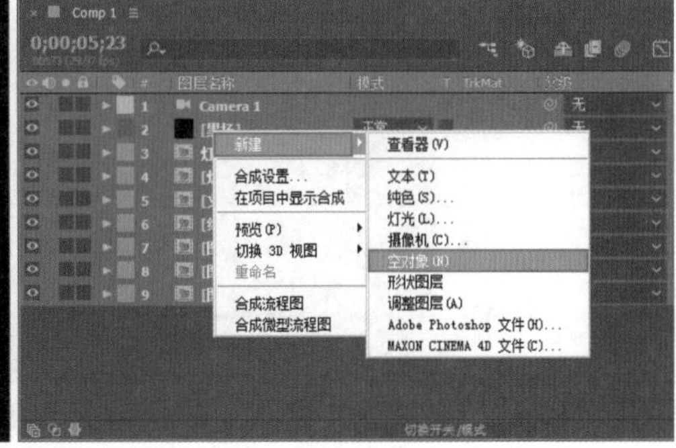


图6-291

❾ 设置新建摄影机的“父级”为“Null 1”，如图6-292所示。

❿ 将时间线拖动到第0帧，单击“Null 1”“位置”前面的⏱按钮，设置“位置”为（960,120,-3626），如图6-293所示。

⓫ 将时间线拖动到第10帧，设置“位置”为（955,120,1504），如图6-294所示。

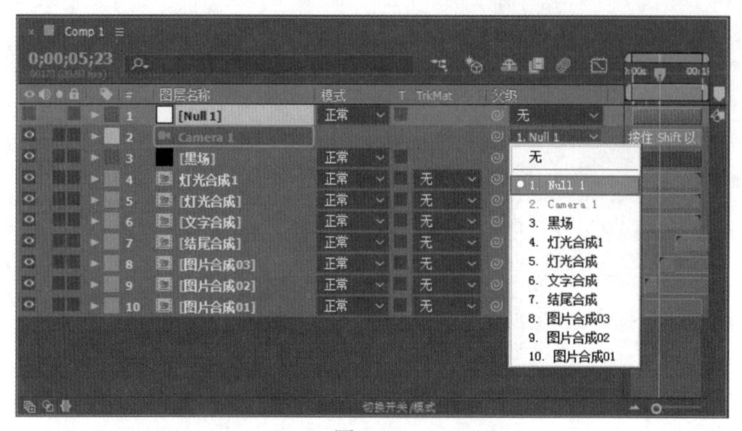

图6-292

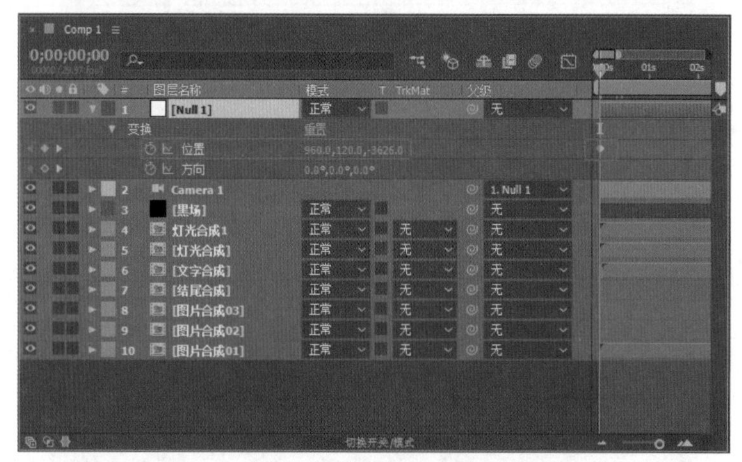

图6-293

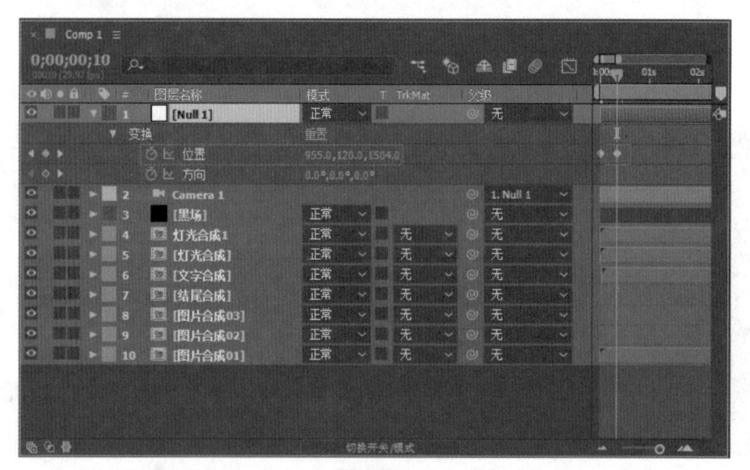

图6-294

⑫ 将时间线拖动到第2秒13帧，设置“位置”为（955,120,1085），如图6-295所示。

⑬ 将时间线拖动到第2秒24帧，设置“位置”为（955,120,2014），如图6-296所示。

⑭ 将时间线拖动到第3秒02帧，设置“位置”为（955,120,1415），并单击“Null 1”的“方向”前面的按钮，设置“方向”为（0,° 0° ,0° ），如图6-297所示。

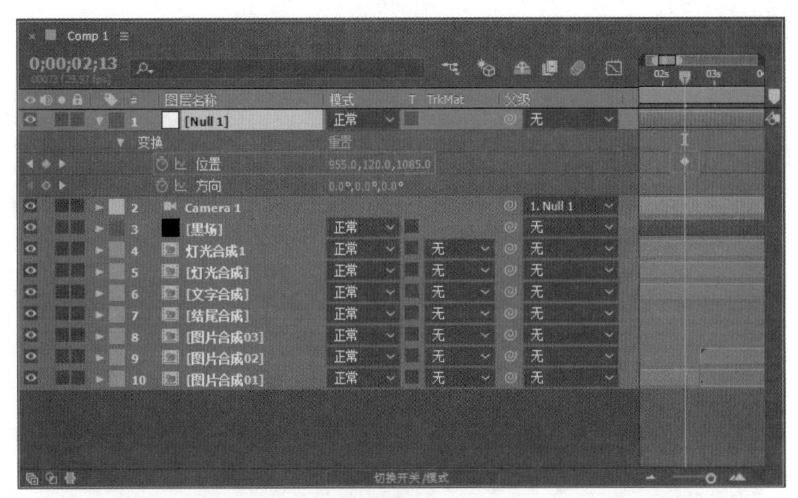


图6-295

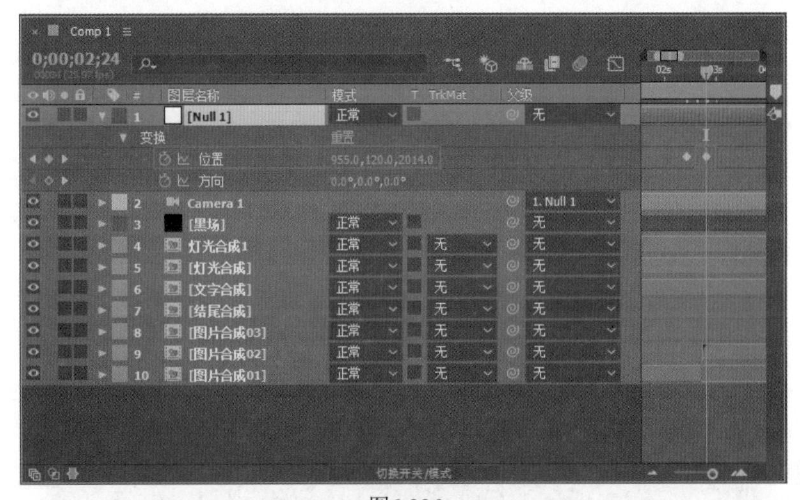


图6-296

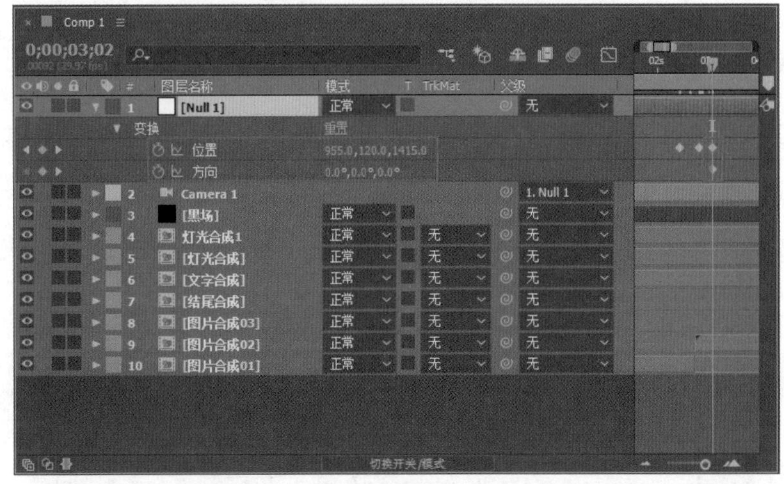


图6-297

15 将时间线拖动到第5秒16帧，设置“位置”为（755,120,1205），设置“方向”为

（0°,16°,0°），如图6-298所示。

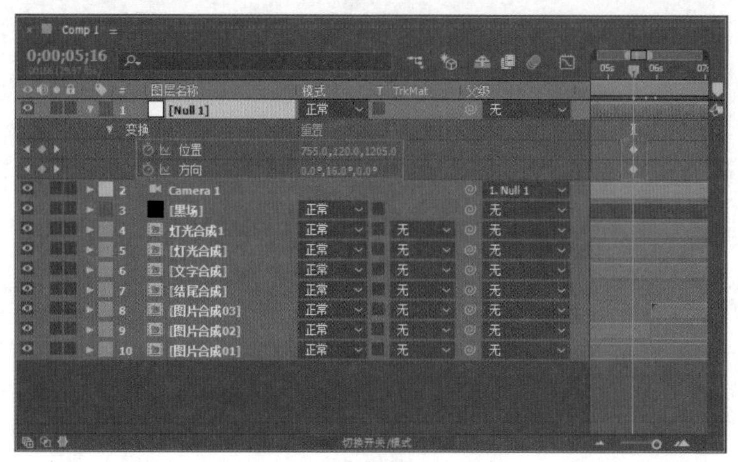


图6-298

⑯ 将时间线拖动到第5秒27帧，设置“位置”为（1116,120,2154），如图6-299所示。

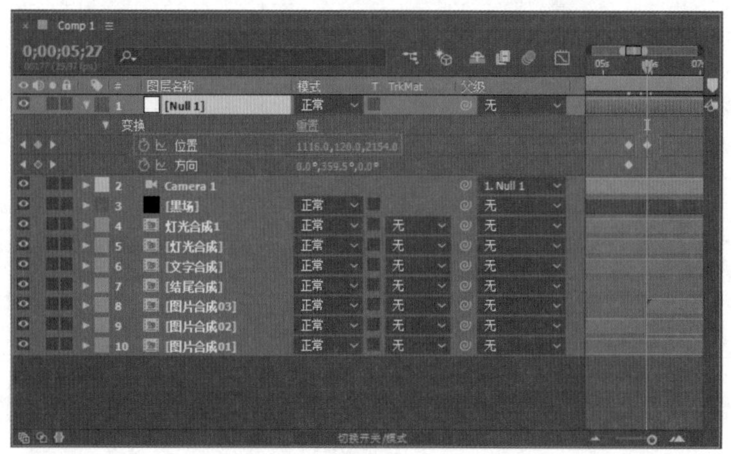


图6-299

⑰ 将时间线拖动到第6秒06帧，设置“位置”为（1315,120,1204）、“方向”为（0°,346°,0°），如图6-300所示。

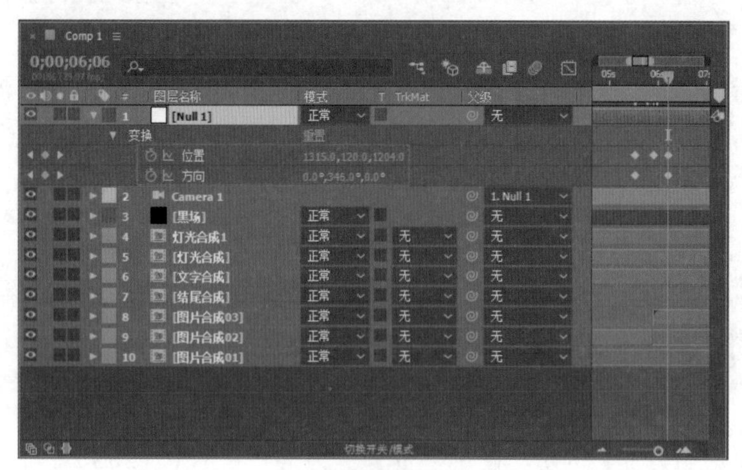


图6-300

⑱ 将时间线拖动到第8秒22帧，设置“位置”为（1067,120,1215）、“方向”为（0°，346°，0°），如图6-301所示。

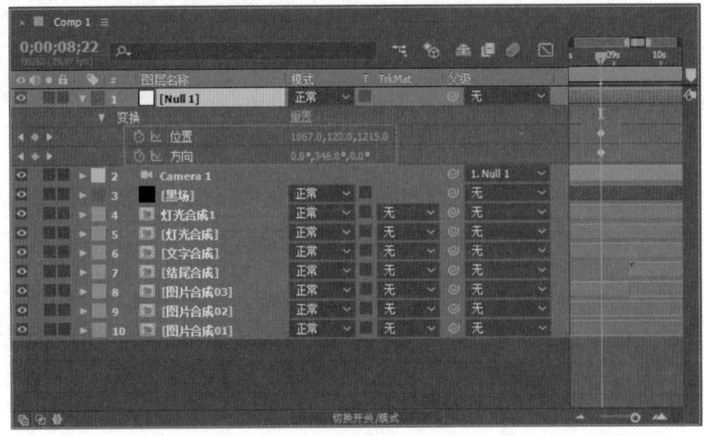


图6-301

⑲ 将时间线拖动到第9秒05帧，设置“方向”为（0°,0°,0°），如图6-302所示。

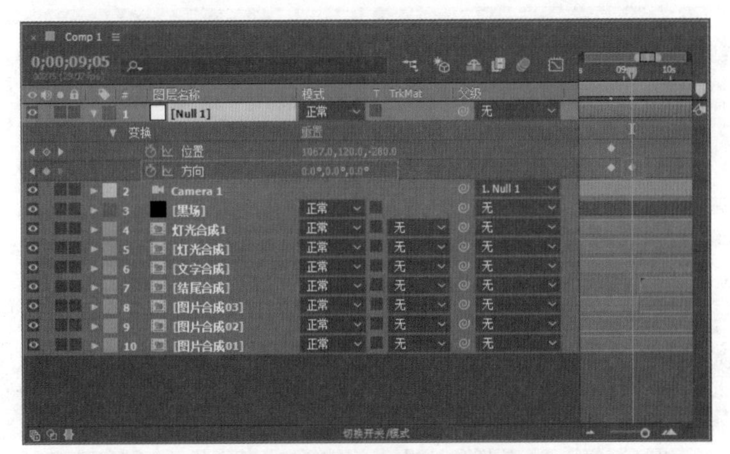


图6-302

⑳ 将时间线拖动到第9秒06帧，设置“位置”为（1067,120,-395），如图6-303所示。

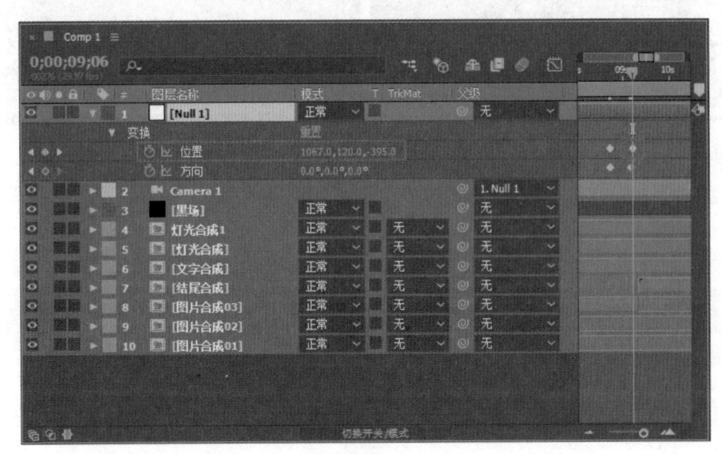


图6-303

㉑ 将时间线拖动到第9秒21帧，设置“位置”为（987,120,1305），如图6-304所示。

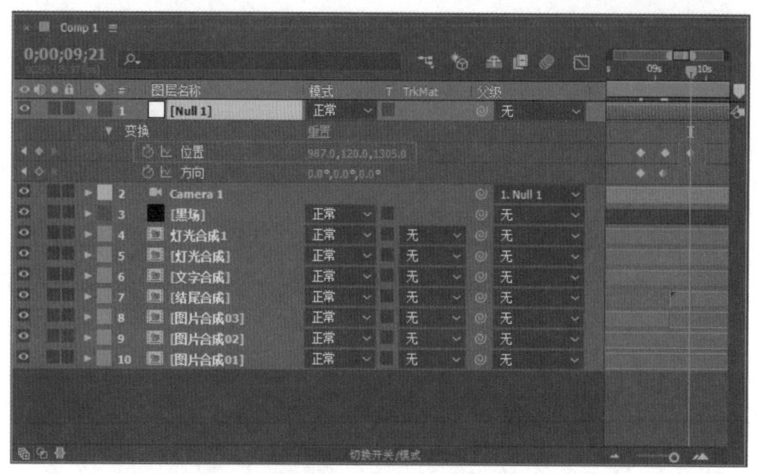


图6-304

㉒ 拖动时间线查看最终动画效果，如图6-305所示。

图6-305

第7章

# 宣传视频设计

## · 本章概述 ·

宣传视频是通过策划与创意，对企业、城市、产品、活动等有重点、有针对性地进行策划、拍摄、录制、剪辑、配音配乐、合成输出，最终制作出的作品。其目的是凸显企业、产品、机构或个人独特的风格面貌，彰显企业形象，使大众对企业、产品等产生良好印象。宣传视频是展现良好形象的最优方法之一。本章主要从宣传视频的定义、宣传视频的常见分类、宣传视频的表现形式以及宣传视频制作的原则等方面进行介绍。

# 7.1 宣传视频概述

在制作宣传视频的过程中，策划与创意是首要的步骤。精心的策划与优秀的创意是制作宣传视频的基础。要想使作品引人注目，具有较强的感染力与吸引力，优秀的、独一无二的创意是关键，其可以使产品或企业形象更加迅速地传递，深入人心，从而获得大众的认可与信任。一个好的宣传视频能有效地传播信息，从而达到超乎想象的反馈效果。

## 7.1.1 宣传视频的定义

通过宣传视频的展示，可以将企业、机构、个人、产品、城市等形象提升到一个新的层次，更好地展示面貌与服务，诠释文化内涵。除此之外，宣传视频还可以有效地提升企业形象，说明产品功能、用途、特点。通过宣传片的介绍提高了产品与企业的知名度，促进产品的消费与大众的认可，从而产生一定的经济效益和社会效益。目前，宣传视频已广泛用于展会招商宣传、房产销售、学校招生、产品推介、旅游景点推广、特约加盟、品牌推广、使用说明、上市宣传等，如图7-1所示。

图7-1

## 7.1.2 宣传视频的常见分类

随着市场竞争日益激烈，怎么样使自己的产品与形象从众多同类商品中脱颖而出一直是企业关心的问题，利用宣传视频进行推广自然成为一个很好的途径。宣传视频根据目的和宣传方式的角度不同可以分为企业宣传视频、产品宣传视频、访谈宣传视频、活动宣传视频、公益宣传视频、城市宣传视频、旅游景区宣传视频、影视与节目宣传视频、文化宣传视频、招商宣传视频等。

### 1. 企业宣传视频

企业宣传视频主要是企业为了增进受众对企业的了解，提升信任感，从而扩大商机所拍摄的短片。一部策划优良的企业宣传片可在短短几分钟内向目标观众传递上万字的信息量，从而直观生动地展现企业形象。其可划分为以下几种类型。

企业综合形象宣传视频主要是用来展示企业的综合实力，塑造企业形象，并详细地描述企业历史、文化内涵、产品、市场、人才、前景等，如图7-2所示。

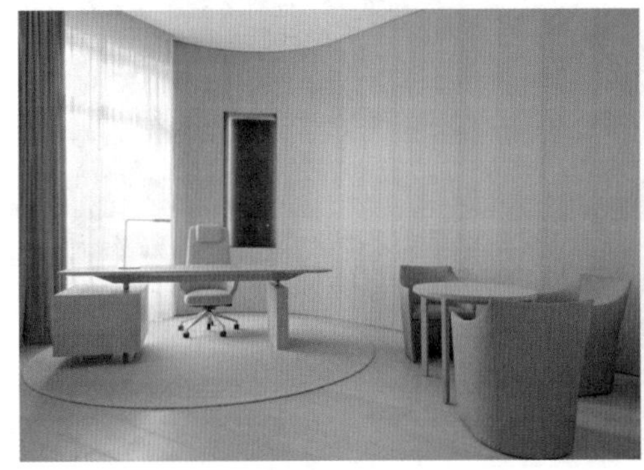

图7-2

产品推广宣传视频主要是针对特定客户，使用生动形象的形式对产品进行宣传，介绍产品的功能与特点，可在电视、商场或是促销时进行辅助播放，以此建立消费者认知并得到认可，如图7-3和图7-4所示。

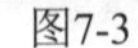

图7-3

图7-4

企业纪念日、周年庆典等宣传视频主要在公司的年会、周年庆典或纪念日进行播放，用来总结、回顾企业历程，继而提出发展方向、目标，可以增强员工的企业荣誉感，激发士气。

企业宣传视频对企业的整体形象，包括企业发展历程、企业管理、技术实力、产品制造、品控把握、市场开拓、品牌建设、发展战略、企业文化等各个方面，进行集中而生动的展示，具有树立品牌、提升企业形象、彰显企业文化内涵的作用。

### 2. 产品宣传视频

产品宣传视频主要针对产品进行宣传，可以通过视频、三维动画等不同形式展现产品的结构、功能、特点、适用场景等，多用于展会等商业活动，可以有效帮助企业开拓市场，提升经济效益，如图7-5所示。

### 3. 访谈宣传视频

访谈宣传视频主要是借助被采访人物的特殊身份来提升企业或产品的知名度。例如，对某些行业的名人进行采访来提升企业在目标受众心中的公信力。

图7-5

### 4. 活动宣传视频

活动宣传视频主要用于记录产品、商家活动现场的场景。通过活动宣传视频可以为客户展示，产品的功能等，从而塑造企业的良好形象，如图7-6所示。

图7-6

### 5. 公益宣传视频

公益宣传视频主要是用以提倡、号召社会，发展有益活动或观点，目的是为公众谋求利益，具有社会效益性、主题现实性与号召性等特点，有利于创造良好的社会风气，其包括对外公益活动宣传片、公益广告宣传片、警示类宣传片等，如图7-7所示。

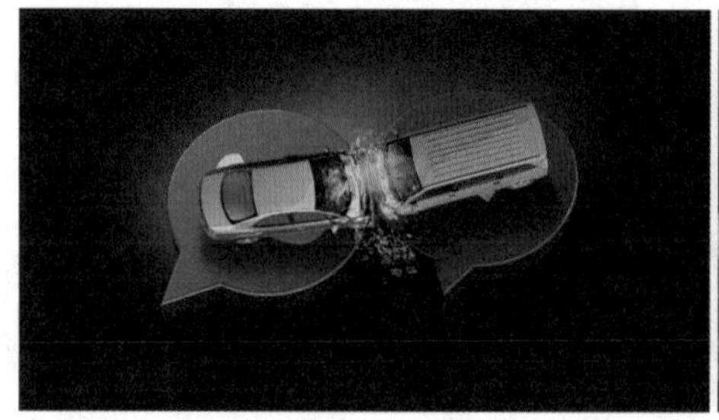
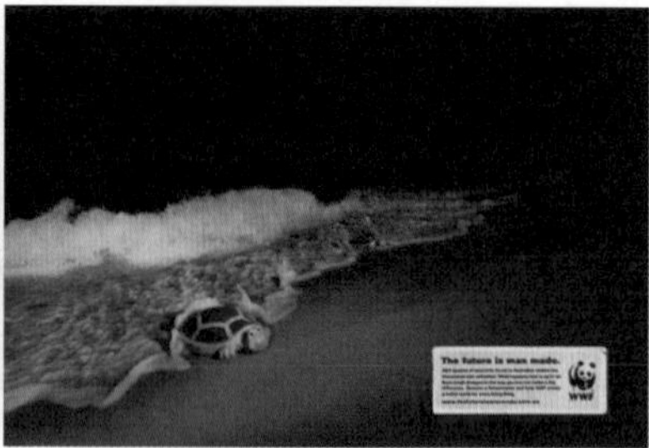

图7-7

### 6. 城市宣传视频

从某种意义来讲，城市宣传视频像是全景式的城市形象介绍，主要用来展示城市形象，突出城市独特的风貌和气质，其本质是城市的一个视频名片，如图7-8所示。

图7-8

### 7. 旅游景区宣传视频

旅游景区宣传视频是目前较为流行的一种宣传形式，其主要目的是用来宣传某个地区的旅游景点，包括该地区的美食、玩乐等场所，以及当地的特色产品，由此展开的还有文化内涵与当地的风土民俗，如图7-9所示。

图7-9

### 8. 影视与节目宣传视频

影视与节目宣传视频包括电视节目、婚礼宣传、晚会预告、演唱会活动等系列宣传片，形成一种预告的形式，告知受众活动的时间、简要内容等，如图7-10所示。

### 9. 文化宣传视频

文化宣传视频通常由电视台的某个频道出品，挖掘具有历史传承价值的古迹、雕刻、传统技艺等文化遗产，通过创作者自身的传播与媒体宣传优势，向外展现自身的文化与内涵，如图7-11所示。

图7-10

图7-11

### 10. 招商宣传视频

城市、企业或机构通过招商宣传视频可以使产品渠道商或合作伙伴全面了解产品、企业概况、市场等系列信息，增强渠道商或合作伙伴的信心，如图7-12所示。

图7-12

## 7.1.3 宣传视频的表现形式

常见的宣传视频的表现形式有八种，包括开门见山、对比、合理夸张、以小见大、联想、幽默、借用比喻、制造悬念等。

**开门见山：**就是直接、重点地展示产品优势，将产品或主题如实地展示在宣传视频中，如图7-13所示。

图7-13

**对比：**利用对比形成反差，在宣传视频中使产品形成鲜明对照，相互映衬，突出所要表现的特点，给观者以直接、生动的视觉感受。

**合理夸张：**借助想象，对宣传视频中所宣传的对象的某个方面进行夸张处理，来加深或扩大对这些特征的认识，强化观者印象，如图7-14所示。

图7-14

**以小见大：**通过局部表现整体，使宣传视频更具有灵活性与表现力。

**联想：**人们可以通过联想引发美感共鸣，宣传视频为观者提供想象空间，可以提升产品或形象的吸引力，如图7-15所示。

**幽默：**幽默处理的矛盾冲突可以达到出乎意料，又在情理之中的艺术效果，从而提升宣传效果与感染力，如图7-16所示。

图7-15

图7-16

**借用比喻：**巧用比喻，可以提升视频的吸引力，引发目标群体的思考与想象，加强其对产品的关注度。

**制造悬念：**该表现手法给人带来“谜题”的同时，可以引发观者兴趣，给人留下难忘的印象。

## 7.1.4 宣传视频制作的基本原则

制作宣传视频的原则是根据宣传视频的本质、特征、目的所提出的根本性、指导性的准则和观点。其主要包括可读性原则、形象性原则、真实性原则、关联性原则，如图7-17所示。

**可读性原则：**无论多好的宣传视频，都要让观者清楚地了解其主要表现的是什么。因此，宣传视频必须具有普遍的可读性，只有准确地传达信息，才能真正地投放市场、投向公众。

**形象性原则：**一个平淡无奇的宣传视频是无法打动消费者的，只有运用一定的艺术手法渲染和塑造产品形象，才能使产品在众多的视频中脱颖而出。

**真实性原则：**真实性是宣传视频最基本的原则。宣传视频的内容要真实自然，结合一定的艺术渲染手段，使观者自然而然地接受宣传视频的内容。

**关联性原则：**不同的商品适用于不同的公众，因此要在确定和了解受众的审美情趣之下，进行相应的宣传设计。

图7-17

# 7.2 汽车品牌宣传视频制作实战

## 设计思路

### 案例类型：

本案例是汽车品牌宣传视频作品，如图7-18所示。

图7-18

### 项目诉求：

本案例制作有关汽车品牌的宣传视频。通过前景保持不变的图像不断地加深观者的印象，同时背景中由清晰逐渐变得模糊的森林与公路衬托出了汽车的速度，以此吸引观者的目光，继而达到宣传品牌的目的。

### 设计定位：

本案例以图像为主、文字作为点缀进行画面布置。背景中的森林与公路在由清晰变得模糊的过程中展示出汽车的高速、便捷，给人以前进、飞驰的感觉。体现出不断前进、锐意拼搏的品牌内涵。

## 配色方案

苔绿色背景与深灰蓝色的汽车照片使画面整体笼罩着朦胧的气息，色彩纯度适中，给人以沉稳、安定的感觉，有利于提升观者对广告的信赖感，如图7-19所示。

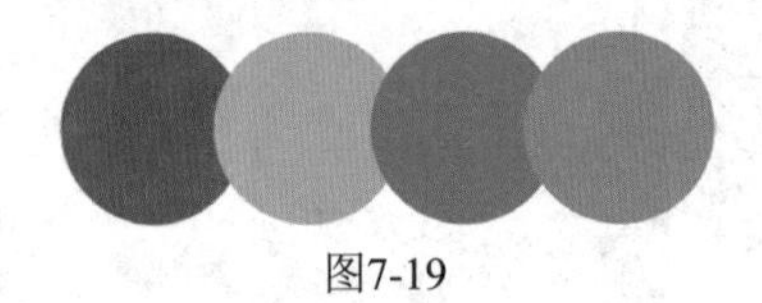

图7-19

主色：

苔绿色作为背景主色，色彩明度适中，使画面整体给人以深沉、安定的感觉，可提升品牌商务、沉稳的格调，打造出高端、富含内涵的广告作品。

辅助色：

使用明度较低的灰蓝色作为辅助色，与苔绿色形成同类色对比，赋予画面以冷静、内敛的气息，整体色调搭配协调。

点缀色：

矢车菊蓝作为画面的点缀色，色彩较为鲜艳，活跃了画面气氛，为画面注入鲜活的生命力，提升了画面的视觉吸引力。

## 版面构图

本案例采用满版型的构图方式，前景图像与背景层次分明、动静结合，提升了广告的视觉吸引力。整个画面采用纯度与明度适中的色彩进行设计，给人以舒适、亲切、自然的视觉感受，有利于建立观者的信任感，提升广告的亲和力。图像位于画面中央位置，可以迅速吸引观众目光，传递品牌信息，如图7-20和图7-21所示。

图7-20　　图7-21

### 操作思路

本案例首先为素材添加CC Toner效果，将颜色更改为蓝色调，并将素材进行预合成。然后为素材添加“投影”效果、CC Light Rays效果、CC Light Sweep效果、“定向模糊”效果制作模糊背景的变换动画。

**操作步骤**

❶ 将素材“01.jpg”“02.jpg”导入“时间轴”面板中，如图7-22所示。

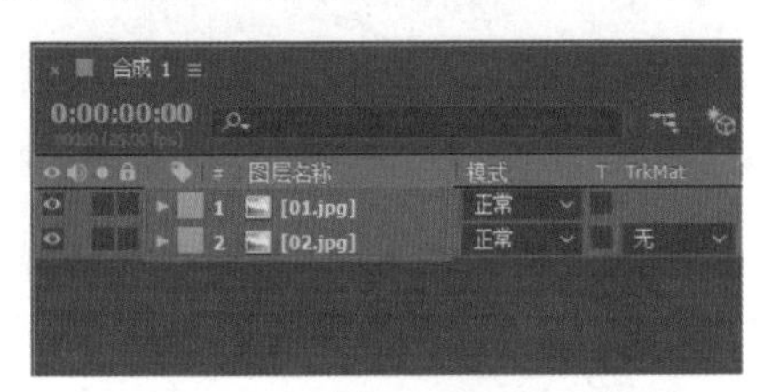


图7-22

❷ 设置“01.jpg”的“位置”为（360,240）、“缩放”为（45，45%），设置“02.jpg”的“位置”为（360,389）、“缩放”为（64,64%），如图7-23所示。

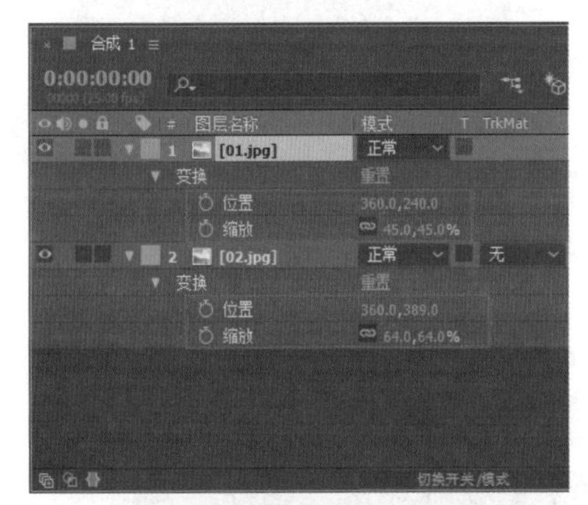


图7-23

❸ 此时的画面合成效果，如图7-24所示。

图7-24

❹ 为图层“01.jpg”添加CC Toner效果，并设置Midtones为蓝色，如图7-25所示。

❺ 此时的画面效果如图7-26所示。

❻ 选择当前两个图层，如图7-27所示。

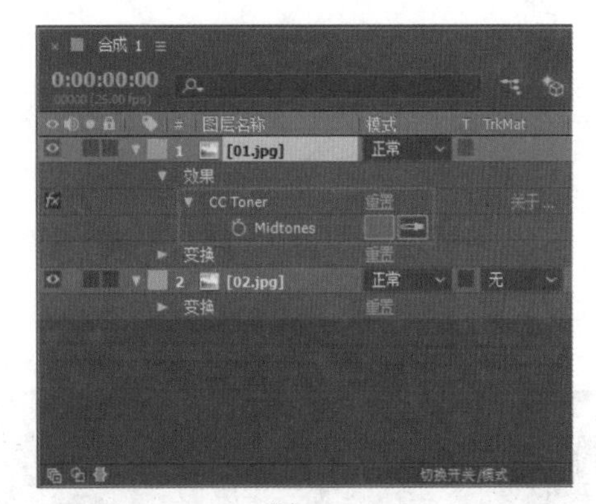


图7-25

图7-26

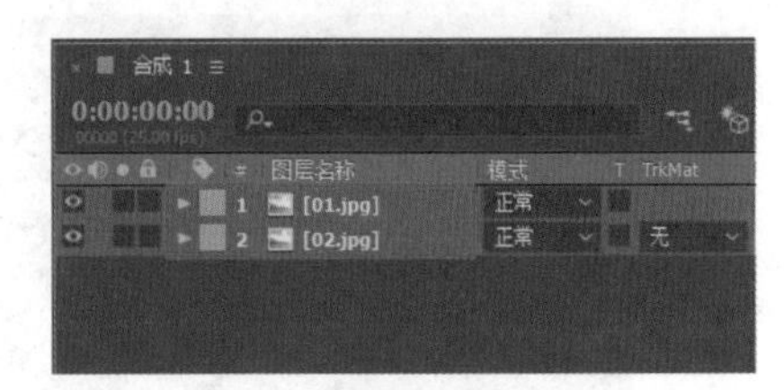


图7-27

❼ 按快捷键Ctrl+Shift+C进行预合成，命名为“照片合成”，如图7-28所示。

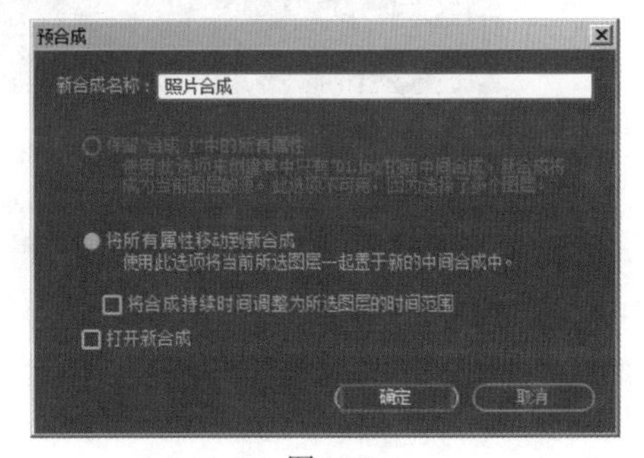


图7-28

❽ 此时的预合成图层如图7-29所示。

图7-29

❾ 此时的画面效果如图7-30所示。

图7-30

❿ 为“照片合成”添加“投影”效果，设置“距离”为10、“柔和度”为20，如图7-31所示。

⓫ 为“照片合成”添加CC Light Rays效果，如图7-32所示。

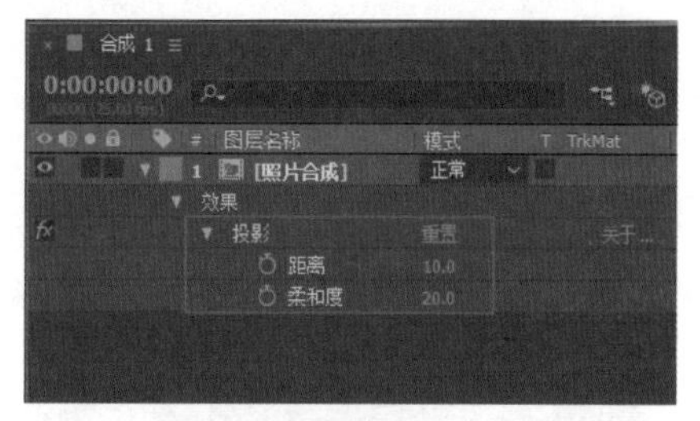


图7-31

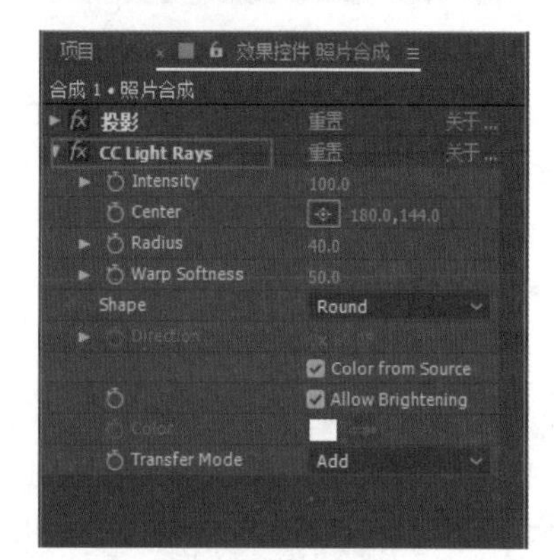


图7-32

⓬ 为“照片合成”添加CC Light Sweep效果。将时间线拖动到第0帧，单击Center前面的■按钮，设置Center为（75.1,428.9），如图7-33所示。

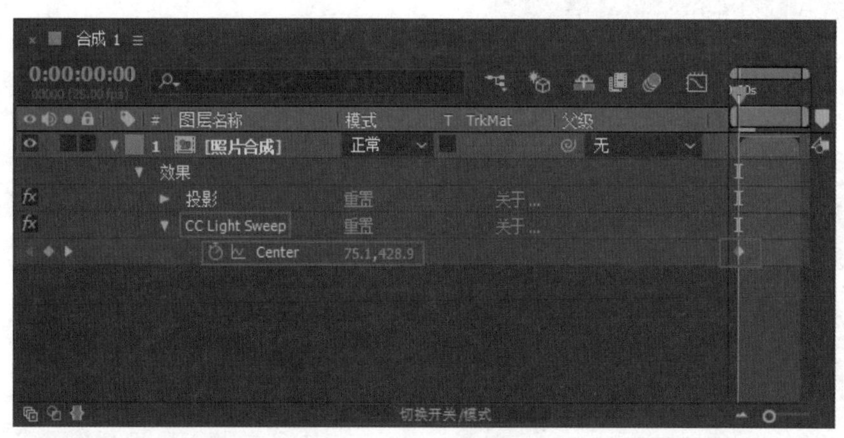


图7-33

⓭ 将时间线拖动到第3秒，设置Center为（816.1,428.9），如图7-34所示。

⓮ 拖动时间线，查看此时的动画效果，如图7-35所示。

⓯ 将素材“01.jpg”导入“时间轴”面板中，设置“缩放”为（105,105%），如图7-36所示。

⓰ 此时的画面合成效果如图7-37所示。

⓱ 为“01.jpg”图层添加“定向模糊”效果，设置“方向”为（0x+90°）。将时间线拖动到第0帧，单击“模糊长度”前面的■按钮，设置“模糊长度”为0，如图7-38所示。

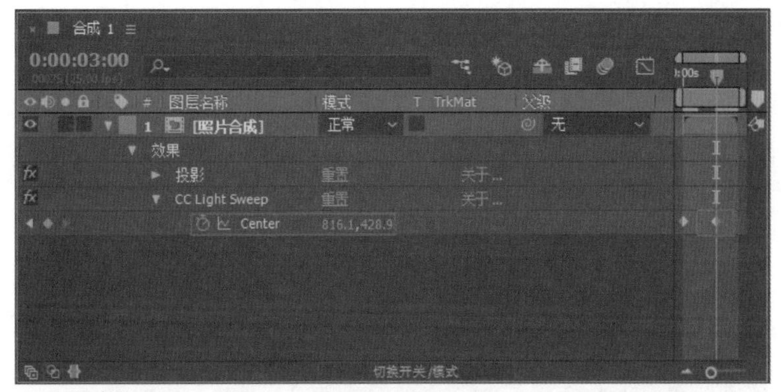


图7-34

图7-35

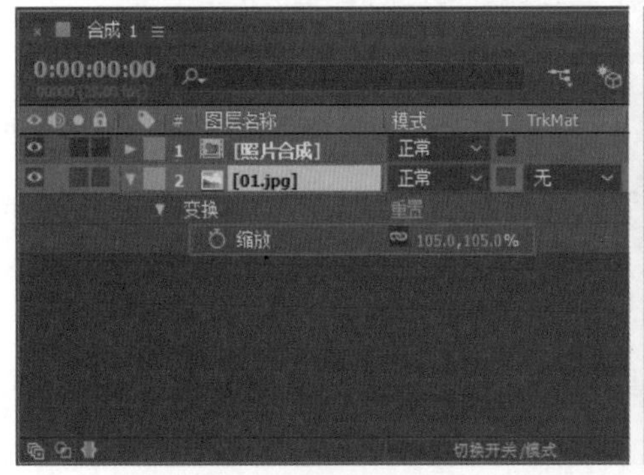


图7-36

图7-37

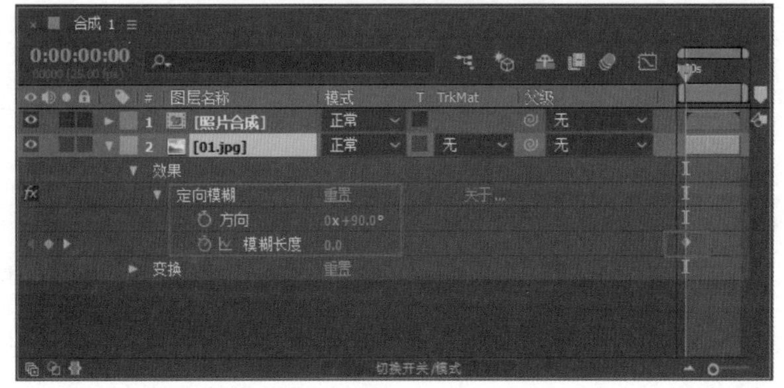


图7-38

⑱ 将时间线拖动到第3秒，设置“模糊长度”为150，如图7-39所示。

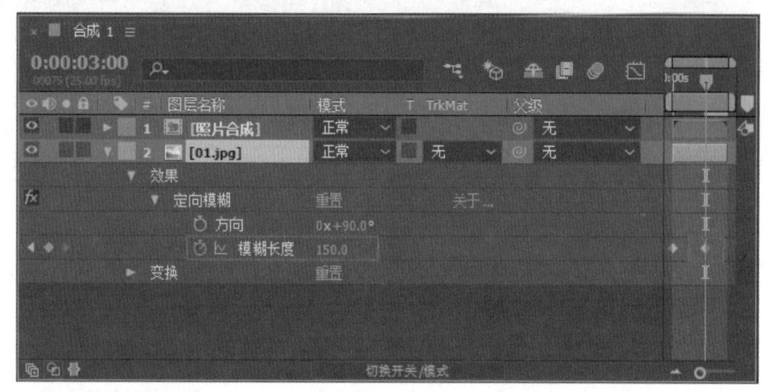

图7-39

⑲ 拖动时间线，查看最终动画效果，如图7-40所示。

图7-40

第8章

# Vlog设计

**· 本章概述 ·**

Vlog是博客的一种类型，创作者通过视频形式对日常生活、个人形象等进行展示或记录，因此可以理解为是视频博客。我们在生活中会遇到各种类型的Vlog。Vlog作者使用影像代替文字或相片，上传到网络与大众分享，这类创作者被统称为Vlogger。本章主要从Vlog的定义、Vlog的常见分类、Vlog的展示形式以及Vlog制作的原则等方面来学习Vlog的相关知识。

# 8.1 Vlog概述

Vlog全称是video blog或video log，意为视频记录、视频博客、视频网络日志。随着众多创作者加入Vlog拍摄的行列，Vlog开始走进大众生活，逐渐成为大众记录生活、表达个性最为主要的方式。

## 8.1.1 Vlog的定义

Vlog是一种视频形式，具有双重定义：一种为video log，即视频日志；另一种为video of log，意为日志视频。前者定义的重心是日志，本质与文字、图片形式的日记相同，是利用视频的形式承载日志的内容；而后者则更加注重视频，日志内容服务于视频。从本质来讲，Vlog只是众多视频类型中的一种，是以日常生活为内容的视频形式，如图8-1所示。

图8-1

## 8.1.2 Vlog的常见分类

Vlog主要以拍摄者为主，展现其自然平凡的生活记录，风格、类型、题材不限，类似于日记的形式。Vlog的镜头语言、人物特性与自我表述十分鲜明，具有鲜明的人格化特征。Vlog的主要有以下几种类型。

### 1. 采访类

采访类的Vlog常以采访、访谈的形式呈现，形成系列节目。这种类型的Vlog真实、生动，融入了较深的情感，可更好地拉近了与观者的距离。这种采访的形式同时具有较强的即时性，给人以发生在身边的感觉，如图8-2和图8-3所示。

### 2. 教学类

教学类Vlog是较为常见的视频类型之一，涉及美食、手工、美妆等不同领域，相较于文字，视频内容更具吸引力，如图8-4所示。

图8-2　　图8-3

图8-4

### 3. 恶搞类

恶作剧形式的视频通常不需要很多的剪辑技巧，只要将整个视频内容记录下来。恶搞类视频往往能获得较高的播放量与热度，加入当下流行语，令人感到轻松、风趣，如图8-5所示。

图8-5

### 4. 技能展示类

技能展示视频就是通过Vlog记录的形式展示成果，例如美妆展示、健身效果展示、手工技艺展示、舞蹈展示、翻唱作品等。技能展示类视频可以引起有共同兴趣爱好者的注意与喜爱，如图8-6所示。

图8-6

### 5. 纪录片

纪录片形式的Vlog是旅游爱好者以及美食家、自驾游爱好者的选择，通过旅行Vlog可以真实生动地描绘独特的文化、地域特色、美食、风貌等，引起观众的憧憬，如图8-7所示。

图8-7

### 6. 罕见事件报道

通过罕见事件报道类型的Vlog，可以引发观者对新奇事件的强烈好奇心与猎奇心理，增强视频讨论度与热度。

## 8.1.3 Vlog的展示形式

根据Vlog主题与风格的不同，Vlog的展示形式可以分为以下几种。

**“流水账”日常：**针对旅行、活动、突发事件，以真实、具体的形式展现事件内容，直观地叙述视频内容，如图8-8所示。

**画外音形式：**这种记录方式是将台词口语化，并以“旁白”的形式进行讲述。

**分格漫画：**将不同的照片、画面以连续播放的方式连接，形成轻松、简单的视频风格，如图8-9所示。

图8-8

图8-9

**唯美电影**：利用滤镜、色彩，赋予视频画面独特的氛围，营造一种沉浸式的视觉体验，如图8-10所示。

图8-10

**转场**：用特殊的效果对视频内容进行装饰，呈现出炫酷、个性的风格。

## 8.1.4 Vlog制作的原则

Vlog视频制作原则是根据Vlog的本质、特征、目的所提出的根本性、指导性的准则和观点。主要包括真实性原则、创新性原则、艺术性原则、简洁性原则，如图8-11所示。

**真实性原则**：Vlog视频制作需要追求实事求是的态度，真实表现视频内容，才能使内容更具感染力，从而更好地打动观众。

**创新性原则**：独一无二的创意可以更好地引起观者兴趣，增强视频内容的趣味性与创意感，获得更多的关注与市场。

**艺术性原则**：艺术元素对于观者的冲击十分强大，在视频中添加艺术性元素，可以使观者产生专业、高级或艺术的概念，使作品引人注目。

**简洁性原则**：将视频内容压缩在十几秒到几分钟之内，减少观众的时间成本，这样可以使观者完整地了解作品内容，吸引观者产生继续观看的兴趣。

图8-11

## 8.1.5 Vlog制作的意义与作用

与简单的生活记录类短视频相比，Vlog更多的是反映故事性，从第一视角切入记录镜头。Vlog博主以第一视角的拍摄和镜头独白，以及模拟对话的视觉情境让观众产生身临其境般的感受。Vlog博主可以发布见解，从而对他人施加影响力。例如，当Vlog博主在亲身测试或体验某种商品并对商品进行评价时，可能会促进消费者的购买意愿和行为，如图8-12所示。

图8-12

# 8.2 旅行Vlog片头设计实战

## 设计思路

案例类型：

本案例是欢快活泼风格的旅行Vlog片头动画设计，如图8-13所示。

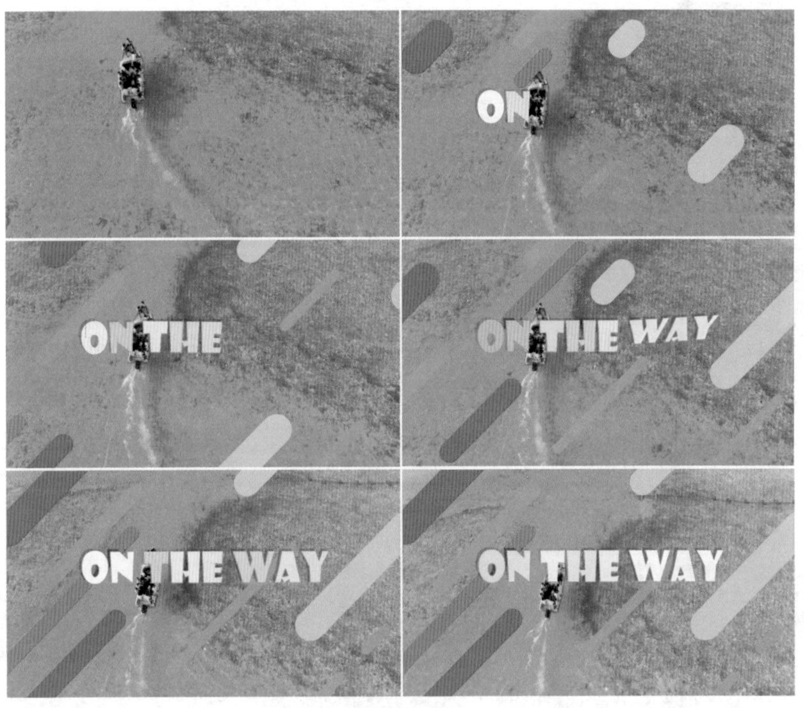


图8-13

项目诉求：

本案例制作一个欢快活泼风格的旅行Vlog视频。通过海滩、奔跑的人与宠物狗等元素营造温馨、自由、惬意的旅行氛围，给人以自在、舒适、欢快的印象，并通过中央位置出现的文字点明作品主题，给人一目了然的感觉。

设计定位：

本案例采用图像为主、文字为辅的画面布置方式。选择沙滩照片作为背景，通过宠物狗位置的改变，打造出鲜活、自由、惬意的视觉效果，令人感受到旅行的乐趣，吸引观者的目光。中央的文字在最后呈现，字义与背景图像相互照应，给人统一、温馨、明快的印象。

## 配色方案

灰色的沙滩与海浪形成层次对比，使画面氛围更加鲜活，营造欢快、自由自在的氛围，吸引观者的注意力，同时鲜艳的图形元素增加了吸引力，更显青春、俏皮，如图8-14所示。

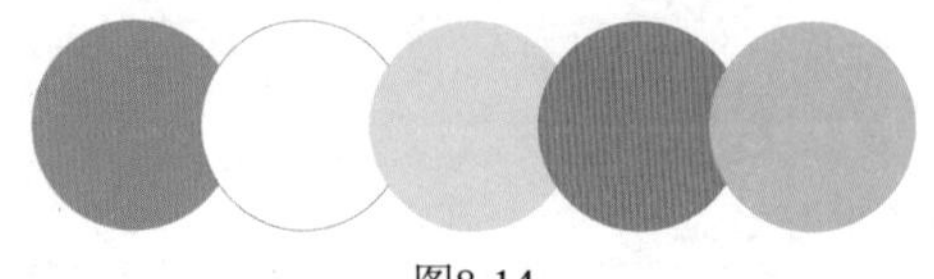

图8-14

主色：

灰色的沙滩展现出沉稳、稳定的视觉效果，可增添安全感，同时灰色展现出内敛、含蓄的特性，使画面整体产生稳定、平衡、安全的视觉效果。

辅助色：

白色的波浪在灰色沙滩的衬托下更加明亮，给人以洁净、明朗的感觉，同时提升了画面的明度，与沙滩形成鲜明的对比，增强了画面的视觉冲击力。

点缀色：

红橙色、柠檬黄以及蓝色图形的装点，使画面更具青春、鲜活的气息，打造出清新、明快的画面效果，给人以时尚、惬意、活泼的感觉。

## 版面构图

本案例采用引导线式的构图方式，将背景图像铺满版面，同时用海浪作为分割线，将版面分割为左上与右下两个部分，提升了作品动感。文字位于画面中央的视觉焦点位置，突出其主体地位，给人以明了、醒目的感觉，使观者可以迅速了解作品主题。同时周围不规则图形的装饰赋予画面以灵动、俏皮的气息，使整体氛围更加明快、悠闲，如图8-15和图8-16所示。

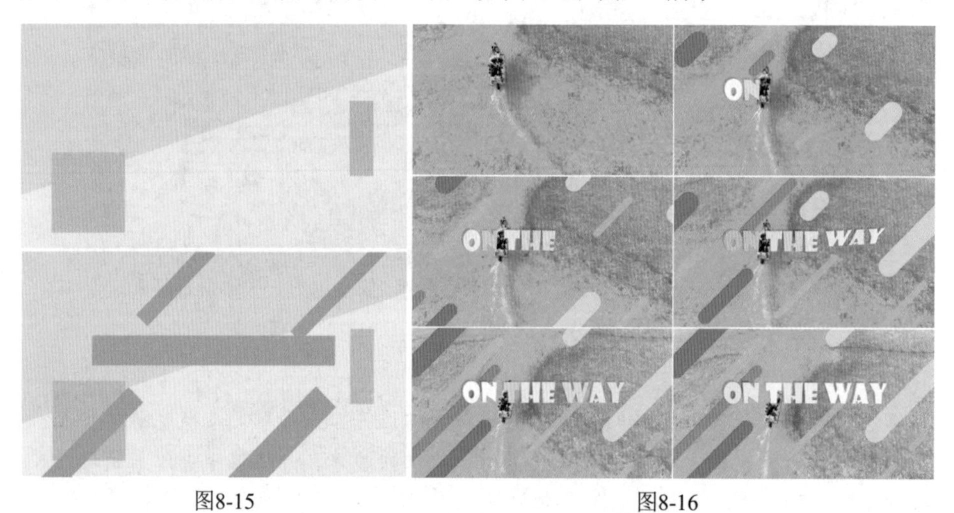


图8-15　　图8-16

## 操作思路

本案例使用钢笔工具绘制线条并使用“修剪路径”“关键帧辅助”效果制作线段动态效果，使用文字工具创建文字并使用“3D下雨词和颜色”“投影”效果制作文字动画。

## 操作步骤

1 右击“项目”面板空白位置处，在弹出的快捷菜单中选择“新建合成”命令，在弹出的“合成设置”窗口中，设置“合成名称”为01，设置“预设”为“自定义”，设置“宽度”为3840 px、“高度”为2160 px、“像素长宽比”

为“方形像素”、“帧速率”为30帧/秒、“持续时间”为5秒，单击“确定”按钮。然后执行“文件”|“导入”|“文件”命令，导入全部素材，如图8-17所示。

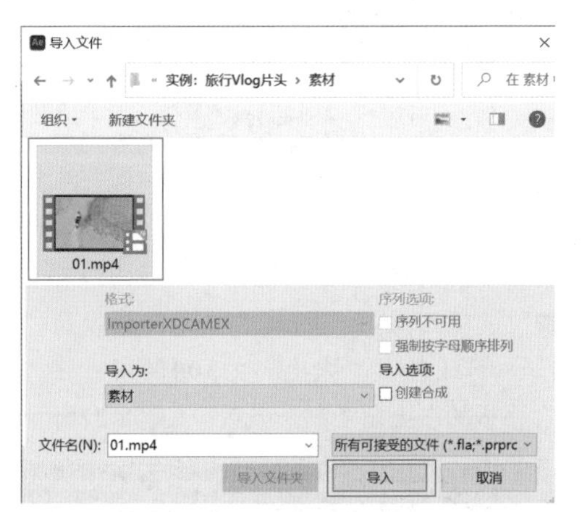


图8-17

❷ 在“时间轴”面板中单击“01.mp4”素材文件，接着展开“变换”，设置“缩放”为（200.0,200.0%），如图8-18所示。

图8-18

❸ 查看此时画面效果，如图8-19所示。

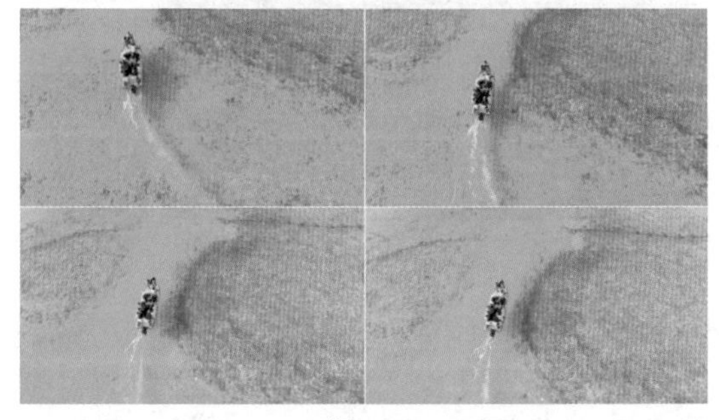

图8-19

❹ 在不选择任何图层的情况下，在工具栏中单击（钢笔工具），取消“填充”，设置“描边”为蓝色、“大小”为150像素。在“合成”面板的左上角绘制一条线，如图8-20所示。

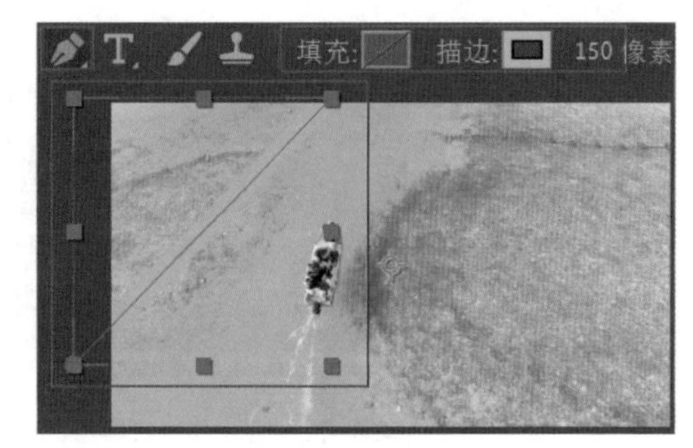


图8-20

❺ 在“时间轴”面板中单击“形状图层1”图层右侧的“消隐”按钮。接着单击（添加）按钮，在弹出的下拉菜单中执行“修剪路径”命令，如图8-21所示。

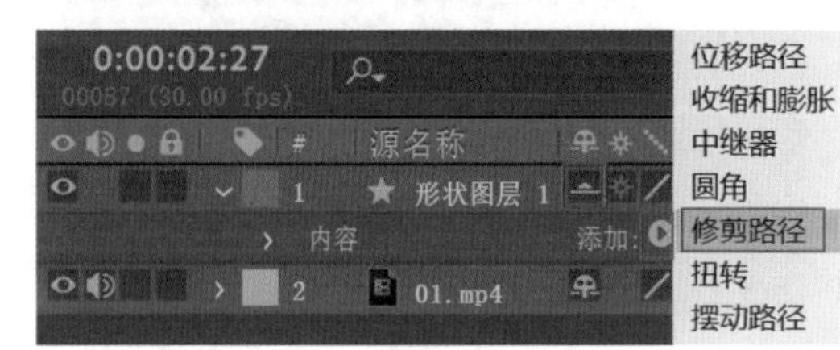


图8-21

❻ 将时间线拖动到第23帧位置处，在“时间轴”面板中单击“形状图层1”图层，展开“内容”|“修剪路径 1”，分别单击“结束”“偏移”前面的（时间变换秒表）按钮，设置“结束”为0.0%、“偏移”为（0x+0.0°），如图8-22所示。接着将时间线拖动至第2秒19帧位置处，设置“结束”为51.0%。将时间线拖动到第3秒06帧位置处，设置“偏移”为（2x+7.1°）。

图8-22

❼ 在“时间轴”面板中单击“形状图层1”图层，框选“修剪路径 1”的关键帧并右键

单击，在弹出的快捷菜单中执行“关键帧辅助”|“缓动”命令，或框选关键帧后按F9键，如图8-23所示。

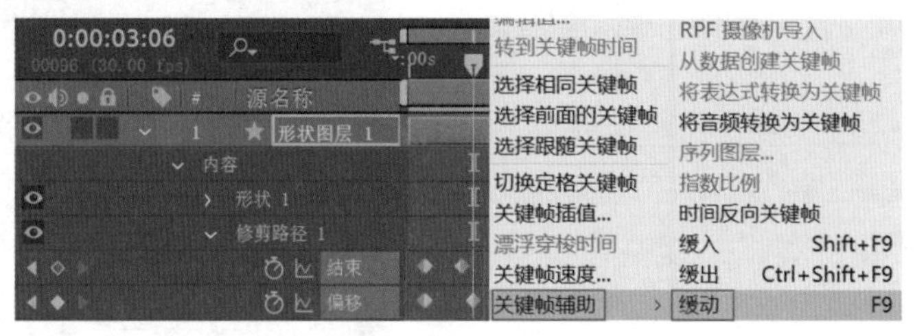

图8-23

⑧ 在“时间轴”面板中单击“形状图层 1”图层，展开“内容”|“描边 1”，设置“线段端点”为“圆头端点”，如图8-24所示。

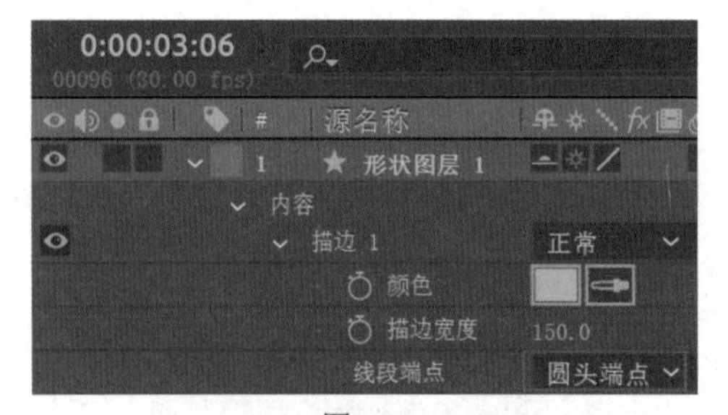

图8-24

⑨ 拖动时间线查看画面效果，如图8-25所示。

图8-25

⑩ 在“时间轴”面板中设置“形状图层 1”的起始时间为第25帧，如图8-26所示。

图8-26

⑪ 在不选择任何图层的情况下，在工具栏中单击（钢笔工具），取消“填充”，设置“描边”为粉红色、“大小”为300像素。在“合成”面板的左上角绘制一条线，如图8-27所示。

图8-27

⑫ 在“时间轴”面板中单击“形状图层2”图层右侧的“消隐”按钮。接着单击（添加）按钮，在弹出的下拉菜单中执行“修剪路径”命令，如图8-28所示。

图8-28

⑬ 将时间线拖动到第27帧位置处，在“时间轴”面板中单击“形状图层2”图层，接着展开“内容”|“修剪路径 1”，分别单击“结束”“偏移”前面的（时间变换秒表）按钮，设置“结束”为0.0%，“偏移”为（0x+0.0°）。接着将时间线滑动至第3秒06帧

位置处，设置“结束”为60.0%，设置“偏移”为（1x+115.0°），如图8-29所示。

⑭ 在“时间轴”面板中单击“形状图层2”图层，框选“修剪路径 1”的关键帧并右键单击，在弹出的快捷菜单中执行“关键帧辅助”|“缓动”命令，或框选关键帧后按F9键。如图8-30所示。

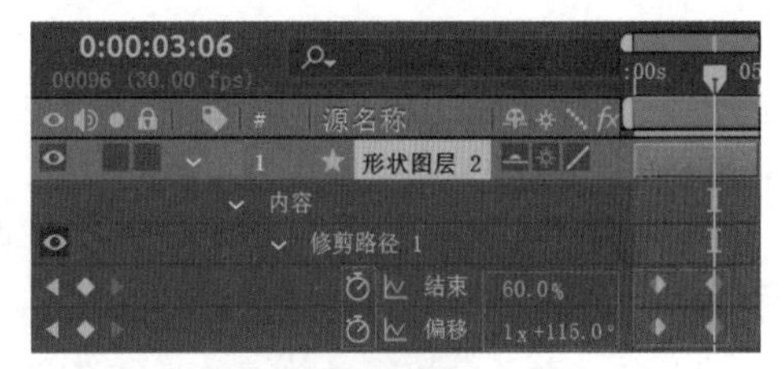

图8-29

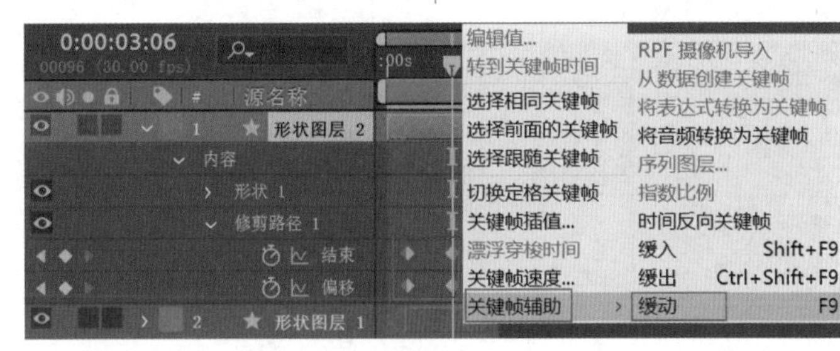

图8-30

⑮ 在“时间轴”面板中单击“形状图层 2”图层，展开“内容”|“描边 1”，设置“线段端点”为“圆头端点”，并设置“形状图层 2”图层起始时间为第27帧，如图8-31所示。

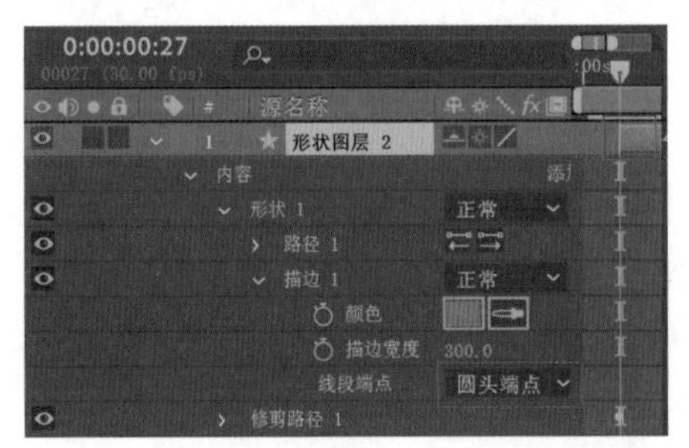

图8-31

⑯ 拖动时间线查看画面效果，如图8-32所示。

图8-32

⑰ 在不选择任何图层的情况下，在工具栏中单击（钢笔工具），取消“填充”，设置“描边”为蓝色、“大小”为100像素。在“合成”面板的右下角绘制一个线条，如图8-33所示。

⑱ 在“时间轴”面板中单击“形状图层3”图层右侧的“消隐”按钮。接着单击（添加）按钮，在弹出的下拉菜单中执行“修剪路径”命令，如图8-34所示。

图8-33

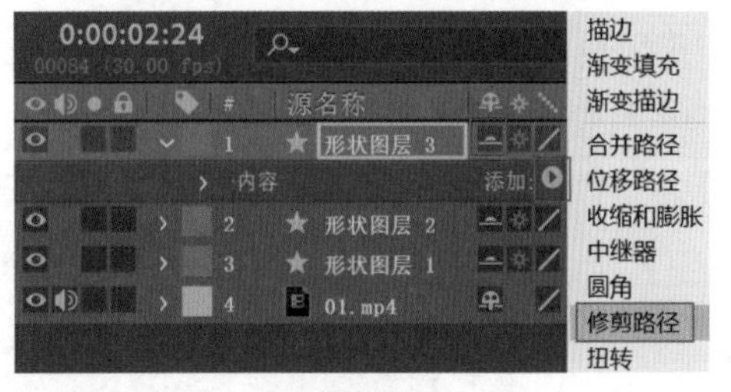

图8-34

⑲ 将时间线拖动到第1秒位置处，在“时间轴”面板中单击“形状图层3”图层，展开“内容”|“修剪路径 1”，分别单击“结束”“偏移”前面的（时间变换秒表）按钮，设置“结束”为0.0%、“偏移”为（0x+0.0°），如

图8-35所示。接着将时间线拖动至第2秒24帧位置处，设置“结束”为75.0%。将时间线拖动到第3秒09帧位置处，设置“偏移”为（-1x-210.0°）。

⑳ 在“时间轴”面板中单击“形状图层3”图层，框选“修剪路径 1”的关键帧并右键单击，在弹出的快捷菜单中执行“关键帧辅助”|“缓动”命令，或框选关键帧后按F9键，如图8-36所示。

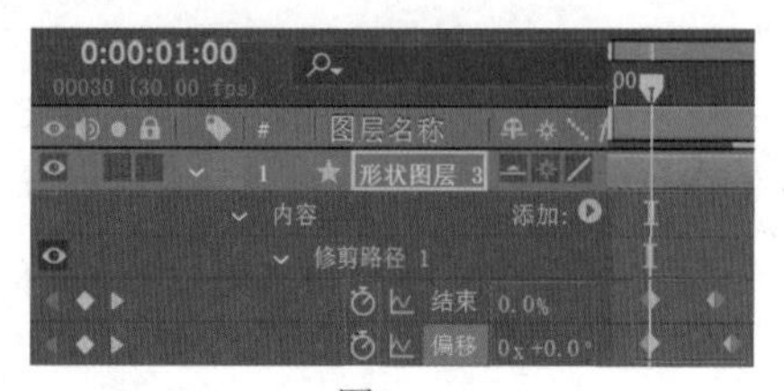


图8-35

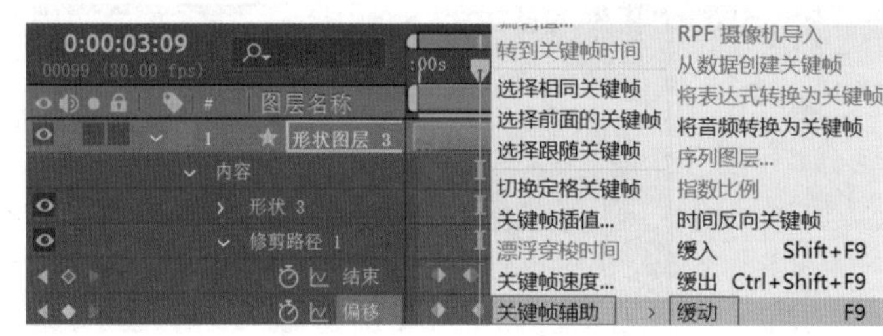


图8-36

㉑ 在“时间轴”面板中单击“形状图层 3”图层，展开“内容”|“形状3”|“描边 1”，设置“线段端点”为“圆头端点”，并设置“形状图层 3”图层起始时间为第1秒，如图8-37所示。

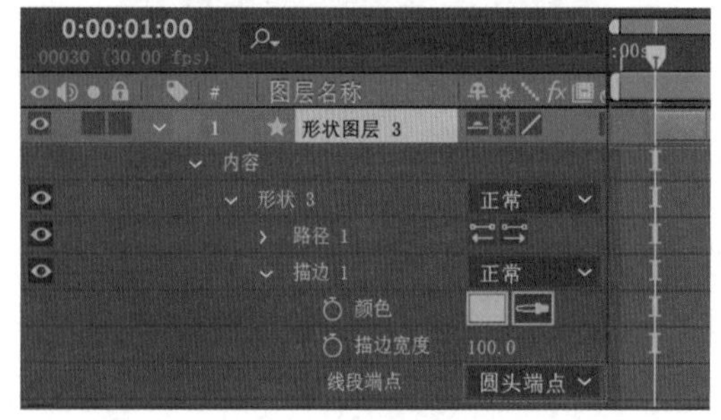


图8-37

㉒ 使用同样的方法制作线段与线段效果，拖动时间线查看画面效果，如图8-38所示。

图8-38

㉓ 在不选择任何图层的情况下，在工具栏中单击T（横排文字工具），输入文字并设置合适的“字体系列”和“字体样式”，设置“文字颜色”为白色、“描边颜色”为蓝色、“字体大小”为400像素、“描边宽度”为5像素、“描边类型”为在填充上描边、“垂直缩放”为100%、“水平缩放”为100%，单击“全部大写”按钮，如图8-39所示。

图8-39

㉔ 在“效果和预设”面板中搜索“3D 下雨词和颜色”效果，接着将该效果拖曳到文字图层上，如图8-40所示。

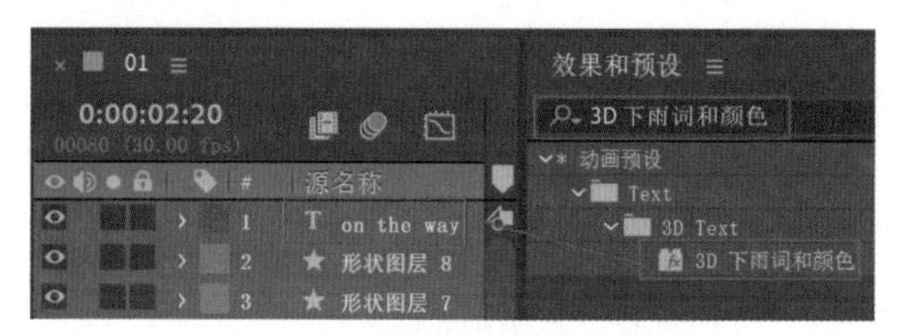


图8-40

㉕ 在“时间轴”面板中单击文字图层，接着展开“变换”，设置“位置”为（1918.5,1074.4,0.0），如图8-41所示。

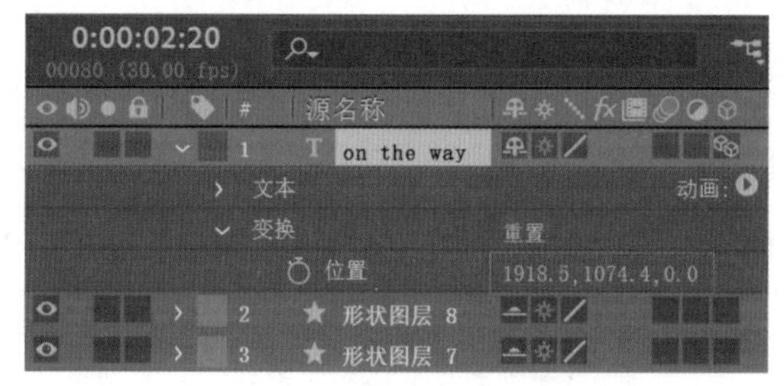


图8-41

㉖ 在“时间轴”面板中右键单击文字图层，在弹出的快捷菜单中执行“图层样式”|“投影”命令，如图8-42所示。

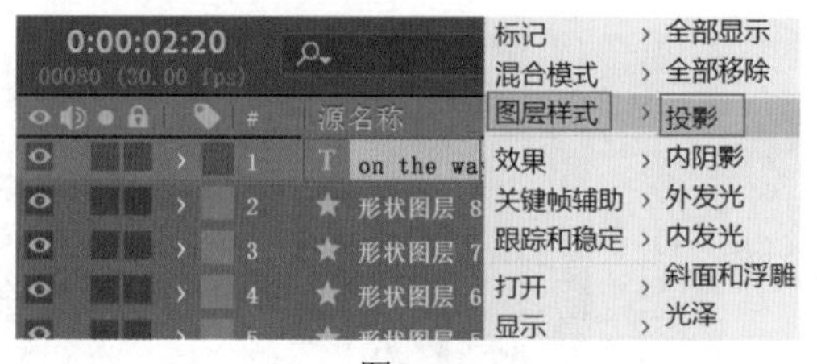


图8-42

㉗ 在“时间轴”面板中单击文字图层，展开“图层样式”|“投影”，设置“颜色”为蓝色、“不透明度”为100%、“角度”为（0x-40.0°）、“距离”为30.0，如图8-43所示。

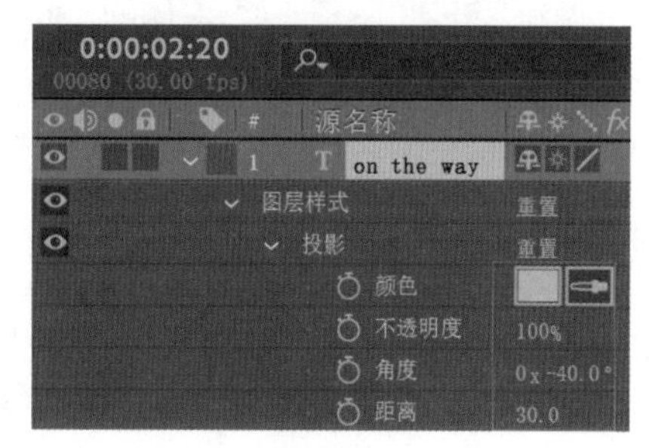


图8-43

㉘ 至此本案例制作完成，拖动时间线查看画面效果，如图8-44所示。

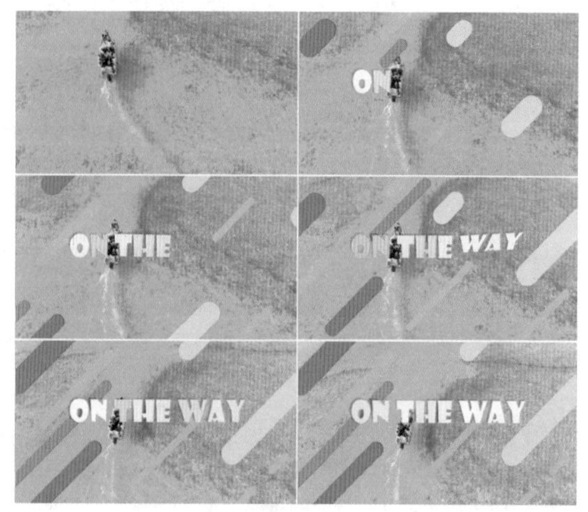


图8-44

第9章

# UI动效设计

## ·本章概述·

UI( user interface )动效是UI设计中展现动态效果的一种设计，通过UI动效的设计可以增强UI设计的整体效果，为用户带来新鲜、新颖的感觉。合适的动效可以引导用户、强化产品辨识度，例如加载动画、转场过渡效果等。动效的重要之处在于将交互与过渡效果处理得更加细腻，使静态的页面更加灵活、生动，也可以使用户的操作体验更加顺畅，有利于提升产品吸引力。本章主要从UI动效的定义、UI动效的常见分类、UI动效的表现形式、UI动效的设计原则及UI动效的优点与作用等方面来学习。

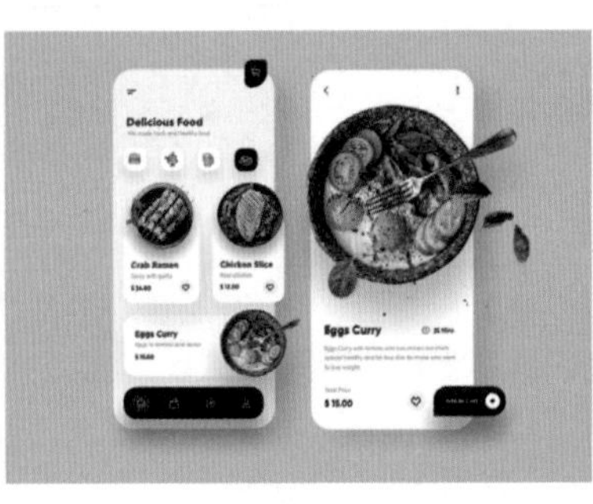


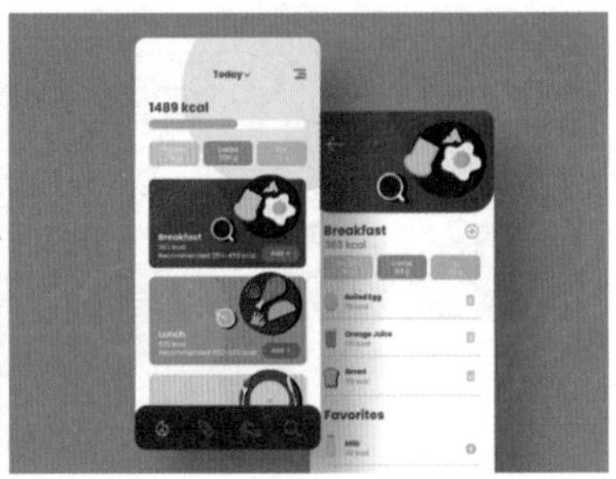

# 9.1 UI动效概述

UI动效设计作为一种现代艺术设计手段，在UI设计中占据重要地位。现代的UI动效设计不仅仅是动画效果的展示，而是从互动性、个性化、功能性等多方面进行设计，并以多种多样的形式融入人们的生活中。一个好的UI动效设计可以有效地提升产品的吸引力，为用户带来更加新颖的体验。

## 9.1.1 UI动效的定义

UI动效指的是用户界面中动态效果方面的设计，包括用户界面中所有运动效果。一个优秀的动效设计可以大幅度促进界面与用户之间的交流，使得乏味无趣的界面更加生动，帮助品牌以及企业达到宣传推广与吸收粉丝的目的，如图9-1和图9-2所示。

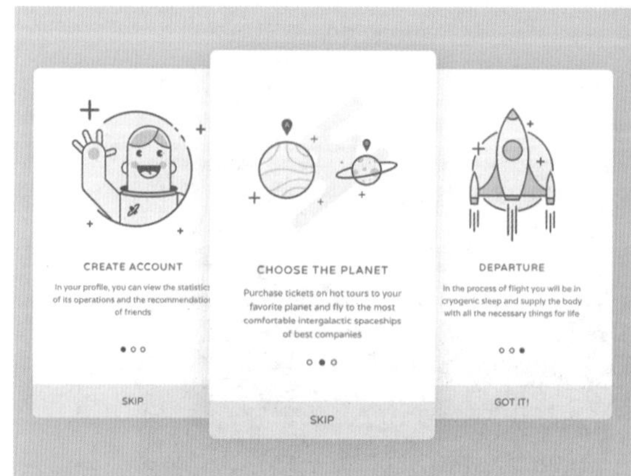


图9-1

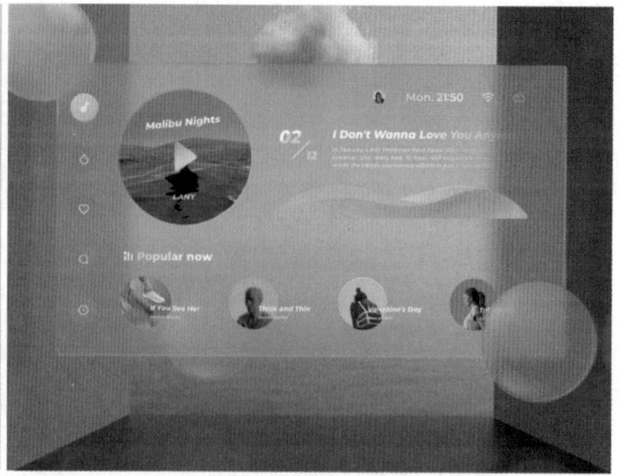


图9-2

## 9.1.2 UI动效的常见分类

UI动效是指UI设计中的动画效果，是UI设计中不可或缺的重要组成部分。随着市场竞争日益激烈，怎样使产品与形象从众多同类商品中脱颖而出一直是商家考虑的问题，而通过特殊的动画效果，可以使产品更加突出、独具特色。UI动效有以下4种常见类型。

### 1. 交互转场与过渡

转场过渡类UI动效常用于页面间跳转、页面层级变化或使用场景的切换等，可以使用户更清晰地了解页面间的转换关系与变化路径。界面操作手势通常为单击、双击、滑动、双指缩放等，在动态效果反馈上表现为按钮、图标或界面的位移、缩放、旋转等动画形式，来实现UI界面与用户的互动，如图9-3所示。

图9-3

### 2. 视觉核心与情感化动画展示

视觉展示类的UI动效可以在第一时间吸引用户的目光，更好地突出产品的核心功能和特点，引导用户的视觉流向。其多用在主图、缺省页、引导页、开屏动画、注册登录页等场景，如图9-4所示。

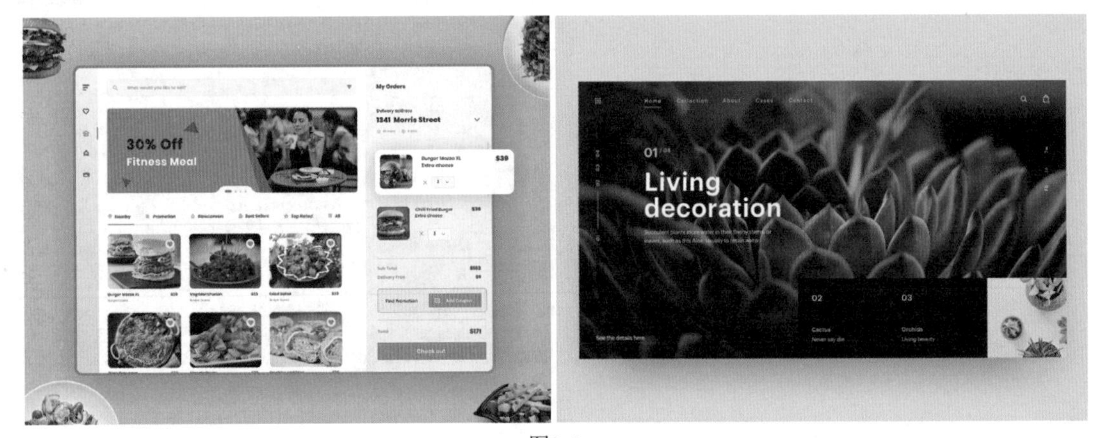


图9-4

### 3. 场景与功能引导

场景与功能引导类的UI动效通过页面中某些元素或模块的变化来实现不同层级之间的视差，从而引导用户进行下一步操作，可以使用户将注意力聚焦在某个元素上，降低其他元素对主要元素的干扰，从而吸引和引导用户对主要元素进行操作，如呼吸动效按钮、新功能引导浮层、悬浮球等，如图9-5所示。

### 4. 加载与操作反馈

加载与操作反馈类的UI动效属于反馈动效。有时由于网络、数据读取、缓存等原因导致页面元素无法及时做出反应，因此需要加载动效作为过渡；而操作反馈动效则是一种即时性的变化，通过动效变化呈现出符合用户预期的动画效果，如图9-6所示。

图9-5

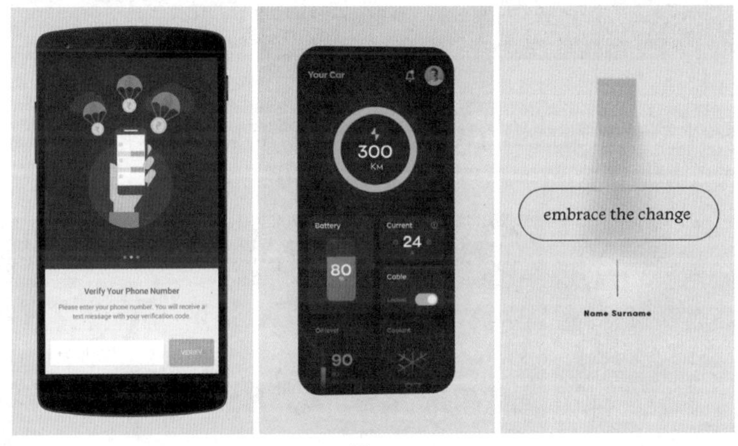


图9-6

## 9.1.3 UI动效的表现方式

常见的UI动效形式包括旋转、填充、形状变化、滑动、缩放、展开堆叠、翻页、融合等。

（1）旋转：旋转动效是操作界面中较为常见的类型，主要表现为切换过程中图标或者元素的角度的旋转，是针对特定图标的设计，如图9-7所示。

图9-7

（2）填充：填充就是填充图标颜色，设置选中的图标色彩填充，如图9-8所示。

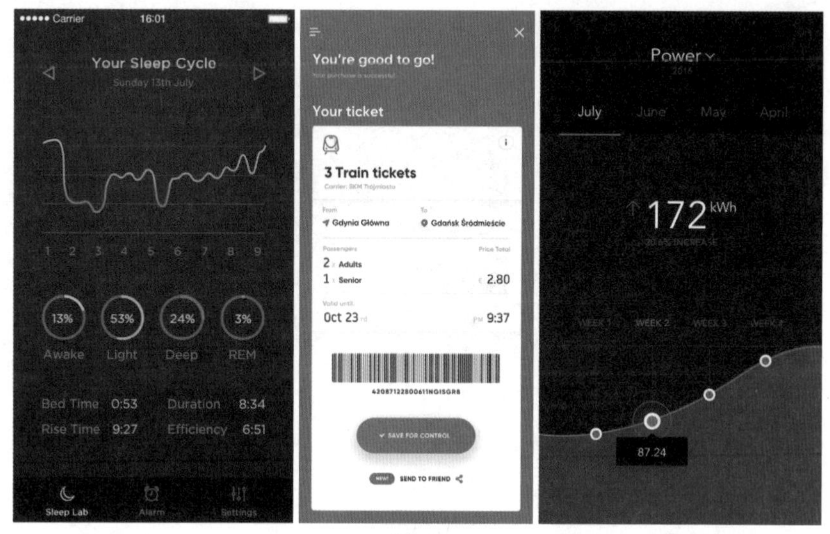


图9-8

（3）形状变化：形状变化动效具有较强的趣味性，自由度较高，例如消息图标双击后转换为不同形状，可以给人以幽默、生动的印象，如图9-9所示。

图9-9

（4）滑动：滑动是UI界面最常用的交互手法之一，通过简单的滑动操作，就可以改变画面内容或切换界面，如图9-10所示。

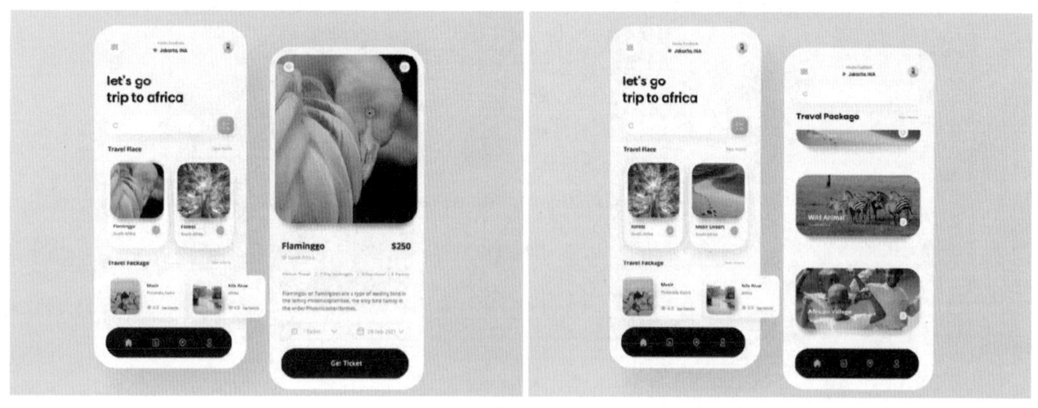


图9-10

（5）其他类型：如缩放、展开堆叠、翻页、融合、透明度等，如图9-11所示。

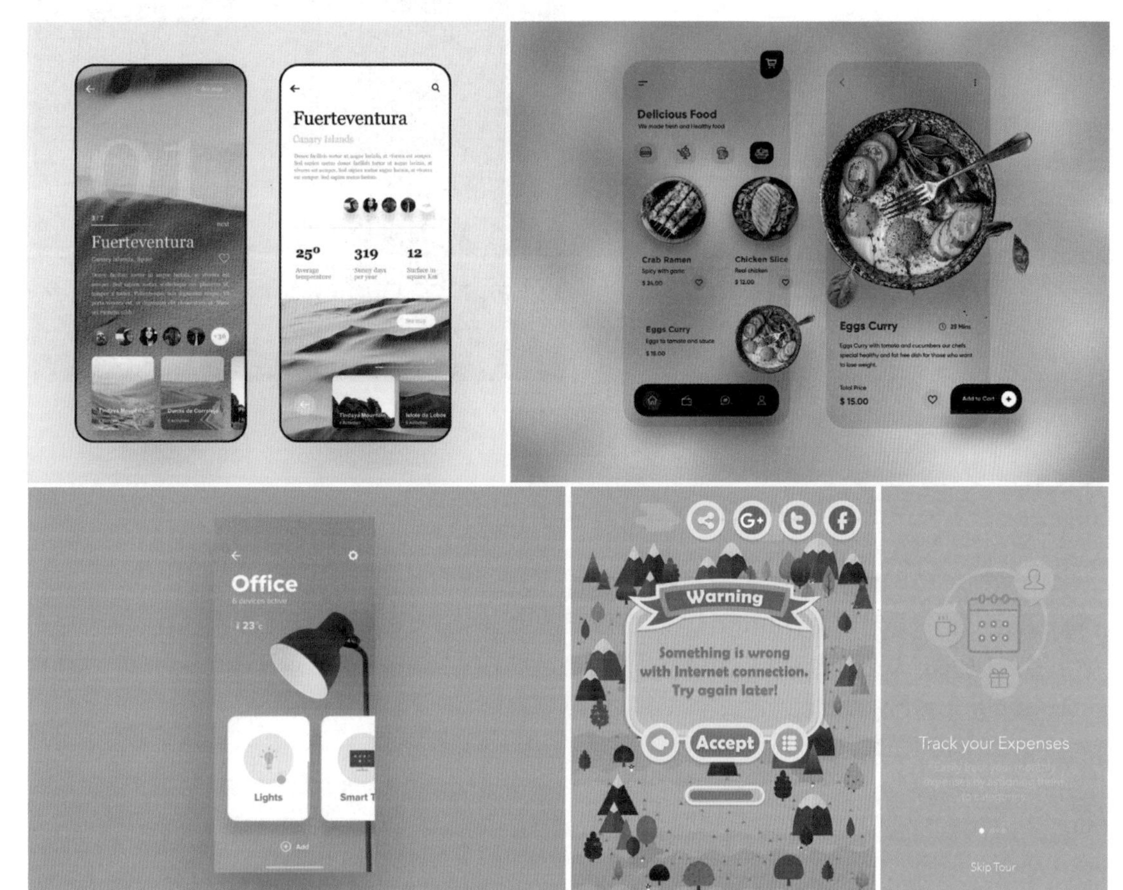


图9-11

## 9.1.4 UI动效设计的基本原则

UI动效设计的原则是根据UI动画效果设计的本质、特征、目的所提出的根本性、指导性的准则和观点。其主要包括个性化原则、导向性原则、功能性原则、互动性原则，如图9-12所示。

**个性化原则：**个性化原则是最基本的动效设计原则，设计独特精美的动画效果，可以达到引人入胜的效果。在保持UI风格统一的前提下，表现出产品、界面或者App的鲜明个性，是动效设计的最高原则。

**导向性原则：**UI动效设计应该如同导航一样，为用户指引方向，既要避免用户产生无聊的情绪，同时也要减少过多驳杂的图形装饰，使用户可以自主迅速地找到所需页面或信息。

**功能性原则：**使用UI动效为App或者用户界面赋予背景，通过页面背景表现出具体的内容与当前所在环境以及物理状态。

**互动性原则：**UI动效设计的目的是与用户产生互动，以及情感共鸣，因此动效设计与用户操作间的关系是互补的，由两者共同完成。

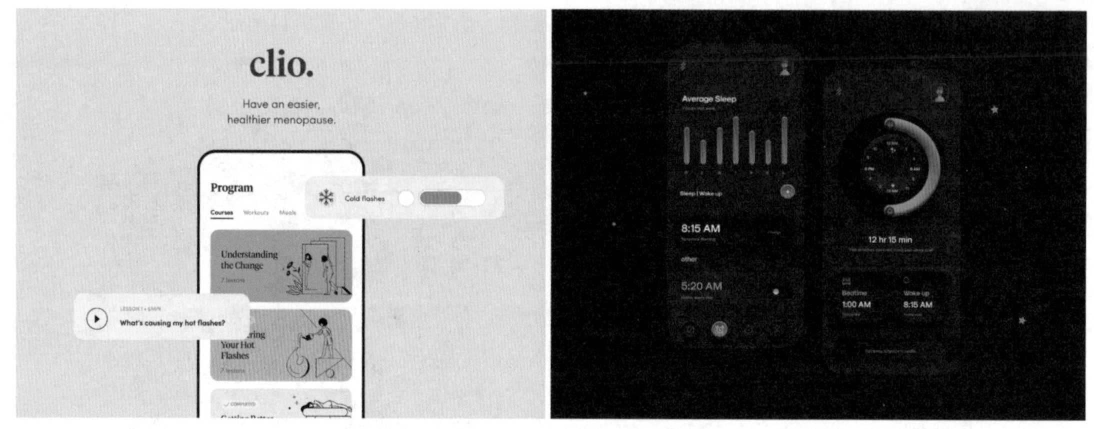


图9-12

## 9.1.5 UI动效设计的优点与作用

UI动效可以详细地展现交互原型及其设计细节，通过动态的元素构造，打造出一目了然、直观清晰的交互页面；同时UI动效由于其活泼、灵活的动画效果，可以很好地增强产品的趣味性与亲和力，快速拉近用户与产品的距离。企业与品牌方还可以通过UI动效传递品牌的理念与特色，起到良好的宣传作用，如图9-13所示。

图9-13

# 9.2 翻开日历UI动效实战

设计思路

案例类型：

本案例是日历翻开效果动画设计，如图9-14所示。

图9-14

项目诉求：

本案例是一个有关翻页效果的UI动效设计。通过右下角的卷边逐渐翻开至露出下一页日历的过程，形成动态的页面动画效果，给人以简约、鲜活的印象，令人一目了然。

设计定位：

本案例采用文字与图形结合的设计方式。暗角效果的背景形成色彩的渐变过渡，对背景进行细节化处理，丰富了画面表现力。同时，日历中翻页效果产生后，日期由“7”变为“8”，给人以时间前进的感觉，呈现出新颖、独特的视觉效果。

## 配色方案

铬黄色与铁青色以及青色等色彩纯度较高，形成较为强烈的色彩对比，产生极强的视觉刺激，给人以鲜活、运动的感觉，如图9-15所示。

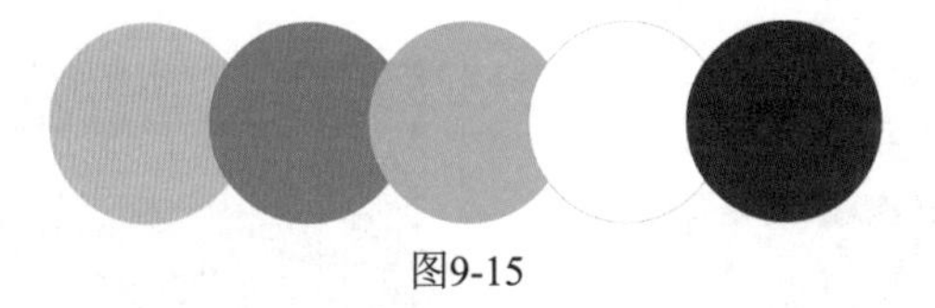
图9-15

主色：

铬黄色色彩浓郁、饱满，给人以温暖、浓厚的视觉感受，作为作品的背景色进行使用，呈现出厚重、沉稳的视觉效果。

辅助色：

铁青色与青色作为辅助色使用，与铬黄色形成鲜明的色彩对比，同时饱满的色彩带来极强的视觉冲击力，使人产生运动、碰撞的深刻印象。

点缀色：

黑色与白色在画面中占据面积较小，但两者的强烈对比，具有较强的视觉吸引力。与背景形成呼应的同时，使文字内容呈现得特别清晰。

## 版面构图

本案例采用对称的构图方式，将主体内容在画面中央进行呈现，形成均衡、平稳的视觉效果。

文字位于画面的视觉焦点位置，可以迅速地吸引用户目光，达到传递信息的目的。同时文字色彩明亮，在高纯度背景的衬托下更加醒目，如图9-16和图9-17所示。

图9-16　　图9-17

## 操作思路

本案例应用椭圆工具、矩形工具制作遮罩和图形，使用T（横排文字工具）创建文字，使用CC Page Turn效果制作素材翻页动画。

## 操作步骤

❶ 在“时间轴”面板中新建一个黄色纯色图层，如图9-18所示。

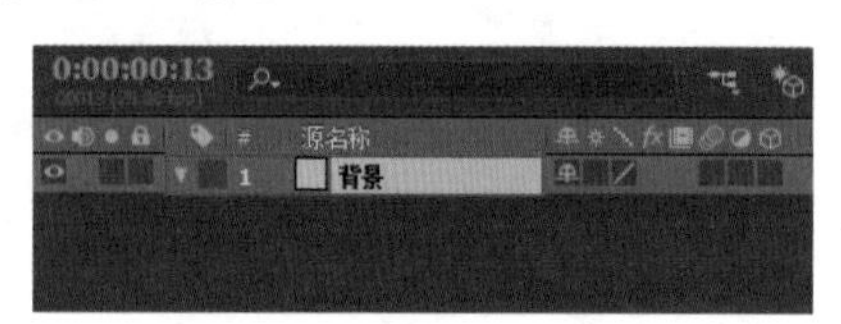


图9-18

❷ 此时背景效果如图9-19所示。

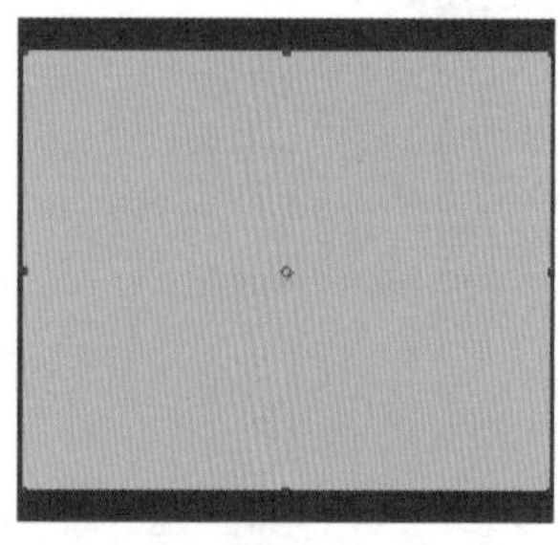

图9-19

❸ 选择黄色的纯色图层，然后使用■（椭圆工具）绘制一个椭圆遮罩，如图9-20所示。

❹ 设置“蒙版羽化”为（100,100像素），“蒙版扩展”为60像素，如图9-21所示。

❺ 此时背景出现了柔和的过渡效果，如图9-22所示。

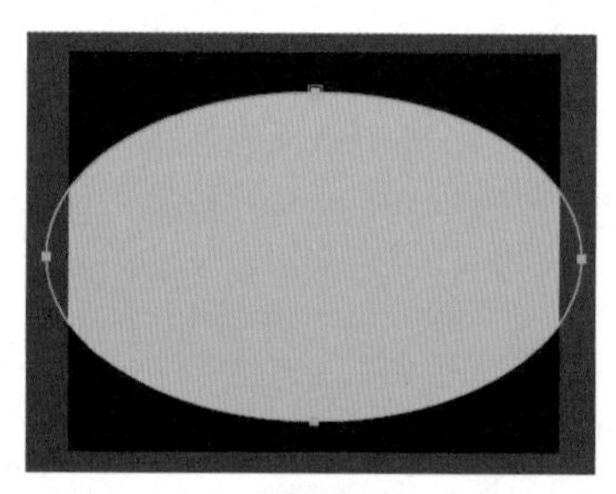

图9-20

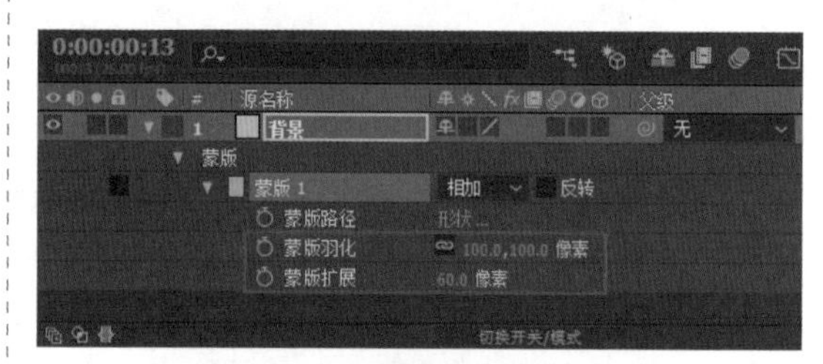


图9-21

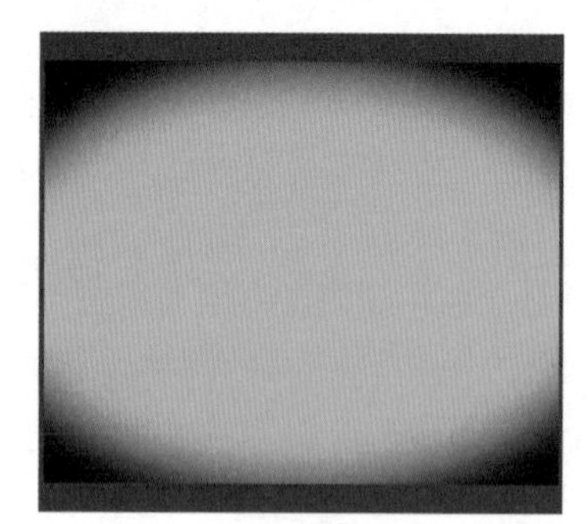

图9-22

6 在“时间轴”面板中新建一个深灰色的纯色图层，如图9-23所示。

图9-23

7 选择深灰色的纯色图层，然后使用■（矩形工具）绘制一个矩形遮罩，如图9-24所示。

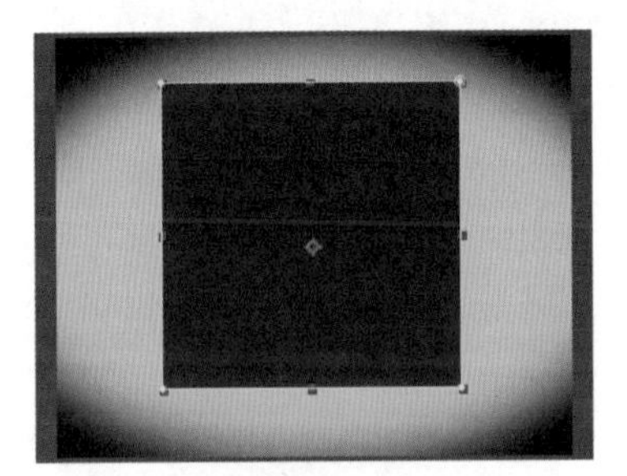
图9-24

8 在“时间轴”面板中新建一个蓝色的纯色图层，如图9-25所示。

图9-25

9 选择蓝色的纯色图层，然后使用■（矩形工具）绘制一个矩形遮罩，如图9-26所示。

图9-26

10 使用T（横排文字工具），单击并输入文字，如图9-27所示。

11 在“字符”面板中设置“字体大小”为300像素，“填充颜色”为白色，单击T（仿粗体）按钮，如图9-28所示。

图9-27

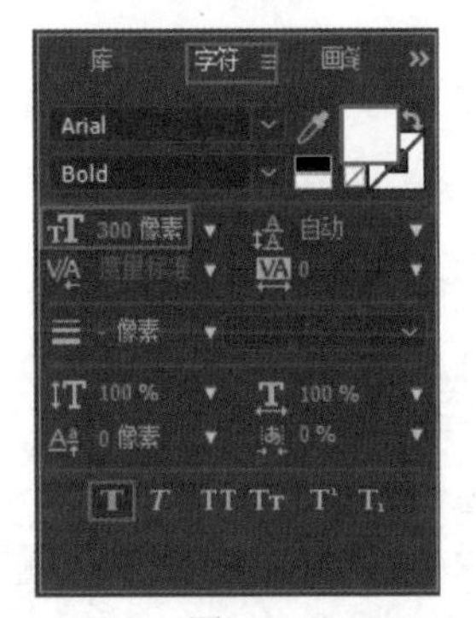

图9-28

12 继续使用T（横排文字工具），单击并输入文字，如图9-29所示。

图9-29

13 在“字符”面板中设置“字体大小”为91像素、“填充颜色”为白色，单击T（仿粗体）按钮，如图9-30所示。

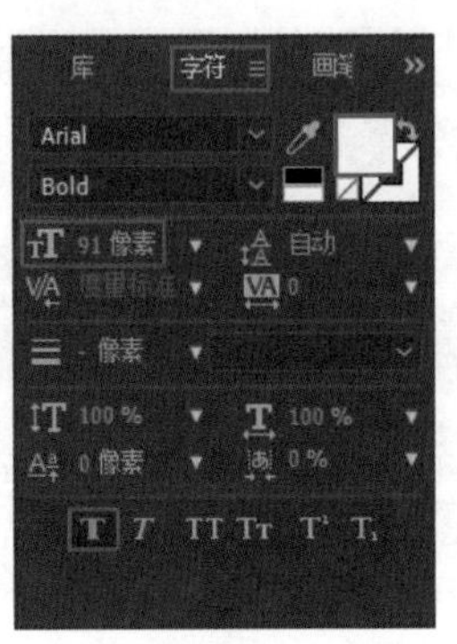

图9-30

⑭ 选择上面的4个图层，按快捷键Ctrl+Shift+C进行预合成，如图9-31所示。

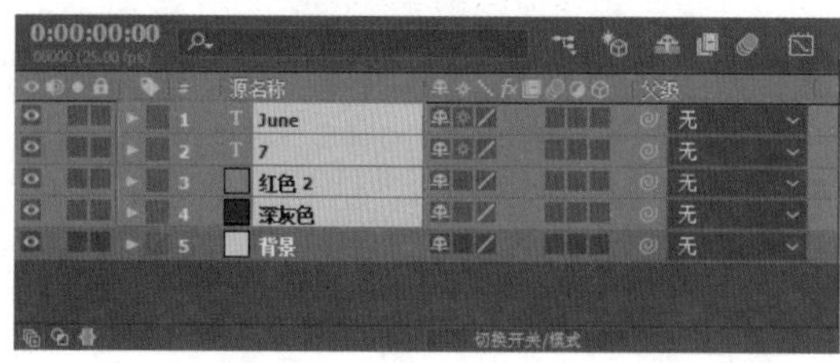

图9-31

⑮ 在弹出的“预合成”对话框中输入合成名称“日历1”，如图9-32所示。

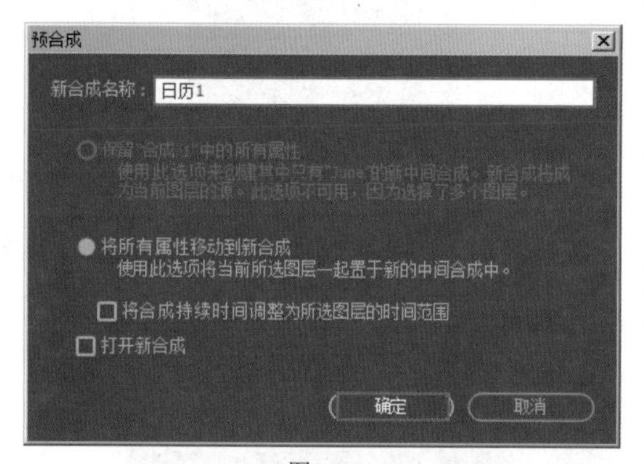


图9-32

⑯ 选择预合成的图层“日历1”，如图9-33所示。

图9-33

⑰ 为“日历1”图层添加CC Page Turn效果，设置Back Page为“无”、Back Opacity为100、Paper Color为浅灰色。将时间线拖动至第0秒，单击Fold Position前面的按钮，并设置数值为（521,430），如图9-34所示。

⑱ 将时间线拖动至第4秒，设置Fold Position为（-897,-30），如图9-35所示。

⑲ 拖动时间线，可以看到出现了日历翻页的动画效果，如图9-36所示。

⑳ 为“日历1”图层添加“投影”效果，设置“距离”为3、“柔和度”为20，如图9-37所示。

㉑ 此时的翻页效果已经出现了阴影，如图9-38所示。

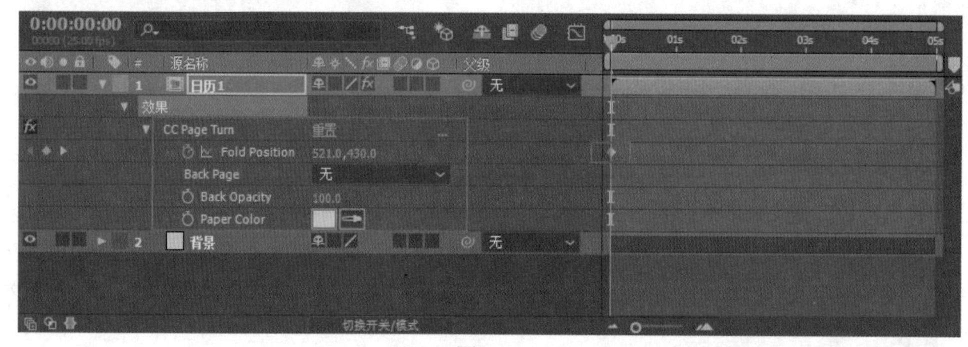


图9-34

图9-35

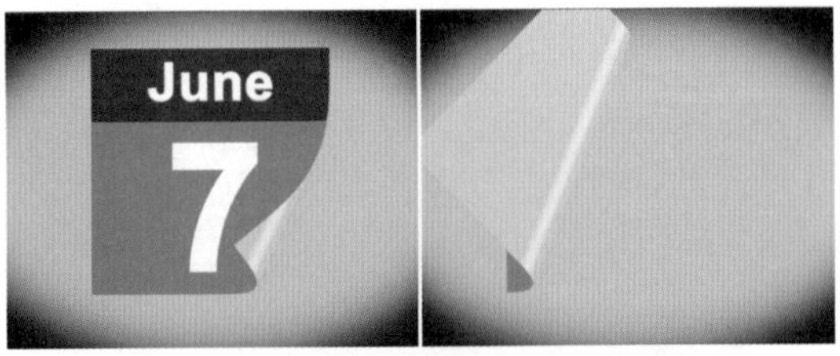

图9-36

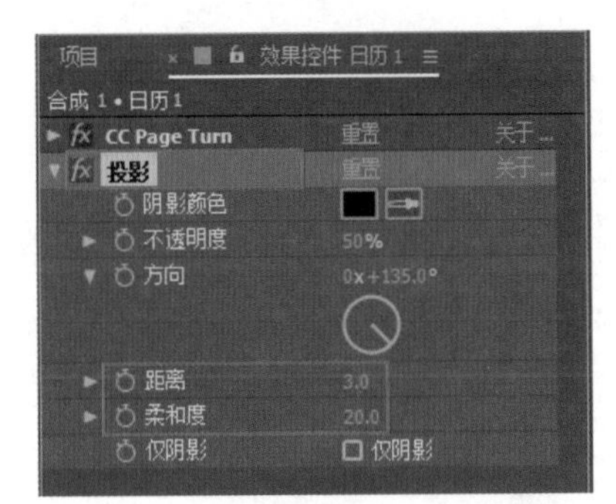


图9-37

图9-38

㉒ 使用同样的方法制作出“日历2”的动画效果，如图9-39所示。

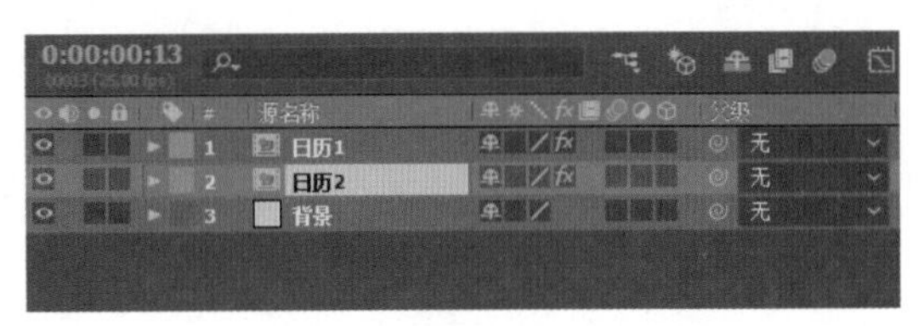


图9-39

㉓ 拖动时间线，查看最终日历翻页效果，如图9-40所示。

图9-40